普通高等教育"十四五"精品教材

U0158986

Access 2016 数据库技术与应用

主 编　朱正国　　甘丽霞　　张俊坤

副主编　罗　佳　　陈　超　　刘　欢

　　　　刘　颖　　叶　珊

西南交通大学出版社
·成　都·

内容简介

本书根据教育部考试中心有关文件要求（2021 年 12 月）、2021 年 12 月全国计算机等级考试二级 Access 数据库程序设计考试大纲（2022 年版）教学要求组织编写而成。本书注重培养学生利用计算机解决实际问题的能力，更加注重培养学生的实践动手能力、应用能力及创新能力，使学生能够在今后的学习和工作中，将计算机技术与本专业紧密结合，使计算机技术更为有效地应用于各专业领域，为今后的学习和工作打好基础。

本书内容丰富，通俗易懂，结构清晰合理，语言准确精练，内容详略适当，理论联系实践，共分 9 章：第 1 章数据库基础知识；第 2 章 Access 2016 数据库；第 3 章表；第 4 章数据查询；第 5 章窗体；第 6 章报表；第 7 章宏；第 8 章 VBA 编程基础；第 9 章 VBA 数据库编程。每章均提供了大量的典型案例，供读者练习。

本书适合作为普通本科院校非计算机专业的计算机基础教材（高等专科学校可选其中的部分章节内容进行教学），也可作为计算机等级考试考生、社会在职人员及广大计算机入门者的学习和参考书。

图书在版编目（C I P）数据

Access 2016 数据库技术与应用 / 朱正国，甘丽霞，张俊坤主编. —成都：西南交通大学出版社，2022.8
ISBN 978-7-5643-8888-1

Ⅰ. ①A… Ⅱ. ①朱… ②甘… ③张… Ⅲ. ①关系数据库系统 – 高等学校 – 教材 Ⅳ. ①TP311.132.3

中国版本图书馆 CIP 数据核字（2022）第 158750 号

Access 2016 Shujuku Jishu yu Yingyong
Access 2016 数据库技术与应用

主　编 / 朱正国　甘丽霞　张俊坤

责任编辑 / 黄庆斌
特邀编辑 / 刘姗姗
封面设计 / 原谋书装

西南交通大学出版社出版发行
（四川省成都市金牛区二环路北一段 111 号西南交通大学创新大厦 21 楼　610031）
发行部电话：028-87600564　028-87600533
网址：http://www.xnjdcbs.com
印刷：四川森林印务有限责任公司

成品尺寸　185 mm × 260 mm
印张　19.75　字数　522 千
版次　2022 年 8 月第 1 版　印次　2022 年 8 月第 1 次
书号　ISBN 978-7-5643-8888-1
定价　49.80 元

前　言

本书根据教育部考试中心有关文件要求（2021 年 12 月）、全国计算机等级考试二级 Access 数据库程序设计考试大纲（2022 年版）中所涉及的知识点与技能点，并结合本科院校非计算机专业学生的计算机实际水平与社会需求等相关内容编写而成。针对普通高等院校非计算机专业的教学目标和要求，本书紧跟计算机技术的发展和应用水平，以案例和任务为驱动，强化应用，注重实践，引导创新，全面培养和提高学生应用计算机处理信息、解决实际问题的能力。本书注重培养学生利用计算机解决实际问题的能力，更加注重培养学生的实践动手能力、应用能力及创新能力，使学生能够在今后的学习和工作中，将计算机技术与本专业紧密结合，使计算机技术更为有效地应用于各专业领域，为今后的学习和工作打好基础。

本书内容主要包括：第 1 章数据库基础知识；第 2 章 Access 2016 数据库；第 3 章表；第 4 章数据查询；第 5 章窗体；第 6 章报表；第 7 章宏；第 8 章 VBA 编程基础；第 9 章 VBA 数据库编程。

本书由攀枝花学院朱正国、甘丽霞、张俊坤担任主编，罗佳、陈超、刘欢、刘颖、叶珊担任副主编。具体编写分工如下：第 1 章由朱正国编写；第 2 章和第 3 章由罗佳编写；第 4 章由甘丽霞和叶珊编写；第 5 章由陈超编写；第 6 章由刘欢编写；第 7 章由刘颖编写；第 8 章和第 9 章由张俊坤编写。全书由攀枝花学院朱正国、甘丽霞老师负责总体策划和内容审定。

本书出版得到了攀枝花学院教务处领导、数学与计算机学院领导的大力支持，同时也得到了攀枝花学院从事计算机教学的老师们的支持与关心，在此一并表示真诚的感谢！

由于编者水平有限，书中难免存在不足与欠妥之处，为便于今后修订，恳请广大读者提出宝贵的意见与建议。

编　者

2022 年 6 月

目　录

第1章　数据库基础知识

随着科学技术和社会经济的飞速发展，人们掌握的信息量急剧增加。若要充分地开发和利用这些信息资源，就必须有一种新技术来对这些大量的信息进行处理。从最初的人工管理到如今的各种数据库系统，数据管理方式已发生翻天覆地的变化。数据库技术作为数据管理的有效手段，极大地促进了计算机应用的发展。目前，许多单位的业务开展都离不开数据库系统，如学校的教务管理、银行业务、证券市场业务、飞机票及火车票的订票业务、超市业务等。数据库知识是当今大学生信息素养的重要组成部分。本章主要介绍了数据管理技术、数据库系统、数据模型、关系数据库和数据库设计等基础理论知识。

1.1　数据库技术的产生与发展

1.1.1　数据与数据处理

1. 数据和信息

数据是人们用于记录事物情况的物理符号。数据常常被简单地理解为数字，如 18、2009、23.6、-115.32、￥886、$725 等。其实数字只是最简单和最常用的一种数据，是对数据的一种传统和狭义的理解。广义地说，数据的种类十分丰富，包括文本、声音、图像、人事档案记录、固定资产汇总信息等。数据的准确定义：数据是描述事物的符号记录。因此，数据泛指一切可被计算机接受和处理的符号。数据可分为数值型数据（如产量、价格、成绩等）和非数值型数据（如姓名、日期、文章、声音、图形、图像等）。数据可以被收集、存储、处理（加工、分类、计算等）、传播和使用。

信息是数据中所包含的意义。信息是经过加工处理并对人类社会实践和生产活动产生决策影响的数据。信息作为表征客观事物及其运动变化的本质属性，具有形式多样化的显著特点。大家熟知的消息、信号、知识、情报等均可视为信息在某一特定场合中的代名词。类似地，在计算机领域中，人们习惯将信息表述为数据，将数据视为信息在计算机中的、具有符号特征的表示形式。当我们利用机器来描述、处理和存储信息时，习惯以数据作为其代名词来加以指称，即在计算机世界中，信息与数据两个术语是等价的，我们可能不再说信息采集而说数据采集，不说信息处理而说数据处理。当然，在许多场合中，当提到数据时，通常仍暗指那些大量的、繁杂的、未经处理的原始信息，因此往往需要利用机器对其做进一步的加工处理，才能提炼出真正有价值、可运用的信息。为此，我们将其称之为：信息=数据+处理。

数据是用来表示信息的，但并非任何数据都能表示信息；信息是加工处理后的数据，是数据所表达的内容。信息不随表示它的数据形式而改变，它是反映客观现实世界的知识；而数据则具有任意性，用不同的数据形式可以表示同样的信息。

2. 数据处理

所谓数据处理，实际上就是将数据加工转换成信息的过程，包括对数据的收集、存储、加工、分类、计算、检索、共享和传播等系列活动，其目的是从已有的、纷繁复杂的原始数据出发，根据事物间的内在联系和固有规律，通过分析归纳、演绎推导等手段，从中萃取出有价值、有意义的信息，作为决策和行动的依据。例如：通过一次区域性的人口普查，获得了大量的第一手数据，这些数据本身肯定是信息，但又多属于较原始的、基础性和毛坯式的信息，且种类繁杂，数量巨大，很难直接为人们所运用。因此，往往需要利用计算机做更进一步的深加工处理，如查询、分类、统计、报表等，方能获得信息的使用者真正感兴趣的信息形式与结果，如这一地区的性别比例、年龄结构、民族分布、学历状况以及就业率、城乡人口比例等高层次的数据信息。

计算机是一个具有程序执行能力的数据处理工具，如图 1.1 所示。

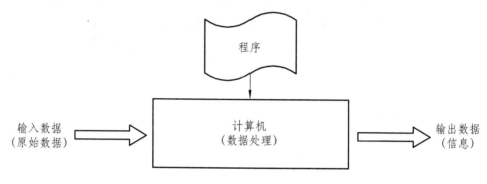

图 1.1　计算机数据处理

1.1.2　数据管理技术的发展过程

数据管理技术的发展经历了 3 个阶段：人工管理阶段、文件管理阶段和数据库管理阶段。

1. 人工管理阶段

20 世纪 50 年代中期以前，数据管理是以人工管理方式进行的。这阶段的数据管理特点如下：

①数据不保存。

②由应用程序管理数据。

③数据有冗余，无法实现共享。

④数据对应用程序不具有独立性。

2. 文件管理阶段

20 世纪 50 年代后期至 60 年代后期，计算机开始大量用于数据管理。

数据处理应用程序利用操作系统的文件管理功能，将相关数据按一定的规则构成文件，通过文件系统对文件中的数据进行存取和管理，实现数据的文件管理方式。其特点可概括为如下两点：

①数据可以长期保存。

②数据对应用程序有一定的独立性。

当数据量增加、使用数据的用户越来越多时，文件管理便不能适应更有效地使用数据的需要，其症结表现在 3 个方面：

①数据的共享性差、冗余度大，容易造成数据不一致。

②数据独立性差。

③数据之间缺乏有机联系，缺乏对数据的统一控制和管理。

3. 数据库管理阶段

20 世纪 60 年代后期，数据管理技术在文件管理基础上发展到了数据库管理。

数据库（Database，DB）是按一定的组织方式存储起来的、相互关联的数据集合。在数据库管理阶段，由一种叫作数据库管理系统（Database Management System，DBMS）的系统软件来对数据进行统一控制和管理，在应用程序和数据库之间保持较高的独立性。数据具有完整性、一致性和安全性高等特点，并且具有充分的共享性，因此有效地减少了数据冗余。

4. 新型数据库系统

数据库技术的发展先后经历了层次数据库、网状数据库和关系数据库。层次数据库和网状数据库可以看作第 1 代数据库系统，关系数据库可以看作第 2 代数据库系统。由于实际应用中涌现出的许多问题，促使数据库技术不断向前发展，出现了许多不同类型的新型数据库系统，如分布式数据库系统、面向对象数据库系统、多媒体数据库系统、数据仓库技术。

关于数据管理 3 个阶段中的软硬件背景及处理特点，如表 1.1 所示。

表 1.1　数据管理 3 个阶段的比较

		人工管理阶段	文件管理阶段	数据库管理阶段
背景	应用目的	科学计算	科学计算、管理	大规模管理
	硬件背景	无直接存取设备	磁盘、磁鼓	大容量磁盘
	软件背景	无操作系统	有文件系统	有数据库管理系统
	处理方式	批处理	联机实时处理、批处理	分布处理、联机实时处理和批处理
特点	数据管理者	人	文件系统	数据库管理系统
	数据面向的对象	某个应用程序	某个应用程序	现实世界
	数据共享程度	无共享，冗余度大	共享性差，冗余度大	共享性大，冗余度小
	数据的独立性	不独立，完全依赖于程序	独立性差	具有高度的物理独立性和一定的逻辑独立性
	数据的结构化	无结构	记录内有结构，整体无结构	整体结构化，用数据模型描述
	数据控制能力	应用程序控制	应用程序控制	由 DBMS 提供数据安全性、完整性、并发控制和恢复

1.2　数据库系统

1.2.1　数据库系统的组成

数据库系统（DataBase System，DBS）是由计算机系统、数据库、数据库管理系统、数据库应用系统、各类人员（终端用户、数据库应用系统开发人员和数据库管理员）组成的具有高度组织性的整体。

1. 计算机硬件

计算机硬件是数据库系统的物质基础，是存储数据库及运行数据库管理系统的硬件资源，主要包括计算机主机、存储设备、输入输出设备及计算机网络环境。

2. 计算机软件

数据库系统中的软件包括操作系统、数据库管理系统及数据库应用系统等。

数据库管理系统是数据库系统的核心软件之一，它提供数据定义、数据操纵、数据库管理、数据库建立和维护及通信等功能。数据库管理系统必须运行在相应的系统平台上，有操作系统和相关系统软件的支持。

数据库应用系统是指系统开发人员利用数据库系统资源开发出来的、面向某一类实际应用的应用软件系统。

3. 数据库

数据库（DataBase，DB）是指数据库系统中按照一定的方式组织的、存储在外部存储设备上的、能为多个用户共享的、与应用程序相互独立的相关数据集合。它不仅包括描述事物的数据本身，而且还包括相关事物之间的联系。数据库就是一个存放大量业务数据的场所，其中的数据具有特定的组织结构。所谓"组织结构"，是指数据库中的数据不是分散的、孤立的，而是按照某种数据模型组织起来的，不仅数据记录内的数据之间是彼此相关的，数据记录之间在结构上也是有机地联系在一起的。数据库具有数据的结构化、独立性、共享性、安全性、完整性、冗余量小和并发控制等特点。数据库由数据库管理系统统一管理和控制。

4. 数据库管理系统

为能有机地组织和管理数据，需要一个专门化的软件系统对数据和数据的集合实行统一管理，提供诸如数据的定义、存储、修改、增删、查询、统计、报表以及维护、发布、格式化（转换为用户需要的格式）等管理和操纵功能，并保证数据的独立性、有效性、一致性、正确性、完整性和安全性，且能提供应用编程接口，帮助用户开发自己的数据库应用系统。这类对数据进行专门化处理的软件系统称为数据库管理系统（DataBase Management System，DBMS）。

数据库管理系统是数据库系统的核心，它位于用户与操作系统之间，从软件分类的角度来说，属于系统软件。

数据库管理系统的主要功能如下：

（1）数据模式定义：即为数据库构建其数据框架。按照不同的视角，利用其提供的数据定义语言（Data Definition Language，DDL）将一个数据库定义为三种模式（视图），即用户模式（外模式）、全局模式（概念模式）以及存储模式（内模式），并提供其间的映射与转换，定义与之有关的约束条件。

（2）数据操作：提供数据操纵语言（Data Manipulation Language，DML）实现两类基本的数据操作，即数据更新（添加、删除和修改）和数据查询。

（3）数据控制：提供数据控制语言（Data Control Language，DCL）实现并发控制、安全性控制、数据的完整性控制、权限控制以及事务管理等功能，以确保数据库系统正确有效地运行。

（4）数据的建立和维护：包括数据库初始数据的导入与数据转换、数据库的备份、数据转存、数据库的恢复、数据库的日志记录、数据库的性能监视、数据库的重组等功能。

（5）数据通信：为计算机内部的各应用程序、多个计算机终端及联网计算机上的其他应用进程之间的数据流动、交换提供驱动支持。

（6）数据词典（Data Directory，DD）：其中存放对数据库体系结构的描述，包括数据的来源、描述、与其他数据的关系、用途和格式等各类信息，它本身就是一个数据库，可将其视为描述数据库的"数据库"，其中存储了关于数据的数据（又称为元数据）。另外，数据库运行时的统计信息也存放在 DD 中。DD 存放在计算机的外存中，在 DBMS 需要时，将其调入内存查阅使用。

从程序的角度来看，DBMS 的上述功能是由一系列的系统功能程序协同完成的。如各类语言的定义编译程序、总控程序、数据处理程序、访问控制程序、并发控制程序、通信控制程序等。

目前，作为一种系统管理软件，业界已先后推出多种类型的 DBMS，以满足不同用户群体的需要，如 Microsoft 的 SQL Server，甲骨文公司的 Oracle，IBM 公司的 Informix 等。本书介绍的软件是 Microsoft Access 2016。

5. 数据库应用系统

数据库应用系统（DataBase Application System，DBAS）是在 DBMS 支持下根据实际问题开发出来的数据库应用软件。一个 DBAS 通常由数据库和应用程序两部分组成，它们都需要在 DBMS 支持下开发。

数据库管理系统作为一个公共平台，为用户操作数据提供了一个通用接口。用户通过 DBMS 来与数据和数据库打交道。但对每一特定的用户而言，往往需要开发出属于自己的数据库应用系统，如图书管理员可能需要一个图书管理系统，库房管理员需要一个材料管理系统，劳动人事部门需要一个工资管理系统。显然，数据库应用系统指用户利用高级语言及数据库管理系统自身提供的应用编程接口，开发出的能满足用户特定需求的数据库应用软件。

6. 数据库系统的有关人员

数据库系统的建设、使用与维护是一个系统工程，需要各方面人员的协同和配合。数据库系统的有关人员主要有 3 类：终端用户、数据库应用系统开发人员和数据库管理员（Database Administrator，DBA）。

第一类用户：终端用户。终端用户是数据库的使用者，其通过数据库应用系统使用数据库。

第二类用户：数据库应用系统开发人员。负责数据库应用系统的需求分析、系统设计、编程实现、程序调试和应用维护。

第三类用户：数据库管理员。其负责创建、监控和维护整个数据库，使数据能被任何有权使用的人有效使用。

1.2.2　数据库的体系结构

虽然目前市面上的 DBMS 产品各异，在不同的操作系统支持下工作，但是数据库系统的体系结构均基本按照美国国家标准协会（American National Standard Institute，ANSI）提出的建议，采用三级模式和两级映射结构。

数据库领域公认的标准结构是三级模式和两级映射结构。三级模式包括外模式、概念模式和内模式，两级映射则分别是外模式到概念模式的映射及概念模式到内模式的映射。这种三级模式与两级映射构成了数据库的体系结构，如图1.2所示。

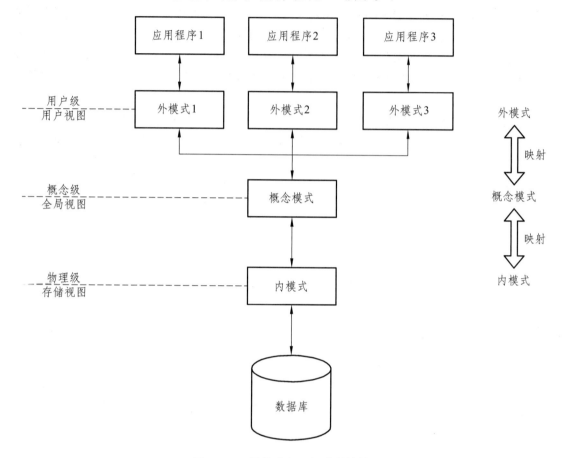

图1.2　三级模式和两级映射结构

1. 数据库的三级模式

（1）外模式。

外模式又称子模式或用户模式，对应于用户级，是用户的数据视图。它是某个或某几个用户所看到的数据库的数据视图，是与某一应用有关的数据的逻辑表示。外模式是从概念模式导出的一个子集，包含概念模式中允许特定用户使用的那部分数据。

（2）概念模式。

概念模式又称逻辑模式，或简称为模式，对应于概念级。它是由数据库设计者综合所有用户的数据，按照统一的观点构造的全局逻辑结构，是对数据库中全部数据的逻辑结构和特征的总体描述，是所有用户的公共数据视图（全局视图）。

（3）内模式。

内模式又称存储模式或物理模式，对应于物理级。它是数据库中全体数据的内部表示或底层描述，是数据库最低一级的逻辑描述，它描述了数据在存储介质上的存储方式和物理结构，对应着实际存储在外存储介质上的数据库。

数据库系统的三级模式反映了 3 个不同的环境及要求，其中内模式处于最底层，它反映了数据在计算机中的实际存储形式；概念模式处于中间层，它反映了设计者的数据全局逻辑要求；外模式处于最高层，它反映了用户对数据的要求。一个数据库只有一个内模式和概念模式，但可以有多个外模式。

2. 三级模式间的两级映射

数据库系统的三级模式是对数据的 3 个级别的抽象，它把数据的具体物理实现留给了内模式，使用户与全局设计者不必关心数据在计算机中的物理表示和存储方式。在为了实现这 3 个抽象级别的联系和转换，数据库管理系统在三级模式之间提供了两级映射，正是这两级映射保证了数据库中的数据具有较高的物理独立性和逻辑独立性。

（1）外模式到概念模式的映射。

数据库中的同一概念模式可以有多个外模式，对于每一个外模式，都存在一个外模式到概念模式的映射，用于定义该外模式和概念模式之间的对应关系。

当概念模式发生改变时（如增加新的属性或改变属性的数据类型等），只需对外模式到概念模式的映射作相应修改，外模式（数据的局部逻辑结构）保持不变。由于应用程序是依据数据的局部逻辑结构编写的，所以应用程序不必修改，从而保证了数据与应用程序间的逻辑独立性。

（2）概念模式到内模式的映射。

数据库中的概念模式和内模式都只有一个，所以概念模式到内模式的映射是唯一的，它确定了数据的全局逻辑结构与存储结构之间的对应关系。

当数据库的内模式存储结构变化时（如选用了另一种存储结构），概念模式到内模式的映射也应有相应变化，使其概念模式保持不变，即把存储结构变化的影响限制在概念模式之下，这使数据的存储结构和存储方法独立于应用程序，通过映射功能保证数据存储结构的变化不影响数据的全局逻辑结构的改变，从而不必要修改应用程序，即确保了数据的物理独立性。

1.2.3 数据库系统的特点

1. 数据结构化

在数据库系统中，每一个数据库都是为某一应用领域服务的，这些应用彼此之间都有着密切的联系。因此，在数据库系统中不仅要考虑某个应用的数据结构，还要考虑整个组织（多个应用）的数据结构。这种数据组织方式使数据结构化了，这就要求在描述数据时不仅要描述数据本身，还要描述数据之间的联系。

2. 数据共享性高、冗余度低

数据共享是指多个用户或应用程序可以访问同一个数据库中的数据，而且数据库管理系统提供并发和协调机制，保证在多个应用程序同时访问、存取和操作数据库数据时，不产生任何冲突，从而保证数据不遭到破坏。

数据冗余既浪费存储空间，又容易产生数据不一致等问题。

3. 具有较高的数据独立性

数据独立性是指应用程序与数据库的数据结构之间相互独立。在数据库系统中，因为采用了数据库的三级模式和两级映射结构，保证了数据库中数据独立性。在数据存储结构改变时，不影响数据的全局逻辑结构，这样保证了数据的物理独立性。在全局逻辑结构改变时，不影响用户的局部逻辑结构及应用程序，这样就保证了数据的逻辑独立性。

4. 有统一的数据控制功能

在数据库系统中，数据由数据库管理系统进行统一控制和管理。数据库管理系统提供了一套有效的数据控制手段，包括数据安全性控制、数据完整性控制、数据库的并发控制和数据库的恢复等，增强了多用户环境下数据的安全性和一致性保护。

1.3 数据模型

由于计算机不可能直接处理现实世界中的具体事务，所以人们需要将事务以数据的形式存储到计算机中。在数据库技术中，用数据模型（Data Model）来对现实世界中的数据进行抽象和表示。数据模型描述的是数据库中数据的组织形式，是数据库系统设计的核心。

1.3.1 数据模型的组成要素

一般而言，数据模型是一种形式化描述数据、数据之间的联系及有关语义约束规则的方法。这些规则分为 3 个方面：描述实体静态特征的数据结构、描述实体动态特征的数据操作规则和描述实体语义要求的数据完整性约束规则，因此，数据结构、数据操作及数据的完整性约束也被称为数据模型的 3 个组成要素。

1. 数据结构

数据结构用于描述系统的静态特征。它从语法角度表述了客观世界中数据对象本身的结构和数据对象间的关联关系。数据结构研究数据之间的组织形式（数据的逻辑结构）、数据的存储形式（数据的物理结构）及数据对象的类型等。存储在数据库中的对象类型的集合是数据库的组成部分。

在数据库系统中，通常按照其数据结构的类型来命名数据模型。例如，层次结构、网状结构和关系结构的数据模型分别命名为层次模型、网状模型和关系模型。

2. 数据操作

数据操作用于描述系统的动态特性，是指对数据库中的各种数据所允许执行的操作的集合，包括操作及有关的操作规则。数据库主要有查询和更新（包括插入、删除和修改等）两大类操作。数据模型必须定义这些操作的确切含义、操作符号、操作规则（如优先级）及实现操作的语言。

3. 数据的完整性约束

数据的完整性约束是一组完整性规则的集合。完整性规则是给定的数据模型中数据及其联系所具有的约束和依存规则，用以限定符合数据模型的数据库状态及状态的变化，以保证数据的正确、有效和相容。数据模型应该反映和规定数据必须遵守的完整性约束。此外，数据模型还应该提供定义完整性约束条件的机制，以反映具体所涉及的数据必须遵守的、特定的语义约束条件。例如，在学生信息中的性别的值只能为"男"或"女"。

1.3.2 数据抽象的过程

从现实世界中的客观事物到数据库中存储的数据是一个逐步抽象的过程，这个过程经历了现实世界、观念世界和机器世界 3 个阶段，对应于数据抽象的不同阶段，采用不同的数据模型。数据模型是对现实世界进行抽象和转换的结果，这一过程如图 1.3 所示。

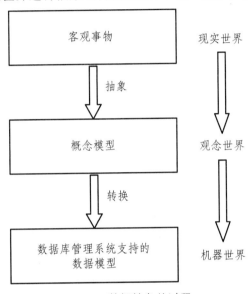

图 1.3　数据抽象的过程

1. 对现实世界的抽象

现实世界就是客观存在的世界，其中存在着各种客观事物及其相互之间的联系，而且每个事物都有自己的特征或性质。计算机处理的对象是现实世界中的客观事物，在对其实施处理的过程中，首先应了解和熟悉现实世界，从对现实世界的调查和观察中抽象出大量描述客观事物的事实，再对这些事实进行整理、分类和规范，进而将规范化的事实数据化，最终实现由数据库系统存储和处理。

2. 观念世界中的概念模型

概念模型的特征是按用户需求观点对数据进行建模，表达了数据的全局逻辑结构，是系统用户对整个应用项目涉及的数据的全面描述。概念模型主要用于数据库设计，它独立于实现时的数据库管理系统。

概念模型的表示方法很多，目前较常用的是实体-联系模型（Entity-Relationship Model），简称 E-R 模型，用 E-R 图来表示。

3. 机器世界中的逻辑模型和物理模型

机器世界是指现实世界在计算机中的体现与反映。现实世界中的客观事物及其联系，在机器世界中以逻辑模型描述。在选定数据库管理系统后，就要将 E-R 图表示的概念模型转换为具体的数据库管理系统支持的逻辑模型。逻辑模型的特征是按计算机实现的观点对数据进行建模，表达了数据库的全局逻辑结构，是设计人员对整个应用项目数据库的全面描述。逻辑模型服务于数据库管理系统的应用实现。通常，也把数据的逻辑模型直接称为数据模型。数据库系统中主要的逻辑模型有层次模型、网状模型和关系模型。

物理模型是对数据库最底层的抽象，用以描述数据在物理存储介质上的组织结构，与具体的数据库管理系统、操作系统和硬件有关。

从概念模型到逻辑模型的转换是由数据库设计人员完成的，从逻辑模型到物理模型的转换是由数据库管理系统完成的，一般人员不必考虑物理实现细节，因而逻辑模型是数据库系统的基础，也是应用过程中需要考虑的核心问题。

1.3.3　概念模型

概念模型面向现实世界，并不关注实现方法。该模型用于从概念上描述客观世界复杂事物的结构，以及事物之间的联系，而不管事物和联系如何在数据库中存储。因此，概念模式与具体的计算机系统、DBMS 无关，但它是整个数据模型的基础。概念模型中被广泛使用的方法之一是实体-联系模型。

1. 实体与实体集

实体（Entity）是客观存在且可相互区别的事物、客体、对象、事件、行为和过程。它可以是实际的看得见、摸得着的事物，如学生、老师、图书、公司员工、固定资产等；亦可以是抽象的事件、过程或行为，如比赛、考试、项目、演出、课程、借书、组织机构等。实体就是客观事物及其信息源头的代名词。一个学生、一个教师、一门课程、一支铅笔、一部电影、一个部门等都是实体。同类型的实体的集合称为实体集（Entity Set）。例如，一个学校的全体学生是一个实体集，而其中的每个学生都是实体集的成员。一般情况下，需要处理的是实体集，因为单个实体所蕴含的信息量毕竟有限。

2. 属性

每个实体都具有一定的特征或性质，这样才能区分一个个实体。实体的特征称为属性（Attribute），一个实体可用若干属性来刻画。如学生这一实体可用其学号、姓名、性别、年龄等予以描述；而借书这一实体可用书名、书号、借书人、借书日期等属性予以界定。所有客观存在的实体必然都有其相应的属性，每一类实体所固有的属性有时是难以枚举的，用户一般只需选择他所感兴趣的那些主要属性。

3. 类型与值

属性和实体都有类型（Type）和值（Value）之分。属性类型就是属性名及其取值类型，属性值就是属性所取的具体值。例如，学生实体中的"姓名"属性，属性名"姓名"和取字符类型的值是属性类型，而"刘明""王刚"等是属性值。每个属性都有特定的取值范围，即值域，超出值域的属性值则认为无实际意义。例如，"性别"属性的值域为男、女，"职称"属性的值域为助教、讲师、副教授、教授等。由此可见，属性类型是个变量，属性值是变量所取的值，而值域是变量的取值范围。

实体类型就是实体的结构描述，通常是实体名和属性名的集合。具有相同属性的实体，有相同的实体类型。实体值是一个具体的实体，是属性值的集合。例如，教师实体类型：

教师（编号，姓名，性别，出生日期，职称，基本工资，研究方向）

教师"刘明"的实体值：

（T0008，刘明，男，08/28/1982，教授，4800，计算机网络）

由上可见，属性值所组成的集合表示一个实体，相应的这些属性名的集合表示一个实体类型，同类型的集合称为实体集。

在 Access 中，用表来表示同一类实体，即实体集；用记录来表示一个具体的实体；用字段来表示实体的属性。显然，字段的集合组成一条记录，记录的集合组成一个表，实体类型代表了表的结构。

4. 实体间的联系

实体间的联系（Relationship）是指一个实体集中可能出现的每个实体与另一实体集中多少个具体实体存在联系。实体之间有各种各样的联系，归纳起来有 3 种类型。

（1）一对一联系。

如果对于实体集 A 中的每一个实体，实体集 B 中最多只有一个实体与之联系，反之亦然，则称实体集 A 与实体集 B 之间是一对一联系，记为 $1:1$。例如，一个班级只有一位班长，而一个班长也只能管理一个班级，所以班级和班长两个实体集是一对一联系。

（2）一对多联系。

如果对于实体集 A 中的每一个实体，实体集 B 中可以有多个实体与之联系，反之，对于实体集 B 中的每一个实体，实体集 A 中最多只有一个实体与之联系，则称实体集 A 与实体集 B 之间是一对多联系，记为 $1:n$。例如，一个班级有多个学生，而一个学生只能属于一个班级，所以班级与学生两个实体集之间是一对多联系。

（3）多对多联系。

如果对于实体集 A 中的每一个实体，实体集 B 中可以有多个实体与之联系，反之，对于实体集 B 中的每一个实体，实体集 A 中也可以有多个实体与之联系，则称实体集 A 与实体集 B 之间是多对多联系，记为 $m:n$。例如，一个学生可以选修多门课程，而一门课程可以被多个学生选修，所以学生与课程两个实体集之间是多对多联系。

5. E-R 图

E-R（Entity-Relationship，实体-联系）方法是使用最广泛的数据库设计方法。该方法使用 E-R 图来描述现实世界中的实体及实体之间的联系。E-R 图使用 3 种图形来分别描述实体、属性和联系。

（1）实体：用矩形表示，矩形内写明实体的名称。

（2）属性：用椭圆表示，椭圆内写明属性名，并用线条将其与对应的实体连接起来。

（3）联系：用菱形表示，菱形内写明联系名，并分别用线条将其与有关的实体连接起来，同时标注联系的类型。

图 1.4 中的实体图显示了学生实体及其属性，图 1.5 中的 E-R 图显示了班级与班长两个实体集之间的一对一联系，图 1.6 中的 E-R 图显示了班级与学生两个实体集之间的一对多联系，图 1.7 中的 E-R 图显示了学生与课程两个实体集之间的多对多联系。图 1.8 用来表示读者和图书两个实体集之间的多对多联系模型。

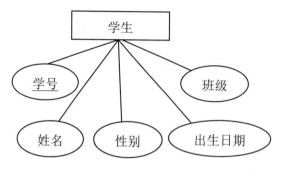

图 1.4　学生实体图

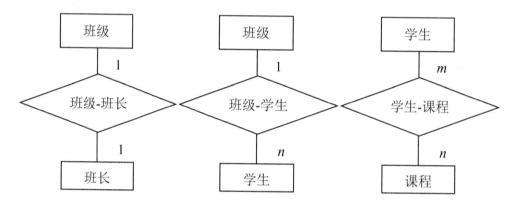

图 1.5　班级-班长 E-R 图　　图 1.6　班级-学生 E-R 图　　图 1.7　学生-课程 E-R 图

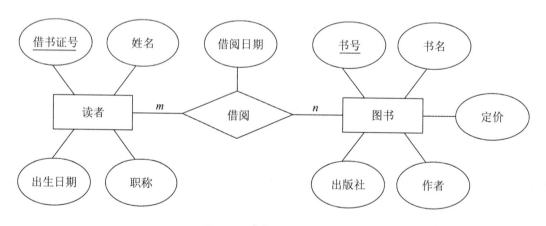

图 1.8　读者-图书 E-R 图

1.3.4　逻辑模型

概念模型只能说明实体间语义的联系，还不能进一步说明详细的数据结构。在进行数据库设计时，总是先设计概念模型，然后再把概念模型转换成计算机能实现的逻辑模型，如关系模型。逻辑模型不同，描述和实现的方法也不同，相应的支持软件即数据库管理系统也不同。在数据库系统中，常用的逻辑模型有层次模型、网状模型和关系模型 3 种。

1. 层次模型

层次模型（Hierarchical Model）用树形结构来表示实体及其之间的联系，易于表现实体间的一对多联系。在这种模型中，数据被组织成由"根"开始的"树"，每个实体由"根"开始沿着不同的分支放在不同的层次上。树中的每一个结点代表一个实体类型，连线则表示它们之间的联系。根据树形结构的特点，建立数据的层次模型需要满足如下两个条件：

①有一个结点没有父结点，这个结点即根结点。

②其他结点有且仅有一个父结点。

如图 1.9 所示的层次模型就像一颗倒置的树，根结点在最上面，其他结点在下，逐层排列。事实上，许多实体间的联系本身就是自然的层次关系，如一个单位的行政机构、一个家庭的世代关系等。

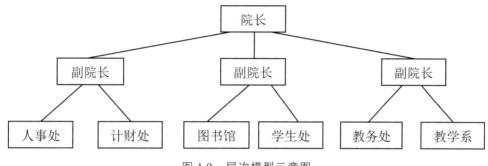

图 1.9　层次模型示意图

2. 网状模型

网状模型（Network Model）是按照网状结构组织数据的数据模型，易于表现实体间的多对多联系。其特点如下：

①可以有一个以上的结点无父结点。

②至少有一个结点有多于一个的父结点。

网状模型示意图如图 1.10 所示。

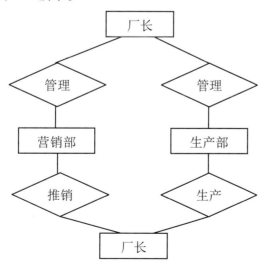

图 1.10　网状模型示意图

3. 关系模型

关系模型（Relational Model）用二维表格来表示实体及其相互之间的联系。在关系模型中，把实体集看成一张二维表，每一张二维表称为一个关系。每个关系均有一个名字，称为关系名。

关系模型是由若干个关系模式（Relational Schema）组成的集合，关系模式就相当于前面提到的实体类型，它的实例称为关系（Relation）。

关系模型的一个示例见表 1.2。

表 1.2　学生信息表

学号	姓名	性别	出生日期	专业	班级
202110001	王小名	女	2003-12-1	市场营销	2021 级市场营销 1 班
202110002	刘小方	女	2003-12-5	会计学	2021 级会计学本科 2 班
202110003	李方	男	2003-12-8	法学	2021 级法学本科 1 班
202110004	王文艺	女	2003-11-3	财务管理	2021 级财务管理本科 1 班
202110005	周立	女	2003-11-6	英语	2021 级英语本科 2 班
202110006	赵方迪	女	2003-10-8	旅游管理	2021 级旅游管理本科 1 班
202110007	刘明	男	2003-10-9	行政管理	2021 级行政管理本科 1 班
202110008	刘海	男	2003-9-16	园艺	2021 级园艺本科 2 班
202110009	文华	男	2003-9-12	学前教育	2021 级学前教育专科 1 班
202110010	熊小燕	女	2003-8-28	网络工程	2021 级网络工程本科 1 班
202110011	邓立明	男	2003-12-23	护理学	2021 级护理学本科 2 班

1.4　关系数据库

1.4.1　关系术语

1. 关系

一个关系（Relationship）对应一张二维表。通常将一个没有重复行、重复列，并且每个行列的交叉点只有一个基本数据的二维表格看成一个关系。二维表格包括表头和表中的内容，相应地，关系包括关系模式和记录的值，表包括表结构（记录类型）和表的记录，而满足一定条件的规范化关系的集合，就构成了关系模型。每一个关系都有一个关系名和其对应的关系结构，其关系结构为：关系名（属性名 1，属性名 2，……，属性名 n）。在 Access 中，一个关系存储为一张表，表具有表名和其对应的表结构，其表结构为：表名（字段名 1，字段名 2，……，字段名 n）。表 1.2 给出了一张 Access 中的学生信息表。

尽管用二维表格表示关系，但二维表格与关系之间有着重要的区别。严格地说，关系是一种规范化了的二维表格。在关系模型中，对关系做了种种规范性限制，关系具有以下 6 条性质。

①关系必须规范化，每一个属性都必须是不可再分的数据项。规范化是指关系模型中每个关系模式都必须满足一定的要求，最基本的要求是关系必须是一张二维表格，且每个属性必须是不可分割的最小数据项，即表中不能再包含表格。例如，表 1.3 不能直接作为一个关系，因为该表的"成绩"列有 2 个子列，这与每个属性不可再分割的要求不符。只有去掉"成绩"项，将"平时成绩""期末成绩"直接作为基本的数据项就可以了。

表 1.3　不能直接作为关系的表格示例

学号	姓名	成绩	
		平时成绩	期末成绩
20210001	张三	82	88
20210002	李四	81	85
20210003	王二	86	92
20210004	赵五	73	78

②列是同性质的，即每一列中的数据项是同一类型的数据，来自同一个域。

③在同一关系中不允许出现相同的属性名。

④关系中不允许有完全相同的元组，但在大多数实际关系数据库产品中，如果用户没有定义有关的约束条件，它们都允许关系中存在两个完全相同的元组。

⑤在同一关系中元组的次序无关紧要。也就是说，任意交换两行的位置并不影响数据的实际含义。

⑥在同一关系中属性的次序无关紧要。也就是说，任意交换两列的位置并不影响数据的实际含义，不会改变关系的结构。

以上是关系的基本性质，也是衡量一张二维表格是否构成关系的基本条件。在这些基本条件中，属性不可再分割是关键，这构成关系的基本规范。

2. 元组

二维表格的每一行在关系中称为元组（Tuple），相当于表的一条记录（Record）。二维表格的一行描述了现实世界中的一个实体。在关系数据库中，行是不能重复的，即不允许两行的全部元素完全对应相同。例如，在表 1.2 中，每行描述一个学生基本信息，共包含 11 位学生的信息，即 11 个元组。Access 中每行元组也称为记录（Record）。

3. 属性

二维表格的每一列在关系中称为属性（Attribute），相当于记录中的一个字段（Field）或数据项。每个属性有一个属性名，一个属性在其每个元组上的值称为属性值，因此，一个属性包括多个属性值，只有在指定元组的情况下，属性值才是确定的。同时，每个属性有一定的取值范围，称为该属性的值域，例如表 1.2 中的第 3 列，属性名是"性别"，取值是"男"或"女"，不是"男"或"女"的数据应被拒绝存入该表，这就是数据约束条件。同样，在关系数据库中，列是不能重复的，即关系的属性不允许重复。属性必须是不可再分的，即属性是一个基本的数据项，不能是几个数据的组合项。在 Access 中，属性表示为字段，属性名为字段名，每个字段的数据类型、宽度等都是在创建表结构时规定。

4. 关键字

关系中能唯一区分、确定不同元组的单个属性或属性组合，称为该关系的一个关键字。关键字又称为键或码（Key）。单个属性组成的关键字称为单关键字，多个属性组合的关键字称为组合关键字。需要强调的是，关键字的属性值不能取"空值"，因为"空值"无法唯一地区分、确定元组。所谓"空值"，就是"不知道"或"不确定"的值，通常记为 Null。

关系中能够作为关键字的属性或属性组合可能不是唯一的。凡在关系中能够唯一区分、确定不同元组的属性或属性组合，称为候选关键字（Candidate Key）。

在候选关键字中选定一个作为关键字，称为该关系的主关键字或主键（Primary Key）。关系中主关键字是唯一的。在 Access 中，主码也称为主键。

5. 外部关键字

如果关系中某个属性或属性组合并非本关系的关键字，但却是另一个关系的关键字，则称这样的属性或属性组合为本关系的外部关键字或外键（Foreign Key）。在关系数据库中，用外部关键字表示两个表之间的联系。如对学生信息的描述常用以下两个关系：

学生（<u>学号</u>，姓名，性别，班级，专业号）

专业（<u>专业号</u>，专业名，负责人，简介）

上述关系中，专业号不是学生关系的主关键字，但它是被参照关系（专业关系）的主关键字，称为学生关系的外部关键字。

1.4.2 关系规范化

在关系数据库中，关系模式的设计应当满足 3 个基本标准：一是好的关系模式是简单的。描述任何给定实体的数据属性应该仅仅描述这个实体，一个实体实例的每个属性只能有一个值；二是好的关系模式基本上是无冗余的，每个数据属性最多在一个实体中描述（外键除外）。三是好的关系模式应该是灵活的，而且对未来的需求具有可适应性。

在关系数据库中，如果关系模式没有设计好，就可能会出现记录的插入、删除和更新异常等问题。关系规范化的目的就是将结构复杂的关系模式分解为结构简单的关系模式，从而使一个关系模式只描述一个概念、一个实体或实体间的一种联系。因此，关系规范化的实质就是概念的单一化。

规范化理论为数据模型定义了规范化的关系模式，简称"范式"（Normal Forms，NF）。它提供了判别关系模式设计的优劣标准，也为数据库设计提供了严格的理论基础。由于规范化的程度不同，产生了不同的范式。满足最低要求的称为第一范式，简称"1NF"；在此基础上再满足一定要求的称为第二范式，简称"2NF"；以此类推，直到第五范式。下面重点介绍常用的 1NF、2NF、3NF 的定义，以及设计这些范式的基本方法。

1. 第一范式

设 R 是一个关系模式，如果 R 的所有属性都是最基本的、不可再分的数据项，则称 R 满足第一范式（1NF）。1NF 是最基本的范式要求，任何关系都必须遵守。

例如，表 1.3 不满足 1NF。将所有数据项分解为不可再分的最小数据项，即可满足 1NF 规范，例如表 1.4 所示。

表 1.4 满足 1NF 的关系表

学号	姓名	平时成绩	期末成绩
20210001	张三	82	88
20210002	李四	81	85
20210003	王二	86	92
20210004	赵五	73	78

2. 第二范式

如果关系 R 满足第一范式，且非主属性都完全依赖于主键，则称 R 满足第二范式（2NF）。例如，学生选课及成绩关系（学号，姓名，课程代码，课程名称，周学时，上课周数，学分，成绩）如表 1.5 所示，判断该关系是否满足 2NF。

表 1.5 学生选课及成绩关系表

学号	姓名	课程代码	课程名称	周学时	上课周数	学分	成绩
08101001	王刚	10110103	Access 数据库	3	18	4	88
08101002	刘红	10110108	大学计算机基础	2	12	1.5	93

显然，在该关系中，学号和课程代码共同组成主键，其中成绩完全依赖主键，但姓名不完全依赖于主键，却完全依赖于学号。同理，课程名称、周学时、上课周数、学分完全依赖于课程代码。因此，此关系不满足 2NF。需要对学生选课及成绩关系进行分解，以满足 2NF，如表 1.6、表 1.7、表 1.8 所示。

表 1.6 学生表

学号	姓名
08101001	王刚
08101002	刘红

表 1.7 修课成绩表

学号	课程代码	成绩
08101001	10110103	88
08101002	10110108	93

表 1.8 课程表

课程代码	课程名称	周学时	上课周数	学分
10110103	Access 数据库	3	18	4
10110108	大学计算机基础	2	12	1.5

3. 第三范式

如果关系模式 R 满足第二范式，且所有非主属性对任何主键都不存在传递依赖，则称 R 满足第三范式（3NF）。假设学生选课关系为（学号，学生姓名，课程代码，课程名称，成绩，教师姓名，教师住址），判断该关系是否满足 3NF。

显然，在该关系中，学号和课程代码共同组成主键，但学生姓名、课程名称、教师姓名和教师年龄不完全依赖于主键。因此，此关系不满足 2NF 更不满足 3NF。这种关系结构会导致存储中大量的数据冗余，并且会导致数据的更新异常、删除异常、插入异常等问题。为消除这些问题，需将学生选课关系分解成 R1（课程代码，课程名称，教师姓名，教师住址），R2（学号，学生姓名），R3（学号，课程代码，成绩）以满足 2NF，但是 R1 中存在函数依赖课程代码→教师姓名和教师姓名→教师住址，那么课程代码→教师住址就是一个传递依赖，即 R1 不是 3NF。如果把 R1 分解成 R4（课程代码，课程名称，教师姓名）和 R5（教师姓名，教师住址），课程代码→教师住址就不会出现在 R4 和 R5 中了，这样 R2、R3、R4 和 R5 都属于 3NF 模式。

4. BC 范式

如果关系模式 R 是 3NF，且所有属性都不传递依赖于 R 的任何候选键，则称 R 满足 BCNF。定义课程的关系模式如下：Course（C#，Cn，Cr，prC1#，prC2#）（其属性分别为课程号、课程名、学分、先修课程号 1 和先修课程号 2），并且不同课程可以同名。在关系模式 Course 中不同课程可以同名，则主键（主属性）是 C#，每个属性不能再分，不存在非主属性对主键的部分依赖和传递依赖，所有属性都不传递依赖于关系中的任何候选键，则该关系是 BCNF。

1.4.3 关系运算

由于关系是属性个数相同的元组的集合，因而可以从集合论角度对关系进行集合运算。在关系运算中，并、交、差运算是从元组（二维表格中的一行）的角度来进行的，沿用了传统的集合运算规则，也称为传统的关系运算；而选择、投影、连接运算是关系数据库中专门建立的运算规则，不仅涉及行而且涉及列，因此称为专门的关系运算。

1. 传统的关系运算

（1）并（Union）。

设 R 和 S 同为 n 元关系，且相应的属性取自同一个域，则 R 和 S 的并也是一个 n 元关系，记作 R∪S。R∪S 包含了属于 R 或属于 S 的所有元组组成的集合，删去重复的元组。如图 1.11 所示，由关系 R 和 S 得到关系 T。

R		
A	B	C
a	1	2
b	2	1
c	3	1

S		
A	B	C
d	3	2

T		
A	B	C
a	1	2
b	2	1
c	3	1
d	3	2

图 1.11 并运算

（2）交（Intersection）。

设 R 和 S 同为 n 元关系，且相应的属性取自同一个域，则 R 和 S 的交也是一个 n 元关系，记作 R∩S。R∩S 包含了所有同属于 R 和 S 的元组。

实际上，交运算可以通过差运算的组合来实现，如 R∩S = R-(R-S)或 S-(S-R)。如图 1.12 所示，由关系 R 和 S 得到关系 T。

R		
B	C	D
a	0	k1
b	1	n1

S		
B	C	D
f	3	h2
a	0	k1
n	2	x1

T		
B	C	D
a	0	k1

图 1.12　交运算

（3）差（Difference）。

设 R 和 S 同为 n 元关系，且相应的属性取自同一个域，则 R 和 S 的差也是一个 n 元关系，记作 $R{-}S$。$R{-}S$ 包含了所有属于 R 但不属于 S 的元组，即在 R 中删去与 S 相同的元组。如图 1.13 所示，由关系 R 和 S 得到关系 T。

R		
A	B	C
a	1	2
b	2	1
c	3	1

S		
A	B	C
a	1	2
b	2	1

T		
A	B	C
c	3	1

图 1.13　差运算

（4）广义笛卡尔积。

设 R 是一个包含 m 个元组的 j 元关系，S 是一个包含 n 个元组的 k 元关系，则 R 和 S 的广义笛卡尔积是一个包含 $m{\times}n$ 个元组的 $j+k$ 元关系，记作 $R{\times}S$，并定义

$$R{\times}S = \{(r_1,\ r_2,\ \cdots,\ r_j,\ s_1,\ s_2,\ \cdots,\ s_k)|(r_1,\ r_2,\ \cdots,\ r_j)\in R\ 且\{s_1,\ s_2,\ \cdots,\ s_k\}\in S\}$$

即 $R{\times}S$ 的每个元组的前 j 个分量是 R 中的一个元组，而后 k 个分量是 S 中的一个元组。如图 1.14 所示，由关系 R 和 S 得到关系 T。

R	
A	B
1	2
3	4

S	
C	D
5	6
7	8
9	10

T=R×S			
A	B	C	D
1	2	5	6
1	2	7	8
1	2	9	10
3	4	5	6
3	4	7	8
3	4	9	10

图 1.14　广义笛卡尔积

【例 1.1】　设 R = {(a1，b1，c1)，(a1，b2，c2)，(a2，b2，c1)}，S = {(a1，b2，c2)，(a1，b3，c2)，(a2，b2，c1)}，求 $R\cup S$，$R-S$，$R\cap S$，$R{\times}S$。

根据运算规则，有如下结果。

$R\cup S$ = {(a1，b1，c1)，(a1，b2，c2)，(a2，b2，c1)，(a1，b3，c2)}

$R{-}S$ = {(a1，b1，c1)}

$R\cap S$ = {(a1，b2，c2)，(a2，b2，c1)}

$R{\times}S$ = {(a1，b1，c1，a1，b2，c2)，(a1，b1，c1，a1，b3，c2)，(a1，b1，c1，a2，b2， c1), (a1, b2, c2, a1, b2, c2), (a1, b2, c2, a1, b3, c2), (a1, b2, c2, a2, b2, c1), (a2, b2, c1, a1, b2, c2), (a2, b2, c1, a1, b3, c2), (a2, b2, c1, a2, b2, c1)}

$R×S$ 是一个包含 9 个元组的 6 元关系。

2. 专门的关系运算

（1）选择（Selection）。

设 $R = \{(a_1, a_2, \cdots, a_n)\}$ 是一个 n 元关系，F 是关于 $(a_1, a_2, \cdots, a_n)$ 的一个条件，R 中所有满足 F 条件的元组组成的子关系称为 R 的一个选择，记作 $\sigma F(R)$，并定义

$\sigma F(R) = \{(a_1, a_2, \cdots, a_n)|(a_1, a_2, \cdots, a_n) \in R$ 且 $(a_1, a_2, \cdots, a_n)$ 满足条件 $F\}$

从关系中找出满足给定条件的元组的操作称为选择。选择的条件以逻辑表达式给出，使得逻辑表达式为真的元组将被选取。选择又称为限制。如图 1.15 所示，由关系 R 得到关系 S。

R		
A	B	C
a	1	2
b	2	1
c	3	1

S		
A	B	C
c	3	1

图 1.15　选择运算

（2）投影（Projection）。

设 $R = R(A_1, A_2, \cdots, A_n)$ 是一个 n 元关系，$\{i_1, i_2, \cdots, i_m\}$ 是 $\{1, 2, \cdots, n\}$ 的一个子集，并且 $i_1 < i_2 < \cdots < i_m$，定义 $\pi(R) = R_1(A_{i_1}, A_{i_2}, \cdots, A_{i_m})$，即 $\pi(R)$ 是 R 中只保留属性 $A_{i_1}, A_{i_2}, \cdots, A_{i_m}$ 的新的关系，称 $\pi(R)$ 是 R 在 $A_{i_1}, A_{i_2}, \cdots, A_{i_m}$ 属性上的一个投影，通常记作 $\pi_{(A_{i_1}, A_{i_2}, \cdots, A_{i_m})}(R)$。

通俗地讲，关系 R 上的投影是从 R 中选择出若干属性列组成新的关系。如图 1.16 所示，由关系 R 得到关系 S。

R		
A	B	C
a	3	2
b	0	1
c	2	1

S	
A	B
a	3
b	0
c	2

图 1.16　投影运算

（3）连接（Join）。

连接是从两个关系的笛卡尔积中选取属性间满足一定条件的元组，记作 $R \underset{A\theta B}{\bowtie} S$，其中 A 和 B 分别为 R 和 S 上维数相等且可比的属性组，θ 是比较运算符。连接运算从 R 和 S 的笛卡尔积 $R×S$ 中选取（R 关系）在 A 属性组上的值与（S 关系）在 B 属性组上值满足比较关系 θ 的元组。

①条件连接：当要满足某个给定条件时实现连接，称为条件连接。

②等值连接：从关系 R 与关系 S 的笛卡尔积中选取 A 和 B 属性值相等的那些元组。

③自然连接：自然连接是一种特殊的等值连接，它要求在结果中把重复的属性去掉。一

般的连接操作是从行的角度进行运算，但自然连接还需要取消重复列，所以是同时从行和列的角度进行运算。

如图 1.17 所示，由关系 R 和关系 S 得到的关系的连接运算。

关系R

学号	语文
01	90
02	88
03	80

关系S

学号	数学
01	90
02	80
03	88
04	90

（a）关系 R 和关系 S

关系A

学号	语文	S.学号	数学
02	88	01	90
02	88	04	90
03	80	01	90
03	80	03	88
03	80	04	90

（b）关系 R 和关系 S 的条件连接运算

关系B

学号	语文	S.学号	数学
01	90	01	90
01	90	04	90
02	88	03	88
03	80	02	80

（c）关系 R 和关系 S 的等值连接运算

关系C

学号	语文	数学
01	90	90
02	88	80
03	80	88

（d）关系 R 和关系 S 的自然连接运算

图 1.17　关系的连接运算

【例 1.2】　一个关系数据库由职工关系 E 和工资关系 W 组成，关系模式如下。

E（编号，姓名，性别）

W（编号，基本工资，标准津贴，业绩津贴）

写出实现以下功能的关系运算表达式。

①查询全体男职工的信息。

②查询全体男职工的编号和姓名。

③查询全体职工的编号、姓名、基本工资、标准津贴和业绩津贴。

根据运算规则，写出关系运算表达式如下。

①对职工关系 E 进行选择运算，条件是"性别='男'"，关系运算表达式是：

$$\sigma_{性别='男'}(E)$$

②先对职工关系 E 进行选择运算，条件是"性别='男'"，这时得到一个男职工关系，再对男职工关系在属性"编号"和"姓名"上做投影计算，关系运算表达式是：

$$\pi_{(编号,姓名)}(\sigma_{性别='男'}(E))$$

③先对职工关系 E 和工资关系 W 进行连接运算，连接条件是"E.编号=W.编号"，这时得

到一个职工工资关系，再对职工工资关系做投影计算，关系运算表达式是：

$$\pi_{(\text{编号，姓名，基本工资，标准津贴，业绩津贴})}\left(E \underset{E.\text{编号}=W.\text{编号}}{\bowtie} W \right)$$

（4）除（Division）。

除运算可理解为笛卡尔积的逆运算。除运算的结果也是关系，而且该关系中的属性由关系 R 中除去关系 S 中的属性之外的全部属性组成，元组由关系 R 与关系 S 中在所有相同属性上有相等值的元组组成。关系 R 与关系 S 的除运算，记作 R÷S。

关系 R 与关系 S 的除运算应满足的条件：关系 S 的属性全部包含在关系 R 中，关系 R 的一些属性不包含在关系 S 中，即关系 R 真包含了关系 S。如图 1.18 所示，由关系 R 和 S 得到关系 T。

R

A	B	C	D
1	2	3	4
7	8	5	6
7	8	3	4
1	2	5	6
1	2	4	2

S

A	B
1	2
7	8

T

C	D
3	4
5	6

图 1.18　关系的除运算

1.4.4　关系的完整性约束

数据库系统在运行过程中，由于数据输入错误、程序错误、使用者的误操作、非法访问等各方面原因，容易产生数据错误和混乱。为了保证关系中数据的正确和有效，需建立数据完整性的约束机制来加以控制。在关系模型中，数据完整性包括实体完整性（Entity Integrity）、参照完整性（Referential Integrity）及用户自定义完整性（User defined Integrity）3 种。其中实体完整性和参照完整性是关系模型必须满足的完整性约束条件，而用户自定义完整性是针对具体应用领域的关系模型需要遵循的约束条件。

1. 实体完整性

实体是关系描述的对象，一行记录是一个实体属性的集合。在关系中用关键字来唯一地标识实体，关键字也就是关系模式中的主属性。实体完整性是指关系中的主属性值不能取空值（NULL）且不能有相同值，保证关系中的记录的唯一性，是对主属性的约束。若主属性取空值，则不可区分现实世界中存在的实体。例如，学号、教师号一定都是唯一的，都不能取空值。

2. 参照完整性

设 F 是关系 R 的一个或一组属性，但不是关系 R 的关键字，如果 F 与关系 S 的主关键字 Ks 相对应，则称 F 是关系 R 的外部关键字，并称关系 R 为参照关系（Referencing Relation），关系 S 为被参照关系（Referenced Relation）或目标关系（Target Relation）。

参照完整性规则就是定义外部关键字与主关键字之间的引用规则，即对于 R 中每个元组在 F 上的值必须取"空值"或等于 S 中某个元组的主关键字值。

参照完整性是对关系数据库中建立关联关系的数据表之间数据参照引用的约束，也就是对外部关键字的约束。准确地说，参照完整性是指关系中的外部关键字必须是另一个关系的主关键字的有效值，或者是 NULL。

在实际应用系统中，为减少数据冗余，常设计几个关系来描述相同的实体，这就存在关系之间的引用参照，也就是说一个关系属性的取值要参照其他关系。如对学生信息的描述常用以下两个关系：

学生（学号，姓名，性别，班级，专业号）

专业（专业号，专业名，负责人，简介）

上述关系中，专业号不是学生关系的主关键字，但它是被参照关系（专业关系）的主关键字，称为学生关系的外部关键字。参照完整性规则规定外部关键字可取空值或取被参照关系中主关键字的值。例如，在学生专业已经确定的情况下，学生关系中的专业号可以是专业关系中已经存在的专业号的值；在学生专业没有确定的情况下，学生关系的专业号就取 NULL 值。若取其他值，关系之间就失去了参照的完整性。

3. 用户自定义完整性

用户自定义完整性约束也称为域完整性约束。实体完整性和参照完整性适用于任何关系数据库系统。除此之外，不同的关系数据库系统根据其应用环境的不同，往往还需要一些特殊的约束条件，用户自定义完整性就是针对某一具体关系数据库的约束条件，它反映某一具体应用所涉及的数据必须满足的语义要求。

域是关系中属性值的取值范围。域完整性是对数据表中字段属性的约束，它包括字段的值域、字段的类型及字段的验证规则等约束，它是由确定关系结构时所定义的字段的属性所决定的。在设计关系模式时，定义属性的类型、宽度是基本的完整性约束。进一步的约束可保证输入数据的合理有效，例如，性别属性只允许输入"男"或"女"，其他字符的输入则认为是无效输入，拒绝接受。

1.5 数据库的设计

1.5.1 数据库设计的基本步骤

设计一个满足用户需求、性能良好的数据库是数据库应用系统开发的核心问题之一。目前数据库应用系统设计大多采用生命周期法，考虑数据库及其应用系统开发全过程，可以将数据库设计分为 6 个阶段：需求分析、概念设计、逻辑设计、物理设计、数据库实施、数据库运行和维护。

1. 需求分析阶段

需求分析阶段是数据库设计的第一步，也是最困难、最耗时的一步。需求分析的任务是要充分地、准确地了解用户对系统的要求，确定建立数据库的目的。需求分析阶段主要考虑的是"做什么"，该阶段做得是否充分准确，直接影响到接下来的各阶段能否顺利进行。

需求分析阶段需要重点调查的是用户的信息要求、处理要求、安全性和完整性需求。信息需求是指用户需要从数据库中获得信息的内容与性质；处理要求包括对处理功能的要求及采用何种处理方式；安全性和完整性需求是指在定义信息需求和处理需求的同时，必须相应地确定完整性约束条件和安全机制。

需求分析阶段的产物是用户和设计者都能接受的需求规格说明书，将其作为下一步数据库概念设计的依据。

需求分析目前常用的方法主要有结构化分析方法和面向对象方法。结构化分析方法习惯于用数据流图（Data Flow Diagram，DFD）来表达数据和处理过程的关系，用数据字典（Data Dictionary，DD）对系统涉及的数据进行详尽描述。

2. 概念设计阶段

概念设计是把用户的需求进行综合、归纳与抽象，统一到一个整体概念结构中，形成数据库的概念模型。概念模型是面向现实世界的一个真实模型，它能够充分反映现实世界，同时又容易转换为数据库逻辑模型，更容易被用户理解。数据库的概念模型独立于计算机系统和数据库管理系统。

将需求分析得到的用户需求抽象为信息结构即概念模型的过程就是概念设计，它是整个数据库设计的关键。

在需求分析阶段所得到的应用需求应该首先抽象为概念模型，以便更好、更准确地用某一数据库管理系统实现这些需求。

概念模型是各种逻辑模型的共同基础，它比逻辑模型更独立于机器、更抽象，从而更加稳定。描述概念模型的有力工具是 E-R 图。具体设计步骤如下：

①确定实体。
②确定实体的属性。
③确定实体的主键。
④确定实体间的联系类型。
⑤画出 E-R 图。

3. 逻辑设计阶段

数据库逻辑设计是将概念模型转换为逻辑模型，也就是被某个数据库管理系统所支持的数据模型，并对转换结果进行规范化处理。关系数据库的逻辑结构由一组关系模式组成，因而，从概念模型结构到关系数据库逻辑结构的转换就是将 E-R 图转化为关系模型的过程，即进行表结构设计（包括确定数据库中的表、确定表中需要的字段及主键，以及确定表之间的联系），并按规范化要求优化设计。

4. 物理设计阶段

数据库在物理设备上的存储结构与存取方法称为数据库的物理结构，它依赖于给定的计算机系统。为一个给定的逻辑模型选取一个最适合应用要求的物理结构的过程，就是数据库的物理设计。物理设计依赖于具体的 DBMS，应用的性能可否满足用户需求，如应用的并发能力、相应时间要求、每秒可处理的事务能力等，很大程度上取决于物理结构的设计。通常关系数据库物理设计的主要内容包括：一是为关系模式选取存取方法；二是设计关系、索引等数据库文件的物理存储结构。

5. 数据库实施阶段

完成数据库的物理设计之后，就要用数据库管理系统提供的数据定义语言和其他实用程序将数据库逻辑设计和物理设计结果严格地描述出来，成为数据库管理系统可以接收的源代码，再经过调试产生目标代码，然后就可以组织数据入库了，这就是数据库实施阶段。

数据库实施阶段包括两项重要的工作：一是数据的载入，二是应用程序的编码和调试。

6. 数据库运行和维护阶段

数据库系统经过试运行合格后，数据库开发工作就基本完成，即可投入正式运行了。在数据库系统的运行过程中，对数据库设计进行评价、调整、修改等维护工作是一个长期的任务，也是设计工作的继续和提高。

在数据库运行阶段，对数据库经常性的维护工作主要是由数据库管理员完成的，它包括数据库的转储和恢复、数据库的安全性与完整性控制、数据库性能的分析和改造、数据库的重组织与重构造。

需要指出的是，设计一个完整的数据库应用系统是不可能一蹴而就的，它往往是上诉 6个阶段的不断重复，而且这个设计步骤既是数据库设计的过程，也包括数据库应用系统的设计过程。在设计过程中，把数据库的设计和对数据库中数据处理的设计紧密结合起来，将这两个方面的需求分析、系统设计和系统实现在各个阶段同时进行，相互参照，相互补充，以完善两方面的设计。事实上，如果不了解应用环境对数据的处理要求，或没有考虑如何去实现这些处理要求，是不可能设计出一个良好的数据结构的。

1.5.2 从概念模型到关系模型的转换

用 E-R 图表示的概念模型独立于具体的数据库管理系统所支持的数据模型，它是各种数据模型的公共基础。下面讨论从概念模型到关系模型的转换过程，即如何将 E-R 图转换成关系数据库管理系统所支持的关系模型。

（1）一对一联系到关系模型的转换。

若实体间的联系是一对一联系，只要在两个实体类型转化成的两个关系模式中任意一个关系模式中增加另一关系模式的关键属性和联系的属性即可。

如图 1.19 所示的 E-R 图中有校长和学校两个实体，两个实体是一对一联系，可以转换为如下两个联系：

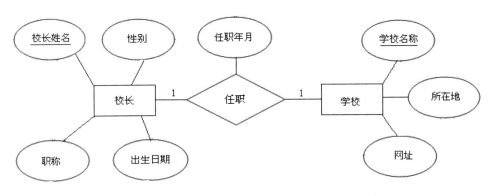

图 1.19　校长和学校的 E-R 图

校长（<u>校长姓名</u>，性别，职称，出生日期，学校名称）

学校（<u>学校名称</u>，所在地，网址）

（2）一对多联系到关系模型的转换。

若实体间的联系是一对多联系，则需要在"多"方实体的关系模式中增加"一"方实体类型的关键属性和联系的属性，"一"方的关键属性作为外部关键属性处理。

如图 1.20 所示的 E-R 图中有仓库和产品两个实体，两个实体是一对多联系，可以转换为如下两个联系：

仓库（<u>仓库号</u>，地点，面积）

产品（<u>产品号</u>，产品名称，价格，仓库号）

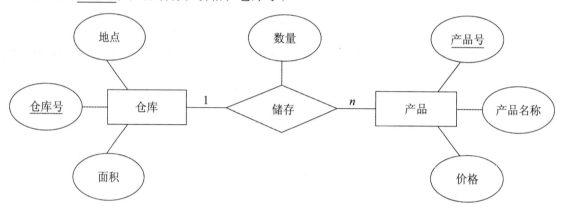

图 1.20　库和产品的 E-R 图

（3）多对多联系到关系模型的转换。

若实体间的联系是多对多联系，则除对两个实体分别进行转换外，还要为联系类型单独建立一个关系模式，其属性为两方实体类型的关键属性加上联系的属性，其关键属性是两方实体关键属性的组合。

如图 1.21 所示的 E-R 图中有供应商和货物两个实体，两个实体是多对多联系，可以转换为如下三个联系：

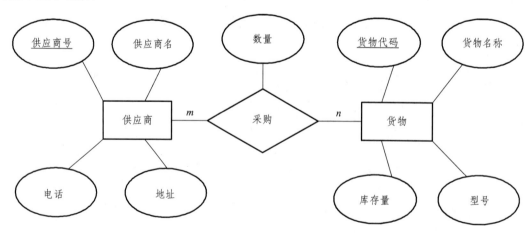

图 1.21　供应商和货物的 E-R 图

供应商（<u>供应商号</u>，供应商名，地址，电话）
货物（<u>货物代码</u>，货物名称，型号，库存量）
采购（<u>供应商号，货物代码</u>，数量）

课后习题

一、选择题

1. 数据库是在计算机系统中按照一定的数据模型组织、存储和应用的（　　）。
   A. 模型的集合
   B. 数据的集合
   C. 应用的集合
   D. 存储的集合

2. DBMS 的含义是（　　）。
   A. 数据库系统
   B. 数据库管理系统
   C. 数据库管理员
   D. 数据库

3. 由计算机、操作系统、DBMS、数据库、应用程序及用户等组成的是（　　）。
   A. 文件系统
   B. 数据库系统
   C. 软件系统
   D. 数据库管理系统

4. DBAS 指的是（　　）。
   A. 数据库管理系统
   B. 数据库系统
   C. 数据库应用系统
   D. 数据库服务系统

5. 数据库 DB、数据库系统 DBS、数据库管理系统 DBMS 三者之间的关系是（　　）。
   A. DBS 包括 DB 和 DBMS
   B. DBMS 包括 DB 和 DBS
   C. DB 包括 DBS 和 DBMS
   D. DBS 就是 DB，也就是 DBMS

6. 关系数据库用（　　）来表示实体之间的联系。
   A. 树结构　　　　B. 二维表　　　　C. 网结构　　　　D. 图结构

7. 关系的完整性是指关系中的数据及具有关联关系的数据之间必须遵循的制约条件和依存关系，关系的完整性主要包括（　　）。
   A. 参照完整性、域完整性、用户自定义完整性
   B. 数据完整性、实体完整性、参照完整性
   C. 实体完整性、域完整性、参照完整性
   D. 动态完整性、实体完整性、参照完整性

8. 如果一个小组只能有一个组长，而且一个组长只能在一个组中，则组和组长两个实体之间的关系属于（　　）。
   A. 一对一联系
   B. 一对二联系
   C. 多对多联系
   D. 一对多联系

9. 一个学生可以选修不同的课程，很多学生可以选同一门课程，则课程与学生这两个实体之间的联系是（　　）。
   A. 一对一联系
   B. 一对二联系
   C. 多对多联系
   D. 一对多联系

10. Access 支持的数据模型是（　　　）。

    A. 层次数据模型   B. 关系数据模型

    C. 网状数据模型   D. 树状数据模型

11. 数据库系统与文件系统的主要区别是（　　　）。

    A. 数据库系统复杂，而文件系统简单

    B. 文件系统只能管理程序文件，而数据库系统能够管理各种类型的文件

    C. 文件系统管理的数据量较少，而数据库系统可以管理庞大的数据量

    D. 文件系统不能解决数据冗余和数据独立性问题，而数据库系统可以解决

12. 在关系数据库系统中，当关系的模型改变时，用户程序也可以不变，这是（　　　）。

    A. 数据的物理独立性   B. 数据的逻辑独立性

    C. 数据的位置独立性   D. 数据的存储独立性

13. 数据库三级模式中，用逻辑数据模型对用户所用到的那部分数据的描述是（　　　）。

    A. 外模式   B. 概念模式

    C. 内模式   D. 逻辑模式

14. 以下对关系模型性质的描述，不正确的是（　　　）。

    A. 在一个关系中，每个数据项不可再分，是最基本的数据单位

    B. 在一个关系中，同一列数据具有相同的数据类型

    C. 在一个关系中，各列的顺序不可以任意排列

    D. 在一个关系中，不允许有相同的字段名

15. 关系数据库中的码是指（　　　）。

    A. 能唯一决定关系的字段   B. 不可改动的专用保留字

    C. 关键的很重要的字段   D. 能唯一标识元组的属性或属性集合

16. 自然连接是构成新关系的有效方法。一般情况下，当对关系 R 和 S 使用自然连接时，要求 R 和 S 含有一个或多个共有的（　　　）。

    A. 元组   B. 行   C. 记录   D. 属性

17. 在建立表时，将年龄字段值限制在 18~40，这种约束属于（　　　）。

    A. 实体完整性约束   B. 用户定义完整性约束

    C. 参照完整性约束   D. 视图完整性约束

18. 在 Access 中，"表"是指（　　　）。

    A. 关系   B. 报表   C. 表格   D. 表单

19. 在 Access 中，用来表示实体的是（　　　）。

    A. 域   B. 字段   C. 记录   D. 表

20. 把 E-R 图转换成关系模型的过程，属于数据库设计的（　　　）。

    A. 概念设计   B. 逻辑设计   C. 需求分析   D. 物理设计

二、填空题

1. 数据库是在计算机系统中按照一定的方式组织、存储和应用的_____。支持数据库各种操作的软件系统叫_____。由计算机 、操作系统、DBMS、数据库、应用程序及有关人员等组成的一个整体叫_____。

2. 数据库常用的逻辑数据模型有_____、_____、_____，Access 属于_____。

3. 关系中能唯一区分、确定不同元组的属性或属性组合，称为该关系的_____。

4. 在关系数据库的基本操作中，从表中取出满足条件元组的操作称为_____；把两个关系中相同属性值的元组连接到一起形成新的二维表的操作称为_____；从表中抽取属性值满足条件列的操作称为_____。

5. Access 不允许在主关键字字段中有重复值或_____。

6. 已知两个关系：

职工（职工号，职工名，性别，职务，工资）

设备（设备号，职工号，设备名，数量）

其中"职工号"和"设备号"分别为职工关系和设备关系的关键字，则两个关系的属性中，存在一个外部关键字为_____。

三、问答题

1. 计算机数据管理技术经过哪几个发展阶段？

2. 实体之间的联系有哪几种？分别举例说明。

3. 什么是数据独立性？在数据库系统中，如何保证数据的独立性？

4. 参考表 1 和表 2，按要求写出关系运算式。

表 1　医生表

医生编号	姓名	职称
D1	李一	主任医师
D2	刘二	副主任医师
D3	王三	副主任医师
D4	张四	主任医师

表 2　患者表

患者病例号	患者姓名	性别	年龄	医生编号
P1	李东	男	36	D1
P2	张南	女	28	D3
P3	王西	男	12	D4
P4	刘北	女	40	D4
P5	谭中	女	45	D2

（1）查找年龄在 35 岁以上的患者。

（2）查找所有的主任医师。

（3）查找王三医师的所有病人。

（4）查找患者刘北的主治医师的相关信息。

5. 商业管理数据库中有 3 个实体集：一是"商店"实体集，属性有商店编号、商店名、地址等；二是"商品"实体集，属性有商品号、商品名、规格、单价等；三是"职工"实体集，属性有职工编号、姓名、性别、业绩等。

商店与商品间存在"销售"联系,每个商店可销售多种商品,每种商品也可放在多个商店销售,每个商店销售一种商品,有月销售量;商店与职工间存在着"聘用"联系,每个商店有许多职工,每个职工只能在一个商店工作,商店聘用职工有聘期和工资。

(1)试画出 E-R 图。

(2)将 E-R 图转换成关系模型,并说明主键和外键。

参考答案

一、选择题

1. B   2. B   3. B   4. C   5. A   6. B   7. C   8. A   9. C   10. B
11. D   12. B   13. A   14. C   15. D   16. D   17. B   18. A   19. C   20. B

二、填空题

1. 数据集合,数据库管理系统,数据库系统
2. 层次模型,网状模型,关系模型,关系模型
3. 关键字
4. 选择,连接,投影
5. 空值
6. 设备关系的"职工号"

三、问答题

1. 答:计算机数据管理技术经历了人工管理、文件管理、数据库管理以及新型数据库系统等发展阶段。

人工管理阶段的数据管理是以人工管理方式进行的,不需要将数据长期保存,由应用程序管理数据,数据有冗余,无法实现共享,数据对程序不具有独立性。

文件管理阶段利用操作系统的文件管理功能,将相关数据按一定的规则构成文件,通过文件系统对文件中的数据进行存取和管理,实现数据的文件管理方式。数据可以长期保存,数据对程序有一定独立性,但数据的共享性差、冗余度大,容易造成数据不一致,数据独立性差,数据之间缺乏有机的联系,缺乏对数据的统一控制和管理。

在数据库管理阶段,由数据库管理系统对数据进行统一的控制和管理,在应用程序和数据库之间保持较高的独立性,数据具有完整性、一致性和安全性高等特点,并且具有充分的共享性,有效地减少了数据冗余。

新型数据库系统包括分布式数据库系统、面向对象数据库系统、多媒体数据库系统等,为复杂数据的管理以及数据库技术的应用开辟新的途径。

2. 答:实体之间的联系有 3 种类型:一对一(1:1)、一对多(1:n)、多对多($m:n$)。例如,一位乘客只能坐一个机位,一个机位只能由一位乘客乘坐,所以乘客和飞机机位之间的联系是 1:1 的联系。一个班级有许多学生,而一个学生只能编入某一个班级,所以班级和学生之间的联系是 1:n 的联系。一个教师可以讲授多门课程,同一门课程也可以由多个教师讲授,所以教师和课程之间的联系是 $m:n$ 的联系。

3. 答：数据独立性是指应用程序与数据库的数据结构之间相互独立。在数据库系统中，因为采用了数据库的三级模式结构，保证了数据库中数据的独立性。在数据存储结构改变时，不影响数据的全局逻辑结构，这样保证了数据的物理独立性。在全局逻辑结构改变时，不影响用户的局部逻辑结构以及应用程序，这样就保证了数据的逻辑独立性。

4. 答：关系运算式如下：

（1）$\sigma_{\text{年龄}>35}$（患者）

（2）$\sigma_{\text{职称}='\text{主任医师}'}$（医生）

（3）$\pi_{(\text{患者病例号,患者姓名})}$（$\sigma_{\text{姓名}='\text{王三}'}$（医生 $\underset{\text{条件}}{\bowtie}$ 患者）），其中连接的条件为"医生.医生编号=患者.医生编号"。

（4）$\pi_{(\text{医生编号,姓名,职称})}$（$\sigma_{\text{患者姓名}='\text{刘北}'}$（医生 $\underset{\text{条件}}{\bowtie}$ 患者）），其中连接的条件为"医生.医生编号=患者.医生编号"。

5. 答：（1）对应的 *E-R* 图如图所示：

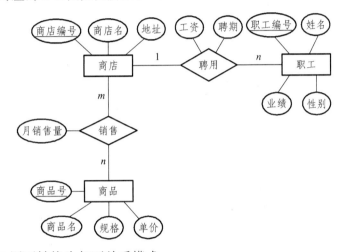

（2）这个 *E-R* 图可转换为如下关系模式：

商店（<u>商店编号</u>，商店名，地址），商店编号为主键。

职工（<u>职工编号</u>，姓名，性别，业绩，商店编号，聘期，工资），职工编号为主键，商店编号为外键。

商品（<u>商品号</u>，商品名，规格，单价），商品号为主键。

销售（<u>商店编号</u>，<u>商品号</u>，月销售量），商店编号+商品号为主键，商店编号、商品号均为外键。

第 2 章　Access 2016 数据库

2.1　Access 2016 简介

　　Access 2016 是美国微软公司把数据库引擎的图形用户界面和软件工具开发结合在一起的一个关系数据库管理系统。与其他数据库相比，Access 2016 提供了表生成器、查询生成器、窗体设计器等众多可视化的操作工具，以及表向导、查询向导、窗体向导等多种向导。使用这些工具和向导，用户不用掌握复杂的编程语言，就可以轻松快捷地构建一个功能完善的数据库系统。Access 还提供了内置的 VBA 编程语言和函数，有助于高级用户开发功能更为复杂的数据库系统。

　　Access 2016 作为 Office 的组成部分之一，具有 Word 2016、Excel 2016 和 PowerPoint 2016 等软件相似的界面，具有操作简单、使用方便的特点。本章选用 Microsoft Office 专业增强版 2016 中的 Access 2016 作为教学背景，Access 2016 保留了 Access 2013 中所有功能，同时进行了功能升级和增强，其界面外观也进行了调整，2016 的边框更加丰富多彩。其新增功能如下：

1. 使用"操作说明搜索"快速执行功能

　　在 Access 2016 的功能区上方新增一个智能搜索框，即"操作说明搜索"，如图 2.1 所示。用户可在其中输入与操作相关的字词和短语，系统立即自动进行搜索并提供相应选项，其中还包括查找内容相关的帮助，用户可以直接执行从而节省手动查找相应功能或帮助的时间和精力，如图 2.2 所示。

图 2.1　智能搜索框　　　　　　　　　　图 2.2　搜索示例

2. 新增"彩色"新主题

　　在 Access 2016 中增加"彩色"新主题，用户可以通过"文件"选项卡中的"选项"命令打开"Access 选项"对话框，在"常规"选项下单击"office 主题"右侧的下拉按钮，在弹出的下拉列表中即可设置需要的主题类型，如图 2.3 所示。

图 2.3　office 主题设置

3. 将链接的数据源信息导出到 Excel 表格

在 Access 2016 中，可以将链接的数据源导出到 Excel。通过单击"外部数据"选项卡下"导入并链接"组中的"链接表管理器"按钮，打开"链接表管理器"对话框，选中需要导出的链接数据源信息，如图 2.4 所示。然后单击"导出到 Excel"按钮，即可将选定的数据源的名称、源信息及数据源类型导出到 Excel 表格中。

图 2.4　链接数据导出到 Excel 程序中的操作示意图

4. 新颖的模板外观

Access 2016 提供了"资产跟踪""联系人"以及"任务管理"等模板，如图 2.5 所示。对于这些模板，微软公司已重新设计外观，从而使其外观更新颖，更具有现代感。

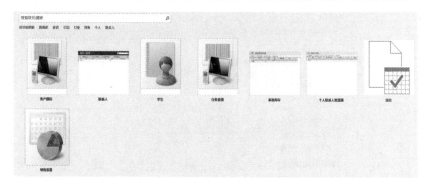

图 2.5　模板

2.2　Access 2016 工作界面

2.2.1　欢迎界面

启动 Access 2016 之后，屏幕上会打开 Access 2016 默认的欢迎界面，如图 2.6 所示。欢迎界面提供了一些选项，用于打开现有的 Access 数据库或创建新的数据库。

图 2.6　欢迎界面

2.2.2　操作界面

在创建一个空数据库或打开一个数据库后，就进入了 Access 2016 的主操作界面，如图 2.7 所示。主要由功能区、导航窗格、工作区、状态栏等组成，它们提供了供用户创建和使用数据库的环境。

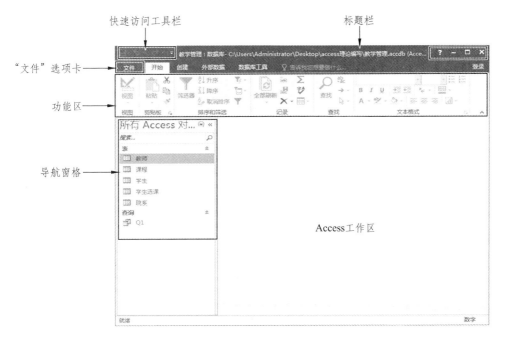

图 2.7　主操作界面

1. "文件"选项卡

"文件"选项卡位于其他选项卡左侧，是一个较为特殊的选项卡，它的结构、布局与其他选项卡完全不同。选择该选项卡，会进入 Backstage 视图，如图 2.8 所示。它包含应用于整个数据库文件的命令和信息以及早期版本中"文件"菜单的命令。通过它可以执行一些对 Access 文件或者程序的基本操作，如保存、另存为、新建、关闭等操作。

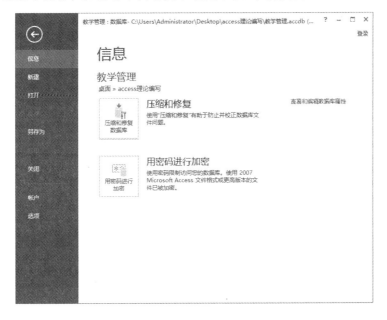

图 2.8　Backstage 视图

（1）信息：用于压缩、修复数据库，设置密码以及查看数据库属性。

（2）新建：用于新建空白数据库以及模板数据库，可用 Ctrl + N 组合键完成该操作。

（3）打开：用于打开本地计算机中的数据库以及 OneDrive 上的数据库，可用 Ctrl + O 组合键完成该操作。

（4）保存：用于保存当前的数据库，可用 Ctrl + S 组合键或者 Ctrl+F12 组合键完成该操作。

（5）另存为：同样用于保存当前的数据库。与"保存"命令所不同的是使用该命令可自定义保存的格式以及存储路径，可用功能键 F12 完成该操作。

（6）打印：用于打印所选择的数据库对象。

（7）关闭：用于关闭当前的数据库，但不退出 Access 程序，可用 Ctrl + W 组合键完成该操作。

（8）账户：用于登录到 Office 和查看使用的 Access 版本信息。

（9）选项：单击该命令后，将打开"Access 选项"对话框，进而对数据库做进一步设置。

2. 快速访问工具栏

快速访问工具栏位于工作界面左上角，包含最常用的命令，默认包含保存、撤销和恢复 3 个命令。单击快速访问工具栏右侧的 ⊽ 按钮，将弹出"自定义快速访问工具栏"列表框，在其中可自定义添加快速访问工具栏中显示的命令，如图 2.9 所示。

图 2.9　快速访问工具栏

3. 功能区

功能区占据了 Access 主屏幕的顶部区域。从 Access 2007 起，功能区替代了之前 Access 版本中显示的菜单和工具栏。

（1）标准选项卡。

功能区默认含有 4 个标准选项卡，分别是"开始""创建""外部数据"和"数据库工具"。

"开始"选项卡：用于切换视图，以及对数据进行剪切、复制、排序、筛选、查找、设置文本格式等操作，如图 2.10 所示。

图 2.10   "开始"选项卡

"创建"选项卡：用于创建 Access 的六大数据库对象，如图 2.11 所示。

图 2.11   "创建"选项卡

"外部数据"选项卡：用于导入外部数据以及将 Access 数据库对象导出为其他格式的数据，如图 2.12 所示。

图 2.12   "外部数据"选项卡

"数据库工具"选项卡：用于压缩和修复数据库、运行宏、查看关系、分析数据库性能以及移动数据等，如图 2.13 所示。

图 2.13   "数据库工具"选项卡

（2）上下文选项卡。

除了 Access 功能区中的 4 个标准选项卡之外，还有"上下文选项卡"。它属于特殊类型的选项卡，仅当选择某种特定的对象时才会显示，主要是对对象进行操作。例如，当要打开"教师"表对象时，功能区会增加"表格工具"|"字段"和"表"选项卡，如图 2.14 所示。

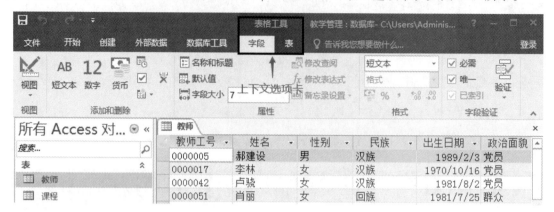

图 2.14　上下文选项卡

4. 导航窗格

导航窗格位于界面左侧，用于查看、组织和管理当前数据库中的数据库对象，如图 2.15 所示。如果需要较大的空间显示数据库，则可以单击导航窗格右上角的 « 把导航窗格折叠起来，但是不能被数据库对象覆盖。再次单击折叠状态的导航窗格上方的 » ，可以将导航窗格展开。

图 2.15　导航窗格　　　　　　图 2.16　导航窗格中的组织列表

导航窗格的显示内容可以根据自己的使用习惯进行设置，单击导航窗格右侧的 按钮，可以打开导航窗格中的组织列表，进行导航选项显示设置，如图 2.16 所示。

在导航窗格的空白处单击鼠标右键，在弹出的快捷菜单中可以设置类别、排序依据、查看方式等，如图 2.17 所示。

在数据库对象上单击鼠标右键，在弹出的快捷菜单中可以对其进行打开、导入，导出、重命名、复制等操作，如图 2.18 所示。

图 2.17　导航窗格的快捷菜单

图 2.18　数据库对象的快捷菜单

2.3　Access 2016 数据库对象

Access 作为一个基于面向对象的数据库管理系统，主要是通过表、查询和窗体等 6 种数据库对象来管理数据。

6 大对象分别是：

表：数据库的核心与基础，保存实际数据。

查询：数据库设计目的的体现，搜索、排序和检索特定数据。

窗体：数据库与用户进行交互操作的界面，允许以自定义格式输入和显示数据。

报表：将数据库需要打印的数据提取出来进行分析、整理和计算。

宏：使程序自动化，而不必编程。

模块：建立复杂的 VBA 程序以完成宏等不能完成的任务。

最简单的 Access 数据库可以只有一个对象——表。当打开数据库时，数据库中的对象会直接显示在操作界面的导航窗格中。

2.3.1　表

前面提到过，表是 Access 数据库中用来存储数据的对象，是创建其他 5 种对象的基础。一个数据库中可包含多个表，但每个表应围绕一个主题建立。如图 2.19 所示的"教师"表，用于存储教师相关的信息。

从图中可以看出，表中信息分行、列存储，与 Excel 表中的数据清单类似。表中的每一列代表某种特定的数据类型，称为字段；表中每一行由各个特定的字段组成，称为记录。

字段

记录 →

图 2.19　"教师"表

2.3.2　查询

查询是数据库的核心功能，查询主要有两个功能：一是可以根据指定的条件从数据表或其他查询中筛选出符合条件的数据，形成一个动态数据集；二是可以对记录进行修改、删除、添加等操作。

查询通常是在设计视图中创建的。如图 2.20 所示，创建的是查找"姓张"的老师"姓名""性别"和"民族"信息；而查询结果则是以数据表的形式显示，每执行一次查询操作都会显示最新的结果，如图 2.21 所示。

图 2.20　"教师"表查询设置

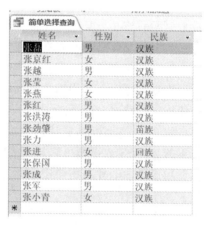

图 2.21　"教师"表查询结果

【注意】

查询到的数据记录集合虽然以二维表表示，但它们不是基本表，每个查询只记录该查询的查询操作方式，每运行一次查询操作时，才能看到查询结果，除操作查询外，其他查询结果不修改数据源中的数据。

2.3.3 窗体

窗体既是应用程序和用户之间的接口界面，也是管理数据库的窗口，是创建数据库应用程序最基本的对象。在窗体中可以显示数据表中的数据，可以将数据库中的表链接到窗体中，利用窗体作为输入记录界面。

通过在窗体中插入按钮，可以控制数据库程序的执行过程，在窗体中不仅可以包含普通的数据，还可以包含图片图形声音和视频等不同的数据类型。如图 2.22 所示的是某个应用程序的登录界面。

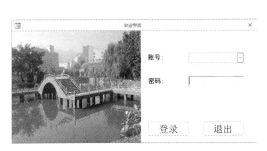

图 2.22 "欢迎界面"窗体　　　　　　图 2.23 "教师信息"报表

2.3.4 报表

数据库应用程序通常要进行一些打印输出，在 Access 中如果要打印输出数据，使用报表是一种最有效的方式，报表还可以对数据进行计算、分组和汇总等操作。如图 2.23 显示的是教师信息表的打印输出。

2.3.5 宏

宏是一个或多个操作的集合，其中每个操作都能实现特定的功能，也可以是若干个宏的集合所组成的宏组。在数据库应用程序中，用户经常需要重复打开表、打开查询等大量的操作，利用宏可以简化这些操作，使大量重复性操作自动完成，从而使管理和维护 Access 数据库更加简单。

2.3.6 模块

模块中的每一个过程都是 VBA（Visual Basic Application）应用程序编写的一个函数过程或者过程，通过将模块与窗体、报表等 Access 对象相联系，可以建立完整的数据库应用程序。模块的主要作用是建立复杂的 VBA 程序以完成宏不能完成的任务。

2.4 Access 2016 数据库基本操作

常见的数据库基本操作包括数据库文件的创建与保存、打开、压缩与修复等内容，下面分别进行介绍。

2.4.1 创建数据库

Access 2016 提供了两种创建数据库的方法：一种是使用模板创建数据库，另一种是创建空白数据库。创建数据库后，可随时修改或扩展数据库。Access 2016 创建的数据库文件的扩展名是.accdb。

1. 使用模板创建数据库

为了便于用户操作，Access 2016 提供了"资产跟踪""联系人"以及"任务管理"等模板。利用这些数据库模板，用户可快速创建包含表、查询等多个对象的数据库。

【例 2.1】在 D 盘创建一个名为"Access"的文件夹，启动 Access 2016，通过"学生"模板创建一个"学生.accdb"数据库，并保存在 D 盘的"Access"文件夹中。

【操作步骤】

（1）启动 Access 2016。（与一般的 Windows 应用程序启动方法相同）

（2）在 Access 2016 启动窗口中，单击"学生"模板按钮。

（3）在弹出的对话框中，按要求输入数据库的名称和数据库的存储路径，如图 2.24 所示。将"文件名"文本框中默认的数据库名更改为"学生"。输入文件名时，如果未输入文件扩展名，系统会自动添加。

（4）单击"浏览"按钮 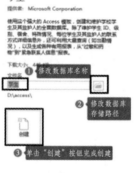，打开"文件新建数据库对话框"，找到 D 盘的"Access"文件夹，将其设置为数据库的存储路径，并单击"确定"按钮，如图 2.25 所示。

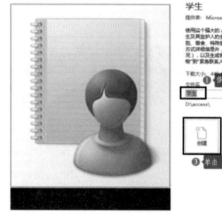

图 2.24　使用模板创建数据库对话框　　　　　图 2.25　"文件新建数据库"对话框

（5）最后单击"创建"命令按钮完成创建，数据库建好后，展开导航窗格就能查看所建数据库的所有对象，如图 2.26 所示。

图 2.26　"学生"数据库

2. 创建空白数据库

如果在数据库模板中无合乎心意的模板，或需要在数据库中存放、合并现有的数据时，最好的办法就是创建一个空白数据库。空白数据库就是建立的数据库的外壳，其中没有任何对象和数据，用户需要根据自己的需求创建表、查询、窗体等数据库对象。

【例2.2】启动Access 2016，创建名为"教学管理"的空白数据库，并保存在D盘的"Access"文件夹中。

【操作步骤】

（1）启动Access 2016，在欢迎界面中心单击"空白桌面数据库"，或在刚刚创建的"学生"数据库中单击"文件"选项卡，在左侧窗格中单击"新建"命令，在右侧窗格中单击"空白桌面数据库"选项。

图2.27　使用空白桌面数据库创建数据库对话框　　　　图2.28　空白数据库

（2）在弹出的对话框中，按照"学生"数据库的创建方式完成创建。

【注意】

Access新建空白数据库时，会自动创建一个名"表1"的数据表，见图2.28，该表以数据表视图方式显示，表中有两个字段：一个是默认的"ID"字段；另一个是用于添加新字段的标识 *单击以添加* 。关闭该表后，数据库中无对象，用户可以根据需求创建。

2.4.2　打开和关闭数据库

用户需要对数据库进行操作时，首先需要打开数据库，操作完成后，需要关闭数据库。

1. 打开数据库

打开数据库的方式有3种：

（1）在已打开的数据库中使用"文件"选项卡中的"打开"命令或使用Ctrl + O组合键。

（2）使用"最近使用的文档"命令。

（3）找到数据库文件存放的位置，用鼠标双击打开。

【例2.3】使用"最近使用的文档"列表，打开最近使用过的"学生"数据库。

Access自动记忆了最近打开过的数据库文件。打开Access后，窗口左侧列出了最近使用过的文档，如图2.29所示，单击最近使用的文档列表中的"学生"数据库文件。

通过"打开"对话框打开数据库文件共有4种打开方式：打开、以只读方式打开、以独占方式打开、以独占只读方式打开，如图2.30所示。用不同方式打开数据库有不同的功能。

图 2.29　"最近使用的文档"列表

图 2.30　"打开"对话框

①打开：指以共享方式打开数据库，这是默认的打开方式。该方式允许在多用户环境中进行共享访问，多个用户都可以读写数据库。

②以只读方式打开：以这种方式打开数据库，只能进行只读访问，即可查看数据库但不可编辑数据库。

③以独占方式打开：该方式不允许其他用户再打开数据库。当任何其他用户试图再打开该数据库时，将收到"文件已在使用中"消息。

④以独占只读方式打开：以这种方式打开数据库后，其他用户将只能以只读模式打开此数据库，而并非限制其他用户都不能打开此数据库。

2. 关闭数据库

当完成数据库操作后，需要关闭数据库，常用方法有以下四种：

（1）单击 Access 窗口右上角的"关闭"按钮。

（2）单击"文件"选项卡，然后在左侧列表中选择"关闭"命令。

（3）右击 Access 标题栏，从弹出菜单选择"关闭"按钮。

（4）使用 Alt+F4 组合键。

课后习题

一、选择题

1. 退出 Access 数据库管理系统可以使用的快捷键是（　　）。

A. Alt + F4　　　　　B. Alt + X　　　　　C.Ctrl + C　　　　　D. Ctrl + W

2. Access 数据库最基础的对象是（　　）。

A. 报表　　　　　B. 模块　　　　　C.查询　　　　　D. 表

3. 在 Access 数据库对象中，体现数据库设计目的的对象是（　　）。

A. 报表　　　　　B. 模块　　　　　C.查询　　　　　D. 表

4. 在下列关于宏和模块的叙述中，正确的是（　　）。

A. 模块是能够被程序调用的函数

B. 通过定义宏可以选择或更新数据

C. 宏或模块都不能是窗体或报表上的事件代码

D. 宏可以是独立的数据库对象，可以提供独立的操作动作

5. 从数据库类型上看，Access 的类型是（　　　）。

    A. 近代型　　　　　B. 现代型　　　　　　C. 表格型　　　　　　D. 关系型

6. 在 Access 中，空数据库是指（　　　）。

    A. 表中没有数据　　　　　　　　　　B. 没有基本表的数据库

    C. 没有窗体、报表的数据库　　　　　D. 没有任何数据库对象的数据库

7. 下列选项中，不是 Access 数据库对象的是（　　　）。

    A. 表　　　　　　　B. 查询　　　　　　　C. 记录　　　　　　　D. 窗体

8. 要创建一个"教师管理"库，最快捷的建立方法是（　　　）。

    A. 通过新建空白数据库建立　　　　　B. 通过数据库模板建立

    C. 通过数据库表模板建立　　　　　　D. 使用三种方法均可建立

9. Access 中表和数据库的关系是（　　　）。

    A. 一个数据库可以包含多个表　　　　B. 一个表可以包含多个数据库

    C. 一个表只能包含两个数据库　　　　D. 数据库就是数据表

10. Access 导航窗格中包含的功能有（　　　）。

    A. 新建文件　　　　B. 对象搜索　　　　　C. 记录剪贴板　　　　D. 以上皆是

二、填空题

1. Access 2016 数据库的文件扩展名是＿＿＿＿＿＿。

2. Access 2016 有六种数据库对象，它们是＿＿＿ 、＿＿＿ 、＿＿＿ 、＿＿＿ 、＿＿＿ 和＿＿＿ 。

3. Access 2016 所支持的三种主题分别是＿＿＿ 、＿＿＿ 和＿＿＿ 。

4. 在 Access 中用于设计输入界面的对象是＿＿＿＿＿＿。

5. Access 数据库的类型是＿＿＿＿＿＿。

参考答案

一、选择题

1. A　　2. D　　3. C　　4. D　　5. D　　6. D　　7. C　　8. B　　9. A　　10. B

二、填空题

1. accdb

2. 表、查询、窗体、报表、宏和模块

3. 彩色、深灰色和白色

4. 窗体

5. 关系型数据库

第3章 表

表是 Access 2016 数据库的基础,是存储和管理数据的对象,也是数据库中其他对象的数据来源。在空数据库创建成功后,需要先建立表对象,再创建各表之间的关系,以提供数据的存储框架,然后逐步创建其他对象,最终形成完整的数据库。

3.1 表的基础知识

在操作数据表之前,用户需要了解数据表的基础知识,包括数据表的构成和视图。

3.1.1 表的构成

一个完整的 Access 表由表的结构和表内容两部分构成。表的结构是指表的框架,即表中包含的全部字段及各字段的字段名称、数据类型和字段属性等。表内容是具体按照表结构要求保存的数据。

3.1.2 表的视图

在 Access 2016 中,数据表有两种视图:一是设计视图,用于创建和修改表的结构。设计视图分上下两大部分。上半部分是字段输入区,从左至右分别为"字段选择器""字段名称""数据类型"和"说明(可选)"。字段选择器用来选择某一字段:字段名称用来定义字段的名称,数据类型用来定义该字段的数据类型,如果需要可以在说明列中对字段进行必要的说明。下半部分是字段属性区,用来设置字段的属性。如图 3.1 所示为以"设计视图"方式打开"教师"表。

图 3.1 以"设计视图"方式打开"教师"表。

二是数据表视图，按行和列显示表中数据的视图。在数据表视图中，可以添加、编辑或查看表中的数据，可以筛选或排序记录、更改表的外观或者通过添加或删除列来更改表的结构。如图 3.2 所示为以“数据表视图”方式打开“教师”表。

教师

教师工号	姓名	性别	民族	出生日期	政治面貌	职称	学位	参加工作日
0000005	郝建设	男	汉族	3/2/1989	党员	助教	硕士	24/7/20
0000017	李林	女	汉族	16/10/1970	党员	副教授	硕士	16/8/19
0000042	卢骁	女	汉族	2/8/1981	党员	助教	学士	23/6/20
0000051	肖丽	女	回族	25/7/1981	群众	讲师	学士	16/11/20
0000052	刘璇	女	汉族	23/10/1973	党员	讲师	硕士	28/7/20
0000053	董国庆	男	汉族	30/9/1981	党员	教授	硕士	10/8/20
0000058	王旭梅	女	汉族	20/12/1980	群众	讲师	硕士	10/9/20
0000061	胡珊珊	女	回族	16/11/1980	党员	讲师	博士	26/6/20
0000067	唐今一	男	汉族	27/4/1992	党员	讲师	博士	10/10/20
0000069	石育秀	女	汉族	15/12/1982	党员	副教授	博士	12/11/20
0000071	戴桂兰	女	汉族	28/1/1970	群众	讲师	博士	13/8/20
0000072	史晨曦	女	汉族	23/11/1982	群众	讲师	博士	8/7/20
0000076	陈建平	男	白族	16/11/1981	党员	讲师	博士	10/10/20
0000077	陈皓	男	汉族	17/10/1982	群众	助教	学士	8/7/20
0000153	王莹	女	汉族	22/9/1982	党员	讲师	博士	2/5/20
0000195	李旭	男	汉族	24/7/1981	党员	讲师	博士	2/6/20
0000197	马旭东	男	回族	18/4/1978	党员	讲师	硕士	10/8/20
0000206	潘强	男	汉族	14/4/1992	群众	讲师	博士	25/7/20
0000207	陈文[illegible]	女	汉族	3/11/1969	党员	教授	硕士	5/11/19

记录: 第 1 项(共 70 项　无筛选器　搜索

图 3.2　以“数据表视图”方式打开“教师”表

3.2　表的字段

3.2.1　字段名称

字段是数据表的基本组成单位，是以名称来区别的，每个字段应具有唯一的名字，称为字段名。在 Access 2016 中，字段名的命名规则如下：

（1）字段名长度不能超过 64 个字符（包括空格）。

（2）可以包含字母、汉字、数字、空格和其他字符，但不能以空格开头。

（3）不能包含句号(.)、惊叹号(!)、方括号([ ])和单引号(')。

（4）不能包含控制字符，即 ASCII 码为 0 ~ 32 的字符。

（5）Access 中使用字母时不区分字母的大小写。

【注意】

（1）同一表中字段名不允许相同，字段名也不要与 Access 2016 内置函数或者属性名称相同，以免引用时出现错误。

（2）虽然字段名中可以包含空格，但建议尽量不要使用空格，因为字段名称中的空格可能会和 Microsoft Visual Basic for Applications 存在命名冲突。

（3）命名应避免过长，最好使用和存储数据相关、便于理解的名字。

3.2.2　字段的数据类型

一个表中的同一列数据应具有相同的数据特征，称为字段的数据类型。数据类型用于定义字段中可以存储什么类型的数据以及存储的基本规则。Access 2016 中提供了 12 种数据类型，如表 3.1 所示。

表 3.1　Access 的数据类型

数据类型	所存储数据的类型	存储大小
短文本	文本、不用于算术运算的数字和它们的组合	0-255 个字符
长文本	长度较长的文本和数字	不超过 1GB
数字	需要进行算术运算的数字	1、2、4、8 或者 16 字节；同步复制 ID（GUID）为 16 字节
日期/时间	日期和时间格式的数据	8 字节
货币	货币数据	8 字节
自动编号	自动编号增量	4 字节；同步复制 ID（GUID）为 16 字节
是/否	只包含两个不同的取值的字段	1 位（-1 或 0）
OLE 对象	图片、图表、声音、视频	最多 1GB（磁盘空间限制）
超链接	超链接地址，可以是 URL 或者 UNC 路径	不超过 1G 字符
附件	将外部文件附加到记录中，比 OLE 对象字段的灵活性更高	因附件而异
查阅向导	其他表(或查询)或来自一组静态列表中的值	取决于列表中字段内容的数据类型
计算	关于字段和常量的计算表达式	取决于"结果类型"属性的数据类型

1. 短文本

短文本类型是默认的数据类型，用于存储文本、不需要算术运算的数字和它们的组合。如姓名、性别等文本数据，不需要计算的数字，如学号、身份证号码和电话号码等。短文本型字段最多可存储 255 个字符。当超过 255 个字符时，应选择长文本类型。

2. 长文本

长文本类型用于存储较长的文本和数字，如爱好、附注、说明等。长文本类型存储最多可达 1GB 的文本。在长文本字段中可以搜索文本，但搜索速度比在有索引的短文本中慢。

【注意】

（1）1 个汉字和 1 个英文字母都是 1 个字符。短文本型对应 Access 2010 以前的版本中的文本型。长文本型对应 Access 2010 以前的版本中的备注型。

（2）不能对长文本型字段进行排序或索引，但短文本型字段却可以进行排序和索引。

（3）如果长文本字段是通过 DAO 来操作的，并且只有文本和数字（非二进制数据）保存在其中，则长文本字段的大小受数据库大小的限制。

3. 数字

数字类型用于存储进行算术运算的数字数据，如价格、成绩和年龄等。一般可以通过设置字段大小属性来定义一个特定的数字类型。可以定义的数字类型及其取值范围如表 3.2 所示。

4. 日期/时间

日期/时间类型用于存储 100 年 1 月 1 日到 9999 年 12 月 31 日的日期、时间和日期时间的组合，字段长度固定为 8 个字节。如出生日期、采购日期和销售日期等。对于日期/时间类型的数据，系统可以用日期和时间函数做运算，可以按照日期时间进行筛选或排序。

表 3.2　数字类型的种类及其取值范围

数字类型	取值范围	小数位数	字段长度
字节	$0 \sim 255$	无	1 字节
整型	$-32768 \sim 32767$	无	2 字节
长整型	$-2147483648 \sim 2147483647$	无	4 字节
单精度型	$-3.4 \times 10^{38} \sim 3.4 \times 10^{38}$	7	4 字节
双精度型	$-1.797 \times 10^{308} \sim 1.797 \times 10^{308}$	15	8 字节
同步复制 ID	全球唯一标识符 GUID，它的每条记录都是唯一不重复的值	不适用	16 字节
小数	单精度和双精度属于浮点型数字类型，而小数是定点型数字类型，$-9.999 \times 10^{27} \sim 9.999 \times 10^{27}$	15	8 字节

5. 货币

货币类型用于存储一些与货币相关的数据，如销售额、单价等。货币类型是数字类型的特殊类型，等价于具有双精度属性的数字类型。向货币字段输入数据时，系统会自动添加货币符号、千位分割符和两位小数。小数位数可以由系统自动默认为 2 位，也可以为 0 ~ 15 位。货币型数据精确到小数点左边 15 位和小数点右边 4 位，字段长度为 8 个字节。货币数据类型数据的运算可以避免四舍五入带来的计算误差。

6. 自动编号

自动编号类型较为特殊，每次向表当中添加新记录时，Access 会自动插入一个唯一的顺序号，指定形式有两种，即递增：默认值，自动增加 1；随机：产生随机的长整型数据。自动编号型字段大小为 4 个字节。

【注意】

（1）自动编号类型一旦被指定，就会永久地与记录连接。如果删除了表中含有自动编号字段的一个记录，并不会对表中自动编号型字段重新编号。当添加某一记录时，不再使用已被删除的自动编号型字段的数值，而按递增的规律重新赋值。

（2）不能对自动编号型字段人为指定数值或修改其数值，每个表中只能包含一个自动编号型字段。

7. 是/否

是/否类型又被称为布尔型或逻辑型，用于存储只可能是两个值中的一个值的数据，如党员否。在 Access 中用 -1 存储是值，用 0 存储否值。是/否类型字段大小为 1 个存储位，用 Yes/No、True/False 或者 On/Off 表示。

8. OLE 对象

OLE 对象类型用于存储 Access 表中链接或嵌入 OLE 对象。OLE 对象是指使用 OLE 协议程序创建的对象，这些对象以文件形式存在，如 Word 文档、Excel 表格、图像、声音等。OLE 对象只能显示在 Access 窗体或报表的绑定对象框中，OLE 对象不能建立索引。

9. 超链接

超链接用于存储链接到本地或网络上资源的地址，可以是文本或文本和数字的组合，以文本形式存储，用作超链接地址。它可以是 UNC 路径或 URL，最多存储 64 000 个字符。

超链接地址可以由显示文本、地址、子地址这 3 部分（也可由头两部分）组成，每两部分之间要用"#"号间隔开。这 3 部分组成如下所述：

① 显示文本——这是显示在字段中的内容。

② 地址——指向一个文件的 UNC 路径或网页的 URL。

③ 子地址——位于文件中的地址（例如，锚）。

在该超链接字段中输入具体数据时，输入的语法格式为：显示文本#地址#子地址#

例如：希望在一个超链接字段中显示攀枝花学院，并且只要用户单击该字段时便可转向攀枝花学院的网址：http://www.pzhu.edu.cn。键入字段中的内容如下：

攀枝花学院# http://www.pzhu.edu.cn

10. 附件

附件类型用于将图像、电子表格文件、Word 文档、图表等外部文件附加到记录中，类似于在邮件中添加附件。它是存放任意类型的二进制文件的首选数据类型，并且使用附件字段可将多个文件附加到一条记录中。附件类型不能建立索引。

11. 查阅向导

查阅向导类型用于创建这样的查阅字段，它允许用户使用组合框选择输入来自其他表（或查询）或来自一组静态列表中的值，如图 3.3 所示的"所属院系"字段。在数据类型列表中选择"查阅向导"选项时，将会启动向导进行定义。查阅字段的数据类型只能是"文本"或"数字"。存储大小与对应于查阅字段的主键大小相同。

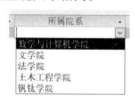

图 3.3　查阅向导字段示例

12. 计算

计算类型并不是一种独立的数据类型，它只适用于存储当前记录相关的计算结果。在创建计算类型字段的过程中，可以使用表达式生成器创建计算，计算结果会保存在该字段中。如总课时的计算表达式为：[周学时]*[上课周数]。计算字段大小为 8 字节，不能创建索引。

【注意】

（1）计算结果应为数字、短文本、日期/时间和是/否类型之一。

（2）在定义计算类型字段时，表达式只能引用同一表中的其他字段与常量进行简单计算，不能引用其他表中的字段或函数。

使用正确的数据类型，有助于消除数据冗余，优化存储，提高数据库的性能。对于如何选择正确的数据类型，用户可以参考以下三点规则：

（1）存储的数据内容。例如需要存储的数据为货币值，则不能选择文本类型等。

（2）数据内容的大小。例如输入的数据为文章标题，那么设置为短文本类型。

（3）数据内容的用途。例如需要存储的数据为时间，则必然要设置为日期/时间类型。

3.2.3　字段属性

字段属性用于定义字段的某一个特征或字段行为的某个方面，包括字段大小、格式、输入掩码、验证规则等。不同的数据类型字段属性有所不同，后面会结合实例详细介绍。

3.2.4　表的主键

主键是表中的一个或者多个字段的组合，它用于唯一标识某条记录或者实体。通常，Access数据库中的每张表都应该有一个主键，定义主键后能确保每条记录的主键字段都有值，并且也不会出现重复的值。

一个好的主键应该遵循以下一些原则：

（1）主键必须唯一标识每条记录。

（2）主键不能为空值。

（3）创建记录时，主键必须存在。

（4）主键的值必须保持稳定，一旦创建好主键，就不能更改主键的值。

（5）主键应该非常简单，包含尽可能少的字段。

主键有三种类型：单字段主键、多字段主键、自动编号型主键。

（1）单字段主键：一个字段的值即可唯一标识表中的记录。如"学生"表中的主键是"学号"字段。

（2）多字段主键：也称为复合主键，由两个或更多字段组合在一起，来唯一标识表中的记录。如"课程成绩"表中主键可设置为"学号"和"课程编号"。

（3）自动编号型主键：当向表中添加每一条记录时，可以将自动编号型字段设置为自动输入连续数字的编号。在表的设计视图中保存新创建的表时，如果之前没有设置主键，系统将会询问"是否创建主键？"，若单击"是"按钮，则系统将创建一个自动编号类型的名为"ID"字段的主键；使用数据表视图创建新表时，用户不必回答，系统将自动创建自动编号类型的名为"ID"字段的主键。

将自动编号型字段设置为表的主键是创建主键最简单的方法。

3.3　建立表

建立表是一个包含很多操作步骤的过程。通过按顺序执行这些步骤，可以快速创建表设计，并将所需的操作降到最少。

（1）创建新表。

（2）输入字段名称、数据类型、属性以及说明（可选）。

（3）设置表的主键。

（4）建立表间关系。

（5）保存表的设计。

3.3.1　创建新表

在 Access 窗口中，打开某个 Access 2016 数据库。例如，打开"教学管理"数据库，再单击功能区上的"创建"选项卡，可以看到在"表格"组中有 3 个按钮用于创建表，如图 3.4 所示。

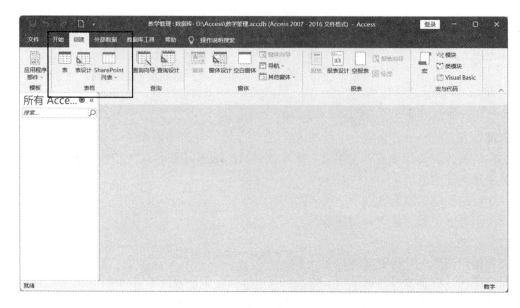

图 3.4 创建数据表

1. 使用数据表视图创建表

使用数据表视图创建表的方法操作便捷，能够迅速地创建字段少、字段属性简单的表。

【例 3.1】在例 2.2 已创建的"教学管理"数据库中建立"院系"表，表结构如表 3.3 所示。

表 3.3 院系表结构

字段名称	数据类型	字段大小
院系编号	短文本	2
院系名称	短文本	10
院长	短文本	4
院系网址	超链接	
院系电话	短文本	12

【操作步骤】

（1）双击打开例 2.2 创建的"教学管理"数据库，切换到"创建"选项卡，单击"表格"组中的"表"按钮 ▦。此时会以数据表视图方式打开一个名为"表 1"的空白表，如图 3.5 所示。在默认情况下，新建表会自动添加名为"ID"的字段。

图 3.5 以数据视图方式打开"表 1"

（2）选中"ID"字段列，在"表格工具/表字段"选项卡的"属性"组中，单击"名称和标题"按钮，如图 3.5 所示。

（3）在弹出"输入字段属性"对话框中的"名称"文本框中输入"院系编号"，如图 3.6 所示，单击"确定"按钮。

图 3.6　"输入字段属性"对话框

（4）选中"院系编号"字段列，在"表格工具/表字段"选项卡的"格式"组中，单击"数据类型"下拉列表框右侧下拉箭头按钮，从弹出的下拉列表中选中"短文本"，并在"属性"组中的"字段大小"文本框中输入字段大小值"2"，如图 3.7 所示。

图 3.7　设置字段属性及数据类型

（5）单击字段列名"单击以添加"标题右侧的向下箭头按钮▾，弹出如图 3.8 所示的数据类型下拉列表，在下拉列表中选择"短文本"。

（6）这时数据表中增加一个名为"字段 1"的字段，如图 3.9 所示。将"字段 1"修改为"院系名称"，按 Enter 键，确认输入。

（7）参照上述步骤，添加"院系"表结构中的其他字段。

（8）单击快速访问工具栏中的"保存"按钮，在"另存为"对话框中输入表名称"院系"，完成表的创建，如图 3.10 所示。

【注意】

由系统自动建立的字段"ID"被作为主键字段，在数据表视图中是不能删除的，只有在设计视图中才能被删除。

使用数据表视图建立表结构简单快捷，但所建立的表往往不能满足用户需要，一般还要在设计视图中对表结构进行修改完善。

2. 使用表设计视图创建表

通过设计视图既可以修改已有的表，也可以建立新表。这种创建表的方法最灵活，也最常用，较为复杂的表都要在设计视图中建立。

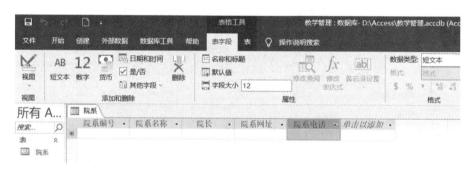

图 3.8　数据类型列表　　　　　　　　　图 3.9　新增字段

图 3.10　"院系"表数据表视图

【例 3.2】在"教学管理"数据库中，使用设计视图创建"学生"表，表结构如表 3.4 所示。

表 3.4　"学生"表结构

字段名称	数据类型	字段大小	说明（可选）
学号	短文本	14	主键，非空
姓名	短文本	4	
性别	短文本	1	
民族	短文本	2	
出生日期	日期/时间		
团员否	是/否		
家庭住址	短文本	50	
所属院系	短文本	2	外键
联系电话	短文本	11	
入校成绩	数字	单精度型	
入校日期	日期/时间		
简历	长文本		
照片	OLE 对象		

（1）在"教学管理"数据库窗口中，切换到"创建"选项卡，单击"表格"组中的"表设计"按钮![icon]，打开如图 3.11 所示的表设计视图。

图 3.11　"表 1"的设计视图

（2）单击设计视图第一行的"字段名称"列，并在其中输入"学号"，"数据类型"默认选择"短文本"，在"说明(可选)"列中输入说明信息"主键，非空"。

【注意】

说明信息不是必需的，但它能够增加数据的可读性。

（3）在字段属性区"常规"选项卡，将"字段大小"设置为"14"，如图 3.12 所示。

图 3.12　添加新字段

（4）使用上述方法，按照表 3.4 所列字段名称和数据类型等信息添加"学生"表中的其他字段。

（5）单击快速访问工具栏中的"保存"按钮![icon]或使用 Ctrl+ S 组合键，在"另存为"对话框中输入表名称为"学生"，然后单击"确定"按钮，完成表的创建。

【注意】

如果没为表设置主键，则在保存时会弹出如图 3.13 所示的提示框，单击"否"按钮，则暂时不创建主键，完成"学生"表结构的创建。若单击"是"按钮，系统会自动创建数据类型为自动编号，名称为"ID"的字段作为主键。若单击"取消"按钮，则返回到表设计视图。

设计视图切换到数据表视图有以下两种方法：

（1）在设计视图中，单击"开始"选项卡"视图"组中的"数据表视图"按钮，将由设计视图切换到数据表视图。

（2）在设计视图中右键单击表窗口的标题栏，在弹出的快捷菜单中选择"数据表视图"，也可切换到数据表视图。

图 3.13　Microsoft Access 对话框

3.3.2　设置字段相关属性

为字段定义了字段名，数据类型及说明后，用户可以按照需求继续定义字段属性。字段属性说明字段所具有的特性，可以定义数据的保存、处理或显示方式。例如，通过设置文本字段的"字段大小"属性来控制允许输入的最多字符数；通过定义字段的"验证规则"属性来限制在该字段中输入数据的规则，如果输入的数据违反了规则，将显示提示信息，告知合法的数据格式。"字段属性"区中的属性是针对具体字段而言的，要改变字段的属性，需要先选中该字段所在行，然后对"字段属性"区所示该字段的属性进行设置或修改。

"字段属性"面板包含"常规"和"查阅"两个选项卡。在"常规"选项卡下可以设置字段的大小、格式、验证规则等属性。在"查阅"选项卡下则可以设置控件类型属性。每个字段都拥有字段属性，不同的数据类型所拥有的字段属性是不同的。一般设置的是"常规"选项卡下的常用属性。

表 3.5 列出了不同数据类型常设置的字段属性。

表 3.5　各种数据类型常用属性

字段类型	常用字段属性
★短文本	字段大小、格式、输入掩码、标题、默认值、验证规则、验证文本、必需、允许空字符串、索引
长文本	格式、标题、默认值、验证规则、验证文本、必需、允许空字符串、索引
★数字	字段大小、格式、小数位数、输入掩码、标题、默认值、验证规则、验证文本、必需、索引
★日期/时间	格式、输入掩码、标题、默认值、验证规则、验证文本、必需、索引
货币	格式、小数位数、输入掩码、标题、默认值、验证规则、验证文本、必需、索引
自动编号	字段大小、新增、格式、标题、索引
是/否	格式、标题、默认值、验证规则、验证文本、索引
OLE 对象	标题、必需
超链接	格式、标题、默认值、验证规则、验证文本、必需、允许空字符串、索引
附件	标题、必需
计算	表达式、结果类型、格式、标题

1. 字段大小

"字段大小"属性用于限制输入到该字段的最大长度。当输入的数据超过该字段设置的字段大小时，系统将拒绝接收。

"字段大小"属性只适用于短文本、数字和自动编号类型的字段。短文本型字段的"字段大小"属性的取值范围是 0~255，默认值为 255。数字型字段的"字段大小"属性可以设置的种类最多，选择时单击"字段大小"属性框，然后单击右侧向下箭头按钮，从弹出的下拉列表中选择一种类型。自动编号型字段的"字段大小"属性可设置为"长整型"和"同步复制 ID"两种。

【例 3.3】将"学生"表中的"民族"字段的字段大小更改为 5。

【操作步骤】

（1）打开"教学管理"数据库，使用设计视图打开"学生"表。

（2）通过"字段选择器"选择"民族"字段或用鼠标单击"民族"字段行的某一列，下方的"字段属性"区中即显示与该字段相关的所有属性，在"字段大小"属性的文本框内输入 5，如图 3.14 所示。

（3）单击快速访问工具栏中的"保存"按钮 ▣ 或者利用 Ctrl+S 组合键保存设置。

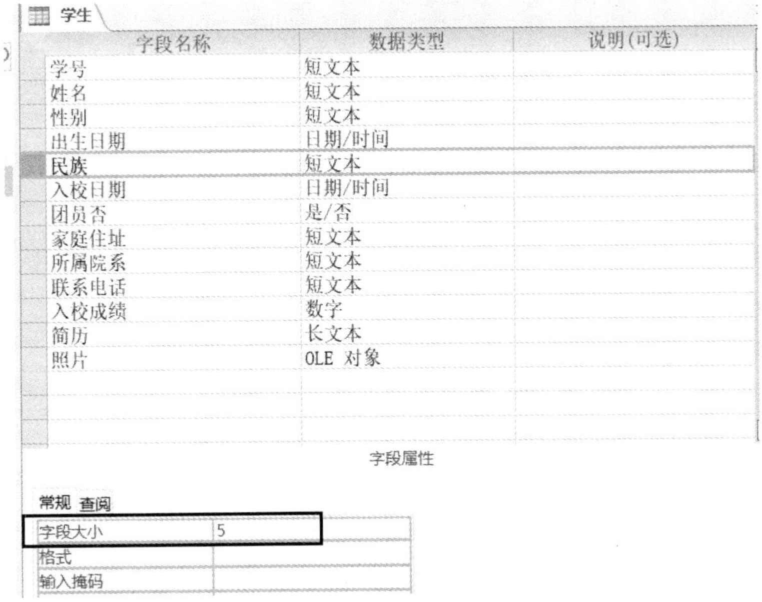

图 3.14　设置字段属性

【注意】

如果短文本字段中已经有数据，那么减小字段大小会造成数据丢失，将截去超出所限制的字符。如果在数字型字段中包含小数，那么将字段大小属性设置为整数时，自动将小数取整。因此在改变字段大小属性时要非常小心。

2. 格式

"格式"属性用来确定数据的显示和打印形式，从而使表中的数据输出有一定规范，可以使数据的显示统一美观。例如，可将"出生日期"字段显示格式改为"xxxx 年 xx 月 xx 日"。

不同类型的字段格式有所不同。

Access 提供了一些字段的预定义格式供用户选择。预定义格式可以用于设置日期/时间、数字、货币、自动编号和是/否等类型字段，如表 3.6 所示为日期/时间型数据预定义格式。

表 3.6 日期/时间型数据预定义格式

设 置	说 明
常规日期	一种默认的格式，如果数值只是一个日期，则不显示时间；如果数值只是一个时间，则不显示日期。该设置是下面"短日期"与"长时间"的组合，如 2/4/2022 上午 9:06:40
长日期	格式：2022 年 4 月 2 日
中日期	格式：22-4-2
短日期	格式：2/4/2022
长时间	上午 9:06:40
中时间	上午 9:06
短时间	9:06

在 Access 2016 中，对于没有预定义格式的字段，用户可以使用如表 3.7 所示的格式符号自定义它们的格式。

表 3.7 短文本/长文本数据的格式符号

设 置	说 明
@	要求输入文本字符(一个字符或空格)
&	不需要输入文本字符
-	使所有字符右对齐
!	使所有字符左对齐
>	使所有字符为大写
<	使所有字符为小写

【例 3.4】将"学生"表中的"出生日期"字段的格式设置为"短日期"。

【操作步骤】

（1）使用设计视图打开"学生"表，单击选择"出生日期"字段行的某一列。

（2）单击"格式"属性列表框右侧的下拉箭头按钮，从打开的下拉列表中选择"短日期"格式，如图 3.15 所示。

字段名称	数据类型
学号	短文本
姓名	短文本
性别	短文本
出生日期	日期/时间
民族	短文本
入校日期	日期/时间

字段属性

常规 查阅

格式	短日期
输入掩码	常规日期	2015/11/12 17:34:23
标题	长日期	2015年11月12日
默认值	中日期	15-11-12
验证规则	短日期	2015/11/12
验证文本	长时间	17:34:23
必需	中时间	5:34 下午
索引	短时间	17:34

图 3.15 "出生日期"字段"格式"属性设置

（3）单击快速访问工具栏中的"保存"按钮 ![icon] 或者利用 Ctrl+S 组合键保存设置。

【注意】

对于日期/时间型数据的格式属性要求，设置时先查看预定义的格式是否满足题目要求，不满足则用"yyyy"代替年，"mm"代替月，"dd"代替日，直接在列表框输入。

【例 3.5】将"学生"表中的"入校日期"字段的格式设置为"xx 月 xx 日 xxxx"形式，要求月日为两位显示、年 4 位显示，如"09 月 15 日 2021"。

【操作步骤】

（1）使用设计视图打开"学生"表，单击选中"入校日期"字段行的某一列。

（2）单击字段属性中的"格式"属性，在列表框中输入"mm\月 dd\日 yyyy"，如图 3.16 所示。

图 3.16　"入校时间"字段"格式"属性设置

（3）单击快速访问工具栏中的"保存"按钮 ![icon] 或者利用 Ctrl+S 组合键保存设置。

格式属性只影响数据的显示格式，不影响数据在表中的存储，而且显示格式只有在输入数据被保存之后才能应用。如果需要控制数据的输入格式，并按输入时的格式显示，则应设置输入掩码属性。

3. 输入掩码

在输入数据时，会遇到有些数据有相对固定的书写格式，可用输入掩码属性定义数据的输入格式，控制用户按指定格式在文本框中输入数据。

输入掩码属性只允许对短文本、数字、日期/时间、货币类型进行设置，并为短文本和日期/时间型字段提供了输入掩码向导。此外，也可以直接使用字符进行定义输入掩码属性，常用的输入掩码字符及含义如表 3.8 所示。

【例 3.6】将"课程"表中的"课程编号"字段的输入掩码属性设置为：前 4 位为数字，5-6 位为大写字母，最后两位为数字。

表 3.8　常用的输入掩码字符及含义

字符	功能	设置形式	允许值示例
0	必须输入数字（0~9）	0000	1234
9	可以选择输入数字（0~9）或空格，不是每位必须输入	9999	12 或 1　4
#	可以选择输入数字（0~9）或空格，允许输入加号和减号，不是每位必须输入	#000	+123 或 123
L	每位必须输入大小写字母	LLLL	ABCD
?	可以选择输入大小写字母、空格	????	AB 或 A C
A	每位必须输入字母或数字	AAAA	12AB 或 A12B
a	可以选择输入字母或数字	(aa)aa	(　)1A

字符	功能	设置形式	允许值示例
&	必须输入任意的字符或一个空格	&&&&&	Access
C	可以选择输入任意的字符或一个空格	CCCCC	Ac ss
<	将其后所有字符转换为小写	<L000	a123
>	将其后所有字符转换为大写	>L000	A123
!	使输入掩码从右到左显示,而不是从左到右显示。输入掩码中的字符始终都是从左到右填入。可以在输入掩码中的任何地方包括感叹号	!????	使内容右对齐
\	使接下来的第一个字符以字面字符显示	000\V-AAA\W	123V-BC1W
" "	双引号中的字符以字面字符显示	"010"-0000000	010-1234567
密码	文本框中输入的任何字符都按字面字符保存,但显示为星号(﹡)	密码	﹡﹡﹡﹡﹡﹡﹡﹡

【操作步骤】

(1)使用设计视图打开"课程"表,单击选中"课程编号"字段行的某一列。

(2)单击字段属性中的"输入掩码"属性,在文本框中输入">0000LL00",如图 3.17 所示。

(3)单击快速访问工具栏中的"保存"按钮 或者利用 Ctrl+S 组合键保存设置。

图 3.17 "课程编号"字段"输入掩码"属性设置结果

【例 3.7】定义"院系"表中的"院系电话"字段的输入掩码属性为:前 5 位固定为"0812-",后 7 位为数字。

【操作步骤】使用设计视图打开"院系"表,选中"院系电话"字段,在"输入掩码"属性的文本框中输入""0812-"0000000",使用 Ctrl+S 组合键保存设置。设置结果如图 3.18 所示。

图 3.18 "院系"字段"输入掩码"属性设置结果

【注意】

（1）如果为某字段定义了输入掩码，同时又设置了它的格式属性，格式属性将在数据显示时优先于输入掩码的设置。

（2）新设置的输入掩码属性不会影响已经输入在表中的数据。

（3）设置输入掩码属性时的一个字符只能限制一个位。

【思考】"身份证号码"字段的输入掩码属性怎么设置？

4. 验证规则与验证文本

利用"验证规则"和"验证文本"属性可以限制非法数据输入到表中。

"验证规则"属性用于对输入到记录中的字段数据指定要求或限制条件。例如，"成绩"的取值范围必须在 0～100。无论是通过数据表视图、与表绑定窗体、追加查询，还是从其他表导入的数据，只要添加或编辑数据，都将强行实施字段验证规则。

设置字段的"验证规则"属性后，向表中输入数据时，若输入的数据不符合验证规则，则系统将显示提示信息，并强迫光标停留在该字段所在的位置，直到输入的数据符合字段验证规则为止。例如，当输入 120 作为成绩时，则屏幕会立即显示如图 3.19（a）所示的消息框。

从图可以看出提示信息不能很明确地指出问题，此时可通过"验证文本"属性设置输入数据违反验证规则时显示的提示信息。如将"成绩"字段的验证文本设置为"成绩应在 0 到 100 之间"。再次输入 120，屏幕提示信息如图 3.19（b）所示。

（a）测试所设"验证规则"

（b）测试所设"验证文本"

图 3.19　验证规则与验证文本

【例 3.8】设置"学生"表中的"性别"字段验证规则为：男或女；同时设置相应验证文本为"请输入男或女"。

【操作步骤】

使用设计视图打开"学生"表，选中"性别"字段，在"验证规则"属性的文本框中输入""男"Or"女""，同时在"验证文本"属性的文本框中输入"请输入男或女"，使用 Ctrl+S

组合键保存设置。设置结果如图 3.20 所示。

如表中已有数据，系统会弹出如图 3.21 所示提示框，单击"是"按钮，会测试已有数据是否满足所设置的"验证规则"；单击"否"按钮，直接保存设置；若单击"取消"按钮，则返回到表设计视图。

图 3.20　"性别"字段"验证规则"
及"验证文本"属性设置结果

图 3.21　Microsoft Access 对话框

【注意】

"验证规则"是一个逻辑表达式，可以直接在文本框中输入表达式，也可单击文本框后打开对话框按钮 ⋯ ，在弹出的表达式生成器中输入。表达式中所有的运算符号都要在英文半角状态卜输入，并注意下列规则：

（1）引用字段名时要用方括号 [ ] 括起来，例如：[毕业日期] > [入校日期]。

（2）引用日期常量时用井号 # 括起来，例如：[出生日期] > #2000-2-10#。

（3）引用字符串常量时用双引号" "括起来，例如："男"。

【例 3.9】设置"学生"表中的"出生日期"字段的验证规则为：输入的出生日期必须为距本年度 18 年以前的日期（要求使用函数获取本年度年号）；验证文本内容为"输入的日期有误，请重新输入"；同时设置"入校成绩"字段只能输入 470~750（包含 470 和 750）的数字，并在输入出现错误时提醒"入校成绩取值应在 470 到 750 之间，请重新输入"。

【提示】Date()函数返回当年日期，Year(D)函数返回日期 D 的年。

【操作步骤】

（1）使用设计视图打开"学生"表。

（2）选中"出生日期"字段，在"验证规则"属性的文本框中输入"Year(Date())-Year([出生日期])>=18"，同时在"验证文本"属性的文本框中输入"输入的日期有误，请重新输入"，设置的结果如图 3.22 所示。

图 3.22　"出生日期"字段"验证规则"及"验证文本"属性设置结果

（3）选中"入校成绩"字段，在"验证规则"属性的文本框中输入">=470 And <=750"或"Between 470 And 750"，同时在"验证文本"属性的文本框中输入"入校成绩取值应在 470 到 750 之间，请重新输入"，设置的结果如图 3.23 所示。

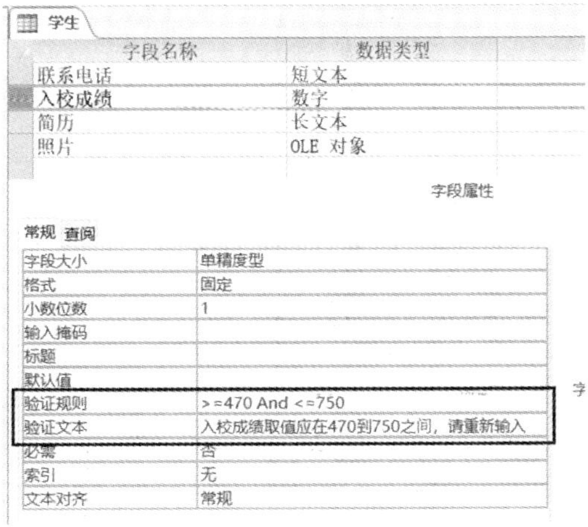

图 3.23 "入校成绩"字段"验证规则"及"验证文本"属性设置结果

（4）单击快速访问工具栏中的"保存"按钮 ■ 或者利用 Ctrl+S 组合键保存设置。

5. 默认值

默认值属性用于设置字段的缺省值，是一个十分有用的属性。在一个数据库表中，往往会有一些字段的数据内容相同或者包含有相同部分，为减少数据输入量，可以将出现较多的值作为该字段的默认值。

【例 3.10】设置"学生"表中的"民族"字段的默认值为"汉族"。

【操作步骤】

使用设计视图打开"学生"表，选中"民族"字段，在"默认值"属性的文本框中输入"汉族"，使用 Ctrl+S 组合键保存设置。设置结果如图 3.24 所示。

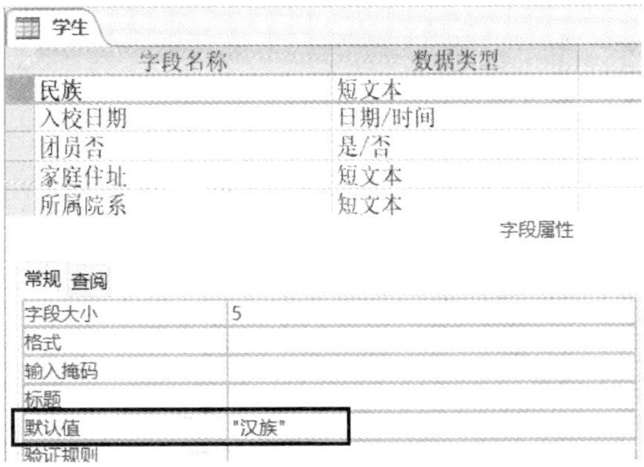

图 3.24 "民族"字段"默认值"属性设置结果

输入文本值时，如果未加引号，则系统会自动加上。设置默认值后，在添加新记录时，默认值自动加到相应的字段中，如图 3.25 所示。

图 3.25 "民族"字段"默认值"属性显示结果

【注意】

默认值表达式必须与字段的数据类型匹配，否则会出现错误。

【例 3.11】设置"学生"表中的"入校日期"字段的默认值为当前年的 9 月 1 日。

【提示】DateSerial(y，m，d)返回 y 年 m 月 d 日的日期。

【操作步骤】

使用设计视图打开"学生"表，选中"入校日期"字段，在"默认值"属性的文本框中输入"DateSerial(Year(Date())，9，1)"，使用 Ctrl+S 组合键保存设置。设置结果如图 3.26 所示。

图 3.26 "入校日期"字段"默认值"属性设置结果

6. 索引

"索引"属性是将记录按照某个字段或某几个字段进行逻辑排序，就像字典中的索引提供了按拼音顺序对应汉字页码的列表和按笔画顺序对应汉字页码的列表，利用它们可以快速找到需要的汉字。建立索引有助于快速查找和排序记录。数据库中的文本型、数字型、货币型及日期/时间型字段可以设置索引，但长文本型、超链接及 OLE 对象等类型的字段则不能设置索引。

按索引功能分，索引有唯一索引、普通索引和主索引三种。

（1）唯一索引的索引字段值不能相同，即没有重复值。如果为该字段输入重复值，系统会提示操作错误。如果已有重复值的字段要创建索引，则不能创建唯一索引。

（2）普通索引的索引字段值可以相同，既可以有重复值。普通索引的唯一任务是加快对数据的访问速度。因此，应该只为那些最经常出现在查询条件或排序条件中的字段创建索引。

（3）主索引是唯一索引的特殊类型。在 Access 当中，同一个表中可以创建多个唯一索引，其中一个可以作为主索引，所以一个表只有一个主索引。

【例 3.12】为"学生"表中的"姓名"字段创建 "有（有重复）" 索引。

【操作步骤】使用设计视图打开"学生"表，选中"姓名"字段，在"索引"属性的下拉列表框中选择输入"有（有重复）"选项。使用 Ctrl+S 组合键保存设置。设置结果如图 3.27 所示。

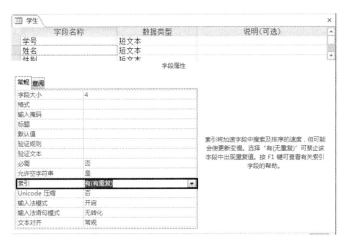

图 3.27　"姓名"字段"索引"属性设置结果

与 Excel 中的多关键字排序一样，Access 也可以建立多字段索引。使用多字段索引进行排序时，将首先用定义在索引一中的第一个字段进行排序，如果第一个字段有重复值，再用索引中的第二个字段进行排序，以此类推。

【注意】

（1）虽然利用索引可以提高查询效率，但是索引会占据额外的存储空间，增加 Access 数据表的大小。如果建立的索引过多，系统要占用大量的时间和空间来维护索引，反而会降低插入、修改和删除记录的速度，所以并不是索引越多越好。

（2）索引不会改变记录在表中的实际排列情况。建立索引后，系统将维护记录的自然顺序，即添加到表中的顺序。

7. 其他常用属性

（1）"标题"属性。

"标题"可以看作是字段名意义不明确时设置的说明性名称，如果给字段设置了标题属性，在数据表视图中显示的将是标题属性中的名称。例如，将"学生"表中的"所属院系"字段的标题属性值设置为"学院代码"，如图 3.28 所示，则在数据表视图中显示的是"学院代码"，如图 3.29 所示。

图 3.28　"所属院系"字段"标题"属性设置结果　　图 3.29　"所属院系"字段"标题"属性显示结果

（2）"必需"属性。

"必需"属性决定字段是否必须输入数据，其默认值为"否"。如果设置为"是"，则指该字段不允许出现空值，也就是 Null。空值是缺少的、未定义的或未知的值，即什么都不输入。

（3）"允许空字符串"属性。

"允许空字符串"是短文本和长文本类型字段的专有属性，其默认值为"是"，表示该字段可以是空字符串。如果设置为"否"，则不允许出现空字符串。空字符串是长度为零的字符串，即不含字符的字符串，用一对连续的英文双引号表示，即""。

【注意】

如果表的主键为单个字段，Access 2016 将自动把该字段的"必需"属性设置为"是"，"允许空字符串"属性设置为"否"。

3.3.3　设置主键

【例 3.13】分析"学生"表结构，判断并设置主键。

【分析】在该表中，能够唯一标识一行记录且一定有值的字段为"学号"，可以将其设置为主键。

【操作步骤】使用设计视图打开"学生"表，选中"学号"字段，单击"设计"选项卡中"工具"组中的"主键"按钮。这时主键字段选定器上显示钥匙形状的"主键"图标 ，表明该字段已被定义为主键字段。使用 Ctrl+S 组合键保存设置，设置主键后的效果如图 3.30 所示。

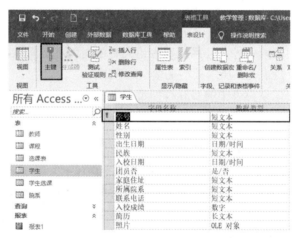

图 3.30　"学生"表主键设置

【例 3.14】将"学生选课"表中的"学号""课程编号"设置为复合主键。

【操作步骤】

（1）使用设计视图打开"学生选课"表，单击"学号"字段左边的字段选择器，选定"学号"行，再按住 Ctrl 键不放，单击"课程编号"字段的字段选择器，选定"学号"和"课程编号"两个字段。

（2）单击"设计"选项卡中"工具"组中的"主键"按钮，设置"学号"和"课程编号"为复合主键。

（3）使用 Ctrl+S 组合键保存设置，设置主键后的效果如图 3.31 所示。

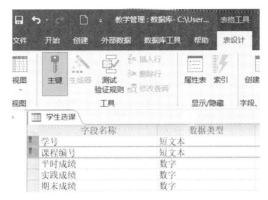

图 3.31 "学生选课"表主键设置

【注意】

（1）一个表只能定义一个主键。

（2）对于已经设置主键的字段再次执行"主键"命令，则是删除主键。

（3）在删除主键之前，必须确定它没有参与任何表关系。若要删除的主键与某个表建立了表关系，删除时 Access 会警告必须先删除表关系。

3.3.4 表间关系的建立

在 Access 数据库中为每个主题都创建表后，通过在表之间建立表间关系，可以将不同主题的表中相关数据联系起来，降低数据冗余，为进一步管理和使用表中的数据打好基础。

1．表间关系的概念

关系是通过主键和外键实现的，其中，主键是表的主索引，是用于保证表中记录唯一性和数据库实体完整性的最为重要的手段。外键是表的一个字段，它既可以是表的普通字段，也可以是表的主键或者主键的一部分，但是外键一定是其他的表的主键。

【注意】

主键和外键的字段名称可以不同，但字段的数据类型、字段大小必须相同。对于自动编号型字段与数字型字段关联时例外，只要求它们的"字段大小"属性相同。

在 Access 数据库中，表与表之间的关系分为一对一、一对多和多对多 3 种。

（1）一对一关系：是指表 A 中的每条记录在表 B 中仅有一条记录与之匹配，反之亦然。

（2）一对多关系：是指 A 表的一条记录能与 B 表中的多条记录匹配，但是 B 表中的一条记录仅能与 A 表的一条记录匹配。一对多关系是最常见的关系。若 A 表和 B 表的关系为一对多，A 表称为主表，B 表称为相关表。

（3）多对多关系：是指 A 表中的一条记录能与 B 表中的多条记录匹配，反之亦然。

通常一对一关系的两个表可以合并为一个表，这样既不会出现数据冗余，也便于数据查询。多对多关系的表可以拆成多个一对多关系的表。

2．参照完整性

Access 可以使用参照完整性规则，用于防止数据出现丢失或损坏的情况。

参照完整性是指当两个表之间建立关联后，用户不能再随意地更改建立关联的字段，从而保证数据的完整性。参照完整性是当对表执行更新、删除以及其他记录操作过程中，为维持表之间已定义的关系而必须遵循的规则。

（1）实施参照完整性的条件。

① 主键不能包含空值。

② 在主表中，所有外键值必须与对应的主键匹配。

（2）参照完整性规则包括"实施参照完整性""级联更新相关字段"和"级联删除相关记录"3 个方面。

① 实施参照完整性：如果两张表设置了参照完整性规则时，当主表中没有相关记录时，就不能将记录添加到相关表当中，也不能在相关表中存在匹配记录时删除主表中的记录，更不能在相关表中有相关记录时更改主表中的主键值。

② 级联更新相关字段：如果两张表设置了参照完整性并级联更新时，若更改主表中主键值时，则相关表所有相关记录的外键值就会随之更新。

③ 级联删除相关字段：如果两张表设置了参照完整性并级联删除时，若删除主表中主键值时，则相关表所有相关记录就会随之删除。

（3）设置"实施参照完整性"后的两张表的关系类型会显示"1:1"或"1:∞"连线。

3. 创建与编辑表间关系

表间关系的创建、编辑和删除等操作都是在关系窗口中完成的。

（1）创建表间关系。

在创建表间关系前，需要关闭所有需要建立表间关系的表。

【例 3.15】为"教学管理"系统中的"学生"表和"学生选课"表建立"一对多"关系，并实施参照完整性。

【操作步骤】

① 切换到"数据库工具"选项卡，单击"关系"组中的"关系"按钮，打开"关系"窗口。如果数据库尚未创建过任何关系，将会自动显示"显示表"对话框，如图 3.32 所示。如果数据库已经创建过关系，则单击"关系"组中的"显示表"按钮，打开"显示表"对话框。

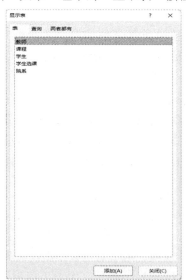

图 3.32　"显示表"对话框

② 在"显示表"对话框中，双击"学生"表和"学生选课"表添加到"关系"窗口中，单击"关闭"按钮，关闭"显示表"对话框。

③ 在"关系"窗口中，选定"学生"表中的"学号"字段，然后长按鼠标左键并拖动到"学生选课"表中的"学号"字段上，松开鼠标。此时，屏幕上会显示如图 3.33 所示的"编辑关系"对话框。

图 3.33 "编辑关系"对话框

④ 在"编辑关系"对话框中，选中"实施参照完整性"复选框，单击"创建"按钮，"学生"表和"学生选课"表之间会出现一根 1 ∞ 的关系连线，如图 3.34 所示。

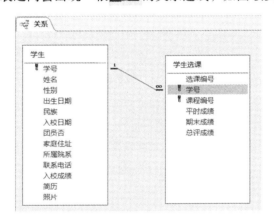

图 3.34 建立关系结果

⑤ 使用 Ctrl+S 组合键保存关系布局的更改，并关闭"关系"窗口。

（2）查看子数据表。

子数据表是指在一个主表数据表视图中显示已与其建立关系的相关表数据表视图显示形式如图 3.35 所示，在建有关系的主表数据表视图上，每一条记录左端都有一个关联标记，在未显示子数据表时关联标记内显示加号 ⊞，单击某记录关联标记后，显示该记录对应的子数据表数据，而该记录左端关联标记变为一个减号 ⊟。如图 3.35 所示，单击减号可以收取子数据表，可以根据需要修改显示的子数据表。

图 3.35 子数据表显示形式

（3）编辑和删除表间关系。

表之间的关系创建后，用户可以根据需求查看、编辑和删除表间关系。

① 查看关系：单击"数据库工具"选项卡下"关系"组中的"关系"按钮，打开"关系"窗口，如图 3.36 所示，即可查看当前数据库中所有表的关系。

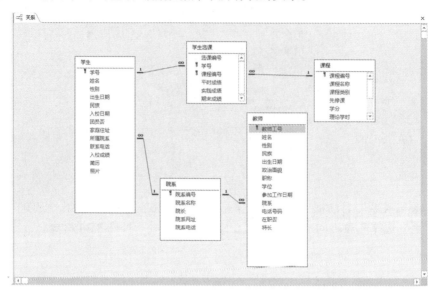

图 3.36　关系窗口

② 编辑关系：在"关系"窗口中，双击要修改的关系连线，在打开的"编辑关系"对话框中可进行"实施参照完整性""联接类型"和"新建"关系等操作，如图 3.33 所示。

③ 删除关系：在"关系"窗口中，单击要删除的关系连线，此时该关系连接线变粗，表示为选中，再按 Delete 键，在弹出的提示框中单击"是"按钮，即可删除关系。

4. 关系联接属性

关系联接类型有 3 种：内联接、左联接和右联接，Access 默认的设置是内联接。

在"编辑关系"对话框中，单击"联接类型"按钮，弹出如图 3.37 所示的"联接属性"对话框，其中有 3 个单选按钮，选择其中之一来定义表间关系的联接类型。

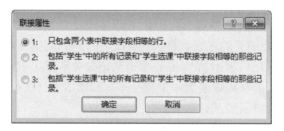

图 3.37　"联接属性"对话框

（1）选项 1（默认值）：定义表间关系为内联接。它只包括两个表的关联字段相等的记录。如"学生"表和"学生选课"表通过学号定义为内联接，则两个表中学号字段值相同的记录才会被显示出来。

（2）选项 2：定义表间关系为左联接。它包括主表的所有记录和子表（相关表）中与主表关联字段相等的那些记录。如"学生"表和"学生选课"表通过学号定义为左联接，则"学生"表中所有记录以及"学生选课"表中与"学生"表的学号字段值相同的记录才会被显示出来。

（3）选项3：定义表间关系为右联接。它包括子表的所有记录和主表中与子表关联字段相等的那些记录。如"学生"表和"学生选课"表通过学号定义为右联接，则"学生选课"表中所有记录以及"学生"表中与"学生选课"表的学号字段值相同的记录才会被显示出来。

3.4 表内数据的录入

建立好表结构后，就可以在数据表视图中向表中输入数据了。由于字段的数据类型和属性的不同，不同类型的字段输入数据时有不同的要求。输入数据时要注意以下几点：

（1）如果表是空的，就直接从第一条记录的第一个字段开始输入数据，每输入一个字段值，按 Enter 键或 Tab 键，跳转到下一个字段继续输入。如果表中已经有数据了，则只能在表的最后的新记录行 ＊ 中输入数据，不能在两条记录之间插入记录，记录在表中的存放顺序是按照向表中添加记录的先后顺序存放的，但在显示时，是按照索引顺序显示的。

（2）输入某字段数据且从该字段移到下一字段时，Access 会验证这些数据，以确保输入值是该字段的允许值。如果输入值不合法，将出现信息框显示出错信息。在更正错误之前，无法将光标移动到其他字段上。若欲放弃当前字段的输入或编辑，可按 Esc 键或 Ctrl+Z 组合键撤销。

（3）在向表中添加记录时，一定要保证输入的数据类型和字段的类型一致，在对设置了输入掩码的字段输入数据时，输入的数据格式要和设定的输入掩码的格式一致。

1. 简单类型的字段数据输入

【例 3.16】将如表 3.9 所示数据输入到"教师"表中。

表 3.9 "教师"表内容

教师工号	姓名	性别	民族	出生日期	政治面貌	职称
0000005	郝建设	男	汉族	3/2/1989	党员	助教

学位	参加工作日期	院系	电话号码	在职否	特长	
硕士	24/7/2013	01	13100001234	TRUE	爱好：摄影	

【操作步骤】

（1）在"导航窗格"中双击"教师"表，打开"教师"表的数据表视图，如图 3.38 所示。

图 3.38 以数据表视图方式打开"教师"表

（2）将光标定位到表的新记录行 ＊ ，直接通过键盘输入短文本或数字型字段的数据。

（3）输入"出生日期"和"参加工作日期"字段时，可以直接用任意一种日期格式输入，也可以单击字段右侧的日期选择器按钮 ⊞ ，通过如图 3.39 所示的日历控件选择输入对应的日期。

（4）输入"在职否"字段时，在对应的复选框中单击，复选框被选中 ✔ ，表示是在职（存储值是-1），复选框未选中 ☐ ，表示不在职（存储值是 0）。

（5）输入"特长"字段时，因长文本字段包含的数据量较大和表中字段列输入空间有限，可以使用 Shift+F2 组合键打开如图 3.40 所示的缩放窗口，在该窗口中输入编辑数据。该方法同样适用于文本和数字的类型数据的输入。

图 3.39　日历控件

图 3.40　缩放窗口

（6）输入完全部数据后，单击快速访问工具栏中的"保存"按钮 💾 或者利用 Ctrl+S 组合键，保存数据的输入。

【注意】

可以看到，在准备输入一条记录时，该记录的选定器显示星号 ＊ ，表示这条记录是一条新记录。当开始输入数据时，该记录选定器显示铅笔符号 ✐ ，表示正在输入或编辑记录，同时会自动增加一条新的空记录，且空记录的选定器上显示星号 ＊ 。

2. 查阅向导型数据输入

一般情况下，表中的数据可以直接输入或从其他数据源导入。如果某一字段值是一组固定数据，可为该字段创建查阅列表，设置为查阅向导型。用户可以通过选取列表中的数据完成字段值的输入，既能提高输入效率，也能够避免输入错误。

固定值可以是常量，如"教师"表中的"政治面貌"字段值为"党员""团员"和"群众"，也可以来自表或查询中某个字段的值，如"教师"表中的"院系"字段值来自"院系"表中的"院系编号"。

（1）创建常量值查阅列表。

【例 3.17】使用向导为"教师"表中的"政治面貌"字段创建查阅列表，列表中显示"党员""团员"和"群众"。

【操作步骤】

① 使用设计视图打开"教师"表，选中"政治面貌"字段，在其对应的数据类型列中选择"查阅向导"。

② 打开"查阅向导"第一个对话框，在该对话框中单击"自行键入所需的值"单选按钮，

然后单击"下一步"按钮，如图 3.41 所示。

③ 打开"查阅向导"第二个对话框，在第一列的每行中依次输入"党员""团员"和"群众"，每输入完一个，按向下键或 Tab 转至下一行，列表设置结果如图 3.42 所示。

图 3.41　"查阅向导"第一个对话框　　　图 3.42　"查阅向导"第二个对话框

④ 单击"下一步"按钮，弹出查阅向导最后一个对话框，在该对话框中，在"请为查阅列表指定标签"的文本框中输入名称，本例使用默认值。

⑤ 单击"完成"按钮完成查阅向导创建。在设计视图可以看到，"政治面貌"字段的"数据类型"仍显示为"短文本"，但"查阅"选项卡中"显示控件"属性值已更改为"组合框"，"行来源类型"属性值已设置为"值列表"，"行来源"属性的值已设置为""党员"；"团员"；"群众""，如图 3.43 所示。

⑥ 利用 Ctrl+S 组合键保存设置，切换到"教师"表的数据表视图，可以看到"政治面貌"字段右侧出现下拉箭头 ，单击该箭头会弹出一个下拉列表，列表中列出了"党员""团员"和"群众"3 个值，如图 3.44 所示。

图 3.43　查阅列表参数设置结果　　　　图 3.44　查阅列表设置结果

【注意】

除了通过查阅向导创建查阅列表外，也可通过"查阅"选项卡直接更改"显示控件""行来源类型"和"行来源"的属性值。

（2）创建来自表或查询的查阅列表。

【例 3.18】通过"查阅向导"为"教师"表中的"院系"字段创建查阅列表，其值来源于"院系"表中的"院系编号"字段。

【操作步骤】

① 使用设计视图打开"教师"表，选中"院系"字段，在"数据类型"下拉列表中单击"查阅向导"选项。

② 打开"查阅向导"第一个对话框，在该对话框中默认选择"使用查阅字段获取其他表或查询中的值"单选按钮，然后单击"下一步"按钮，如图 3.45 所示。

③ 打开查阅向导第二个对话框，在该对话框中选择"视图"选项组的"表"单选按钮，并选择列表框中的"院系"表，然后单击"下一步"按钮，如图 3.46 所示。

图 3.45　"查阅向导"第一个对话框　　　　图 3.46　"查阅向导"第二个对话框

④ 打开查阅向导第三个对话框，在该对话框中确定查阅列表中值来源，从"可用字段"列表框中双击"院系编号"，然后单击"下一步"按钮，如图 3.47 所示。

⑤ 打开查阅向导第四个对话框，在该对话框中确定查阅列表中数据的排列顺序，从列表中选择"院系编号"，按默认的"升序"排列，如图 3.48 所示。

图 3.47　"查阅向导"第三个对话框　　　　图 3.48　"查阅向导"第四个对话框

⑥ 打开查阅向导第五个对话框，在该对话框中确定查阅列表的宽度，本例使用默认值，直接单击"完成"按钮。

⑦ 开始创建查询列，此时弹出信息提示框，如图 3.49 所示，提示用户创建关系之前先保存表，单击"是"按钮，完成查询列的创建。

⑧ 利用 Ctrl+S 组合键保存修改。切换到"教师"表的数据表视图，此时，输入"院系"字段值时，可以单击下拉列表进行选择，如图 3.50 所示。

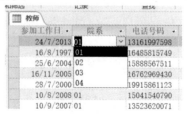

图 3.49　"查阅向导"提示框　　　　　图 3.50　查阅列表设置结果

3. 计算型数据输入

计算型是 Access 2010 版本以后新增的一个数据类型，可以通过表达式将结果直接保存在该字段，不用输入。

【例 3.19】在"选课成绩"表中已有"平时成绩"和"期末成绩"，在表中增加一个计算字段，字段名为"总评成绩"，计算公式为：总评成绩=平时成绩*30%+期末成绩*70%，计算结果的"结果类型"为"整型"，"格式"为"标准"，"小数位数"为 0。

【操作步骤】

（1）用设计视图打开"选课成绩"表。在"期末成绩"行下方第一空行的"字段名称"列输入"总评成绩"，将数据类型设置为"计算"。

（2）在弹出的"表达式生成器"对话框的"表达式类别"区域中双击"平时成绩"，输入"*0.3+"；在"表达式类别"区域中双击"期末成绩"，再输入"*0.7"，结果如图 3.51 所示。

（3）单击"确定"按钮返回"设计视图"，设置"结果类型"属性值为整型，设置结果如图 3.52 所示。

图 3.51 "表达式生成器"对话框

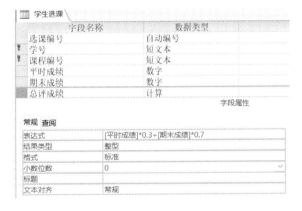

图 3.52 "表达式"属性设置结果

（4）切换到数据表视图，可以看出"总评成绩"字段值已经根据表达式"平时成绩*30%+期末成绩*70%"计算得出，无需输入也不能编辑，结果如图 3.53 所示。

选课编号	学号	课程编号	平时成绩	期末成绩	总评成绩
1	201701020101(	0011GG01	77	57	63
46	201701020101(	0011GG04	51	67	62
2	201701020101(	0011GG01	54	44	47
47	201701020101(	0011GG04	70	47	54
3	201701020101(	0011GG01	80	51	60
48	201701020101(	0011GG04	50	72	65
4	201701020101(	0011GG01	76	49	57
49	201701020101(	0011GG04	75	44	53

图 3.53 "计算"字段设置结果

4. OLE 对象数据输入

可以向数据表中输入对象链接和嵌入(Object Linking and Embedding，OLE)对象数据，即使并未看到该对象也没有关系。OLE 对象常用来存储"照片"字段的值。

【例3.20】设置"学生"表中的"张娜"记录的"照片"字段数据为D盘"Access"文件夹中的"照片.BMP"图像文件。

【操作步骤】

（1）在导航窗格中，双击"学生"表，打开"数据表"视图。

（2）右键单击"姓名"为"张娜"对应的"照片"字段列，在弹出的快捷菜单中选择"插入对象"命令，如图3.54所示。

（3）打开"Microsoft Access"对话框，选择"由文件创建"单选按钮，单击"浏览"按钮，如图3.55所示。

图3.54　输入OLE对象的快捷菜单　　　　图3.55　"Microsoft Access"对话框

（4）弹出"浏览"对话框，在该对话框中找到D盘Access文件夹并打开，在右侧窗格中选"照片.BMP"图像文件，然后单击"确定"按钮，如图3.56所示。

（5）回到"Microsoft Access"对话框，单击"确定"按钮完成照片的输入。

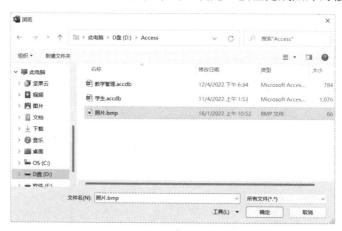

图3.56　"浏览"对话框

5. 附件型数据输入

使用附件数据类型可以将word、演示文稿、图像等文件的数据添加到记录中。附件类型可以在一个字段中存储多个文件，而这些文件的数据类型可以不同。

【例3.21】将"学生"表的"简历"字段数据类型更改为"附件"型，将D盘"Access"文件夹下主文件名为"钟舒"的两个文件添加至"学生"表中的"钟舒"对应的"简历"字段内。

【操作步骤】

（1）在导航窗格中，右键单击"学生"表，在弹出的快捷菜单中选择"设计视图"命令。选中"简历"字段，在"数据类型"下拉列表中选择"附件"，按 Ctrl+S 组合键保存修改。

（2）单击"设计"选项卡下"视图"功能组中的"视图"按钮，切换到"数据表视图"，双击"姓名"为"钟舒"对应的"照片"字段列，在弹出的"附件"对话框中单击"添加"按钮，如图 3.57 所示。

（3）打开"选择文件"对话框，在该对话框中找到 D 盘 Access 文件夹并打开，在右侧窗格中按住 Ctrl 键选中"钟舒.bmp"和"钟舒.docx"图像，然后单击"打开"按钮，如图 3.58 所示。

图 3.57 "附件"对话框

图 3.58 "选择文件"对话框

（4）回到"附件"对话框，添加结果如图 3.59 所示。单击"确定"按钮，完成附件添加。可以看到"简历"字段单元格显示为 ⓪(2) ，如图 3.60 所示，表示在字段中附加了两个文件。

图 3.59 "附件"对话框

图 3.60 "附件"添加结果

（6）按 Ctrl+S 组合键保存修改，关闭"学生"表的"数据表视图"。

【注意】

附件中包含的信息不在"数据表视图"中显示，在"窗体视图"才能显示出来。对文档、电子表格等类型信息只能显示图标。

删除和修改附件的操作步骤如下：

（1）在"数据表视图"中双击或用鼠标右击单击某记录"附件"字段单元格，从打开的快捷菜单中选择"管理附件"命令，打开"附件"对话框。

（2）选择附件，单击"删除"按钮，可删除附件，单击"编辑"按钮可修改附件。

（3）单击"确定"按钮，完成对附件的删除或修改。

3.5 数据的导入和导出

Access 作为一个典型的开放型数据库，支持与其他类型的数据库文件进行数据交换和共享，同时也支持与其他类型的 Windows 程序创建的数据文件进行数据交换。

3.5.1 数据导入

利用 Access 提供的导入和链接功能，可以将外部数据直接添加到当前 Access 数据库当中。在 Access 中可以导入的是表类型，包括文本文件、Excel 工作表、ODBC 数据库、XML 文件和其他 Access 数据库以及其他类型文件。

将外部数据文件导入到 Access 数据库的表中，在数据库中所做的改变不会影响原来的数据。

1. 导入到新表

【例 3.22】将 D 盘"Access"文件夹下 Excel 文件"授课.xlsx"导入到"教学管理"数据库中，表名为"外国语学院教师授课信息"。

【操作步骤】

（1）打开"教学管理"数据库，单击"外部数据"选项卡下"导入并链接"组中的"新数据源"按钮，在"新数据源"的下拉列表中选择"从文件"→"Excel"命令，如图 3.61 所示。

（2）打开"获取外部数据-Excel 电子表格"对话框，如图 3.62 所示。在该对话框中单击"浏览"按钮，打开"打开"对话框，找到并选中要导入的"授课.xlsx"Excel 文件，如图 3.63 所示。然后单击"打开"按钮，返回到"获取外部数据-Excel 电子表格"对话框。

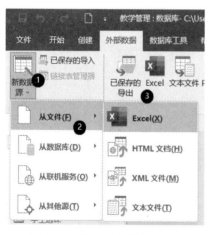

图 3.61　选取导入数据类型

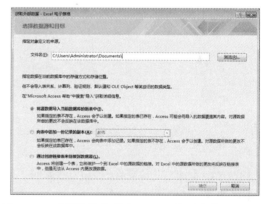

图 3.62　"获取外部数据-Excel 电子表格"对话框

（3）在该对话框中下方的"指定数据在当前数据库中的存储方式和存储位置"中默认选择"将源数据导入当前数据库的新表中"选项。

（4）单击"确定"按钮，弹出"导入数据表向导"的第一个对话框。该对话框列出了所要导入表的内容，默认选择"显示工作表"选项，如图 3.64 所示。

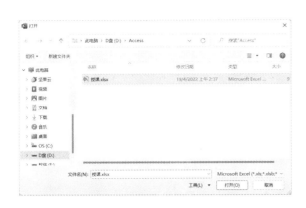

图 3.63   "打开"对话框

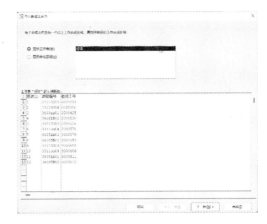

图 3.64   "导入数据表向导"的第一个对话框

（5）单击"下一步"按钮，弹出"导入数据表向导"的第二个对话框，选择"第一行包含列标题"复选框，如图 3.65 所示。

（6）单击"下一步"按钮，弹出"导入数据表向导"的第三个对话框，该对话框指定导入到数据库中的字段的信息，如"字段名称""数据类型"和"索引"。不需导入字段，就选中复选框"不导入字段(跳过)"。本例默认设置将"授课.xlsx"文件中的所有内容导入到数据库中，如图 3.66 所示。

图 3.65   "导入数据表向导"的第二个对话框

图 3.66   "导入数据表向导"的第三个对话框

（7）单击"下一步"按钮，弹出"导入数据表向导"的第四个对话框，该对话框设置表的主键，单击"我自己选择主键"按钮，确定"授课 ID"为主键，如图 3.67 所示。

（8）单击"下一步"按钮，弹出"导入数据表向导"的最后一个对话框，该对话框设置导入后的数据表名称，在"导入到表"文本框中输入"外国语学院教师授课信息"，如图 3.68 所示。

（9）单击"完成"按钮，打开如图 3.69 所示对话框。对于经常进行同样数据导入操作的用户，可以选中"保存导入步骤"复选框，把导入步骤保存下来，方便以后快速完成同样的导入。

（10）导入完成后，"教学管理"数据库导航窗格中显示导入的"外国语学院教师授课信息"表，如图 3.70 所示。

图 3.67　"导入数据表向导"的第四个对话框　　图 3.68　"导入数据表向导"的最后一个对话框

图 3.69　"保存导入步骤"对话框

图 3.70　导入结果

【注意】

因 Access 数据库会根据不同的数据源类型匹配不同的获取数据源对话框，故在操作步骤（1）处，需要正确选择数据源类型。

2. 追加到已存在的表

如果是向数据库中已存在的表导入数据，需要确认导入的数据源中的字段个数和字段数据类型与数据库中的表保持一致。

【例 3.23】将 D 盘 "Access" 文件夹下文本文件 "新进教师.txt" 追加到 "教学管理" 数据库中的 "教师" 表中。

【操作步骤】

（1）打开 "教学管理" 数据库，单击 "外部数据" 选项卡下 "导入并链接" 组中的 "新数据源" 按钮，在 "新数据源" 的下拉列表中选择 "从文件" → "文本文件" 命令，如图 3.71 所示。打开 "获取外部数据-文本文件" 对话框。

（2）在该对话框中单击 "浏览" 按钮，打开 "打开" 对话框，找到并选中要导入的 "新进教师.txt" 文本文件，如图 3.72 所示。然后单击 "打开" 按钮，返回到 "获取外部数据-文本文件" 对话框。

（3）在该对话框中下方的 "指定数据在当前数据库中的存储方式和存储位置" 中选择 "向表中追加一份记录的副本" 按钮，并将列表框的值更改为 "教师" 表，如图 3.73 所示。

图 3.71　选取导入数据类型　　　　　　　　　图 3.72　"打开"对话框

（4）单击"确定"按钮，弹出"导入文本向导"的第一个对话框。该对话框确定各数据项的分割标准，本例默认选择"带分隔符-用逗号或制表符之类的符号分隔每个字段"选项，如图 3.74 所示。

图 3.73　"获取外部数据-文本文件"对话框　　　图 3.74　"导入文本向导"的第一个对话框

（5）单击"下一步"按钮，弹出"导入文本向导"的第二个对话框，该对话框确定字段分隔符为"逗号"，文本识别符为""，本例不勾选"第一行包含字段名称"复选框，如图 3.75 所示。

（6）单击"下一步"按钮，弹出"导入文本向导"的最后一个对话框，确认导入表"教师"，如图 3.76 所示。单击"完成"按钮，完成文本文件数据的导入，导入结果如图 3.77 所示。

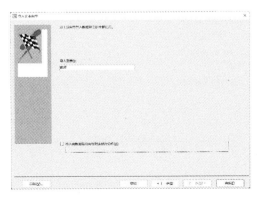

图 3.75　"导入文本向导"的第二个对话框图　　图 3.76　"导入文本向导"的最后一个对话框

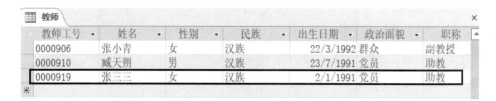

教师工号	姓名	性别	民族	出生日期	政治面貌	职称
0000906	张小青	女	汉族	22/3/1992	群众	副教授
0000910	臧天朔	男	汉族	23/7/1991	党员	助教
0000919	张三三	女	汉族	2/1/1991	党员	助教

图 3.77　导入数据结果

【注意】

文本文件数据的导入需要注意分隔符的选取。

3. 链接表对象

链接表不同于导入表，它只是在数据库内创建了一个表链接对象，每次在 Access 库中操作表链接对象时，都是及时从外部数据源获取数据。也就是链接与原程序访问的是同一个数据区，节省了磁盘空间，并保持了数据的同时更新，但速度较慢。

【例 3.24】将 D 盘"Access"文件夹下文本文件"校友.txt"文本文件的数据链接到"教学管理"数据库中。要求：数据中的第一行作为字段名，链接表对象命名为"tTemp"。

【操作步骤】

（1）链接与导入的具体操作过程非常相似，不同的是在上例操作步骤（3）中"指定数据在当前数据库中的存储方式和存储位置"中要选择"通过创建链接表来链接到数据源"选项，如图 3.78 所示。

（2）依据题意，在上例操作步骤（5）中需要勾选"第一行包含字段名称"复选框，如图 3.79 所示。最后一步需要修改"链接表名称"的文本框值为"tTemp"，如图 3.80 所示。

（3）单击"完成"按钮，完成数据的链接后，"教学管理"数据库导航窗格中显示链接表"tTemp"，如图 3.81 所示。

图 3.78　"获取外部数据-文本文件"对话框　　图 3.79　"链接文本向导"第一个对话框

【注意】

链接到不同的外部数据源的链接表对象，其数据表图标也不同。

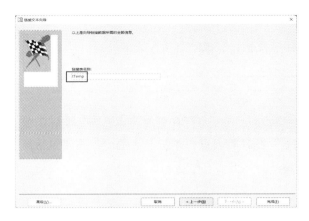

图 3.80　"链接文本向导"第二个对话框　　　　图 3.81　文本文件链接结果

3.5.2　数据导出

数据的导出是将 Access 中的数据转换为其他格式的数据,从而实现不同应用程序之间的数据共享。并且为了数据库的安全性和数据共享,有时也需要对数据库进行数据的导出操作。

Access 2016 可以导出的数据类型有多种,如 Access 数据库、Excel 电子表格、文本文件、XML 文件、PDF 或 XPS 文件、Word 文件、SharePoint 列表等。

【例 3.25】将"教学管理"数据库中的"学生"表导出到 D 盘"Access"文件夹下,以文本文件形式保存,命名为"Test.txt"。要求:第一行包含字段名称,各数据项间以分号分隔。

【操作步骤】

(1)打开"教学管理"数据库,在导航窗格中选中"学生"表。

(2)单击"外部数据"选项卡下"导出"组中的"文本文件"命令,打开"导出-文本文件"对话框,如图 3.82 所示。在该对话框中,指定目标文件名为"D:\Access\Test.txt"。

(3)单击"确定"按钮,打开"导出文本向导"第一个对话框,本例默认选择"带分隔符–用逗号或制表符之类的符号分隔每个字段"选项。

(4)单击"下一步"按钮,打开"导出文本向导"第二个对话框,将字段分隔符更改为"分号"按钮,如图 3.83 所示。

图 3.82　"导出-文本文件"对话框　　　　图 3.83　"导出文本向导"对话框

(5)单击"下一步"按钮,打开"导出文本向导"最后一个对话框,确定导出文件名为

"D:\Access\Test.txt"。

（6）单击"完成"按钮，再单击"关闭"按钮，完成"学生"表的导出。

3.6　维护表

随着数据库的使用，可能会出现表的结构设计不合理，有些内容不能满足实际需要，或者需要增加或删除一些记录等情况，这就需要经常对表进行维护。表的维护主要包括修改表结构和编辑表内容。

3.6.1　修改表结构

修改表结构的操作主要包括新增字段、修改字段、删除字段、重新设置主关键字和设置字段属性等。除了重新定义主键外，其他即可在"数据表视图"中完成，也可在"设计视图"中完成。

1. 新增字段

在表中新增一个字段不会影响其他字段和现有数据，但利用该表建立的查询窗体或报表新字段不会自动加入，需要手工添加上去。新增字段的方法有两种：

（1）在"数据表视图"中添加：先用"数据表视图"打开需要新增字段的表，然后在字段名行需要插入新增字段的位置，单击鼠标右键，从弹出的快捷菜单中选择"插入字段"命令，然后按照【例3.1】所述方法设置新字段。

（2）在"设计视图"中添加：先用"设计视图"打开需要新增字段的表，然后将光标移到要插入新字段的位置，单击鼠标右键，从弹出的快捷菜单选择"插入行"命令。在新行上输入新字段名，再设置新字段数据类型和相关属性。

2. 修改字段

修改字段包括修改字段名称、数据类型、说明、属性等。修改字段的方法有两种：

（1）在"数据表视图"中修改：先用"数据表视图"打开要修改字段的表，然后单击字段选项卡，再按照【例3.1】所述方法修改字段名称、数据类型和字段属性。

（2）在"设计视图"中修改：先用"设计视图"打开需要修改字段的表，如果要修改某字段的名称，则在该字段名称列中单击鼠标左键，然后修改字段名称。如果要修改某字段的数据类型，则单击该字段数据列右侧下拉箭头按钮，从弹出的下拉列表中选择需要的数据类型，再按照3.3.2 设置字段相关属性的所述方法修改字段属性。

3. 删除字段

与新增字段相似，删除字段的方法也有两种：

（1）在"数据表视图"中删除：先用"数据表视图"打开需要删除字段的表，然后选中删除的字段列，单击鼠标右键，从弹出的快捷菜单中选择"删除字段"命令或者单击"表格工具|表字段"选项卡在"添加和删除"组中的"删除"按钮。

（2）在"设计视图"中删除：先用"设计视图"打开需要删除字段的表，单击需要删除的字段行，点击鼠标右键，在弹出的快捷菜单中选择"删除行"命令。如果要选择一组连续的字段，则可以长按鼠标左键拖过需要删除字段的字段选定器。如果要选择一组不连续的字段，则可先选择要删除的某一个字段选定器，然后按下 Ctrl 不放，再单击每一个要删除字段

的字段选定器，最后单击"表格工具|表设计"选项卡的"工具"组中的"删除行"即可完成删除操作。

4. 重新定义主键

如果原定义的主键不合适，可以重新定义。创建新的主键后，原有主键自动取消，一个表只能有一个主键。

3.6.2 编辑表内容

编辑表内容的操作主要包括定位记录、选择记录、添加记录、修改记录、删除记录以及复制字段中的数据等，在"数据表视图"中完成操作。

1. 定位记录

一般在编辑表内容前需要定位记录，方法有两种：使用如图 3.84 所示的数据表视图底部记录导航条定位；使用"开始"选项卡"查找"组中的"转至"按钮 → 转至 定位。

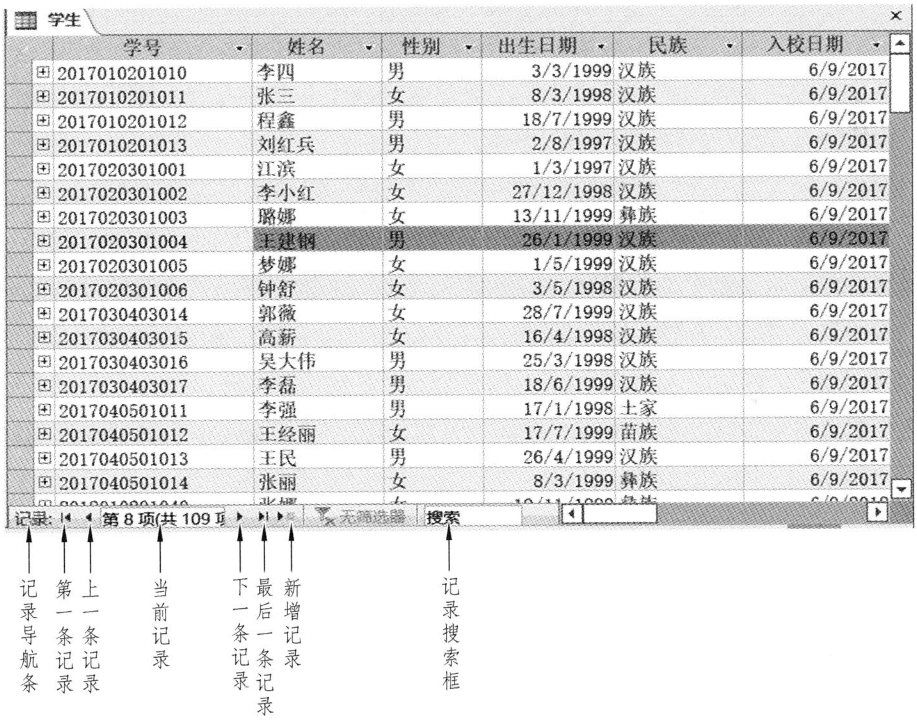

图 3.84　定位指定记录

2. 选择记录

选择一条记录：单击记录的记录选择器（记录最左侧的小方格）或者用"开始"选项卡"查找"组中的"选择"按钮 选择。

选择多条连续记录：单击第一条记录的记录选择器，拖动到最后一条记录的记录选择器；或者单击第一条记录的记录选择器，在按住 Shift 键的同时，单击最后一条记录的记录选择器。

【注意】

只能选择多条连续的记录，不能选择不连续的多条记录。

3. 添加记录

将光标移至表的最后一行上，直接输入要添加的数据；也可以单击添加"记录"导航条上新空白记录按钮 ▶，或单击开始选项卡"记录"组中的"新建"按钮 📖 新建，在光标移到表的最后一行输入要添加的数据。

4. 删除记录

删除一条记录：单击要删除记录的记录选择器，然后单击鼠标右键，从弹出的快捷菜单中选择"删除记录"命令；或单击"开始"选项卡，在"记录"组中单击"删除"按钮 ✕ 删除，在弹出的"删除记录"提示框中，单击"是"按钮；或选中要删除的记录，按 Delete 键。

删除多条记录：单击第一条记录的记录选择器，然后拖动鼠标经过要删除的记录，最后执行删除操作。

【注意】

删除操作是不可恢复的操作，在删除记录之前一定要谨慎。为了避免误删记录，在删除操作之前最好对表进行备份。

5. 修改记录

将光标定位到要修改的记录的相应字段上，直接修改其中的内容。如果该字段定义了验证规则，修改的内容要符合该规则的约束。

6. 复制记录

选择要复制的记录，单击"开始"选项卡"剪贴板"组中的"复制"按钮，然后单击"开始"选项卡"剪贴板"组中的"粘贴"向下箭头按钮，在弹出的菜单中选择"粘贴追加"命令，所选记录追加到表的末尾。

7. 查找数据

当表中的数据太多时，若要快速查找某一数据，可以使用 Access 提供的查找功能。

【例 3.26】查找"学生"表中"民族"为"彝族"的学生记录。

【操作步骤】

（1）用"数据表视图"打开"学生"表，单击"民族"字段内的字段名行（字段选择器）。

（2）单击"开始"选项卡，再单击"查找"组中的"查找"按钮 🔍查找 或使用 Ctrl + F 组合键，打开"查找和替换"对话框，在"查找内容"文本框中输入"彝族"，其他部分选项如图 3.85 所示。

（3）单击"查找下一个"按钮，此时在数据表中逐个显示查找到的内容。若不存在该内容或者已搜索完毕，会弹出如图 3.86 所示的提示框。

图 3.85 "查找和替换"对话框

图 3.86 Microsoft Access 对话框

（4）单击"取消"按钮或关闭"查找和替换"对话框，结束查找。

【注意】

（1）"查找范围"下拉列表的值有：当前字段和整个表。"当前字段"是指光标所在的字段，最好在查找之前将光标移到所要查找的字段上，查找范围选择"当前字段"，这样比对整个表进行查找节省更多时间。

（2）"匹配"下拉列表的值有：整个字段、字段任何部分和字段开头。

（3）"搜索"下拉列表的值有：向上、向下和全部。

在指定查找内容时，如果希望在只知道部分内容情况下对数据进行查找，或者需要按照特定的要求查找记录，可以使用通配符作为其他字符的占位符。在"查找和替换"对话框中可以使用如表 3.10 所示的通配符。

表 3.10　通配符使用方法与示例

字符	用法	示例
*	通配任意个数的字符	在姓名中用"张*"可以找到以"张"开头的名字； 在姓名中用"*丽*"可以找到姓名中包含"丽"的名字
?	通配任意单个字符	在姓名中用"张?"可以找到以"张"开头的两个字的名字
#	通配任意单个数字字符	1#3 可以找到 123、153 和 183，但找不到 1A3
[ ]	通配方括号内任意单个字符	在姓名中用"*[晨熙]*"可以找到姓名中包含"晨"或"熙"的名字
!	通配任意不在括号内的字符	b[! ae]ll 可以找到 bill 和 bull 但找不到 ball 或 bell
-	通配范围内的任意一个字符	a[b-d]e 可以找到 abe, ace 和 ade

8. 替换数据

如果需要修改表中多处相同的数据，可以使用替换功能，自动将查找到的数据替换为新数据。

【例 3.27】将"学生"表中"姓名"字段中的"丽"改为"莉"。

【操作步骤】

（1）用"数据表视图"打开"学生"表，单击"姓名"字段内的字段名行。

（2）单击"开始"选项卡，单击"查找"组中的"替换"按钮 替换 或使用 Ctrl + H 组合键，打开"查找和替换"对话框，在"查找内容"文本框中输入"丽"，然后在"替换为"文本框中输入"莉"，选择"匹配"的列表框值为"字段任何部分"，其他部分选项如图 3.87 所示。

图 3.87　"查找和替换"对话框

（3）如果一次替换一个，则单击"查找下一个"按钮，找到后单击"替换"按钮，如果不替换当前找到的内容，则继续单击"查找下一个"按钮。如果一次替换出现的全部指定内容，则单击"全部替换"按钮，单击"全部替换"按钮后，屏幕会将显示一个提示框，提示进行替换操作后将无法恢复，询问是否要完成替换操作，单击"是"按钮，进行替换操作。

（4）单击"取消"按钮或关闭"查找和替换"对话框，结束替换。

【注意】

替换操作是不可恢复的操作，为避免替换操作失误，在进行替换操作前最好对表进行备份。

3.6.3　调整表外观

在数据表视图中，用户可以根据需要调整数据表的外观，如改变字段显示次序、调整行高和列宽、隐藏和冻结字段、设置数据的字体格式等，这些操作可以使数据表更清晰和美观，更加方便用户对表的查看和操作。

1. 改变字段显示次序

在默认情况下，数据表视图中显示记录的次序，与其在表或查询中创建的次序是一致时，但是有时需要改变字段的显示次序来满足查看数据的需要。

【例 3.28】将学生表中的"入校成绩"字段移动到"团员否"字段前面。

【操作步骤】

（1）用"数据表视图"打开"学生"表，将鼠标指针定位在"入校成绩"字段列的字段名上，当鼠标指针变成粗体黑色下箭头，单击鼠标左键，选中"入校成绩"字段列。

（2）再将鼠标放在"入校成绩"字段名上，长按鼠标左键，字段列左边界线变成粗黑色框线，如图 3.88 所示，拖动至"团员否"字段前，释放鼠标左键。

家庭住址	学院代码	联系电话	入校成绩
四川省成都	01	15219754864	520.0
四川省成都	01	13357971752	510.0
四川省成都	01	13848293437	476.0
四川省成都	01	17830755987	529.0
四川省自贡	02	15713184614	475.0
四川省泸州	02	15153518896	480.0
四川省攀枝花	02	15726180253	499.0
四川省富顺	02	15256325865	473.0
四川省泸州	02		471.0
四川省自贡	02	18579620057	470.0

图 3.88 移动字段

使用此方法，可以移动任何单独的字段或者所选择多个字段。移动字段不会改变表设计视图中字段的排列顺序，而只改变在数据表视图中字段的显示顺序。

2. 调整行高

调整行高有两种方法：鼠标和菜单命令。

（1）使用鼠标粗略调整：将鼠标指针移到任意两条记录的记录选择器的分界线上，当它变成"上下双箭头"时，若按住鼠标向上拖动，所有记录行均会变窄，而向下拖动，所有记录行均会变宽。

（2）使用命令精确调整：右键单击记录选择器，从弹出的快捷菜单中选择"行高"命令，在打开的"行高"对话框中输入所需的行高值，单击"确定"按钮。

【注意】

Access 数据库中表行高的调整针对的是表的所有行。

3. 调整列宽

调整列宽同样有两种方法：鼠标和菜单命令。

（1）使用鼠标粗略调整：将鼠标指针移到需要改变宽度的字段名右边界线上，当它变成"左右双箭头"时，按住鼠标向左拖动可使该列变窄，向右拖动可使该列变宽。

（2）使用命令精确调整：选中需要改变宽度的字段列，然后单击右键字段名行，从弹出的快捷菜单中选择"字段宽度"命令，在打开的"列宽"对话框中输入所需的宽度，单击"确定"按钮。如果在列宽对话框中输入的数值为 0，则会隐藏该字段。

4. 隐藏和显示字段

在数据表视图中，为了便于查看表中的主要数据，可以让某些字段列暂时隐藏起来，需要时再将其显示出来。

（1）隐藏字段：除了前面所说的字段宽度设置为 0 外，还可以单击鼠标右键选定列，从弹出的快捷菜单中选择"隐藏字段"命令。

（2）显示字段：右键单击任意字段列的字段名行，从弹出的快捷菜单中选择"取消隐藏字段"命令。在"列"列表中单击选择要显示列的复选框，单击"关闭"按钮。

5. 冻结字段

如果所建表字段很多，那么查看时有些字段就必须通过滚动条才能看到。若希望始终都能看到某些字段，可将其冻结，这样当水平滚动数据表示，这些字段将在窗口最左端固定不动。

（1）冻结字段：右键单击需要冻结的字段列的字段名行，从弹出的快捷菜单中选择"冻结字段"命令。

（2）取消冻结字段：右键单击任意字段列的字段名行，从弹出的快捷菜单中选择"取消冻结所有字段"命令。

调整行高、列宽和隐藏字段等，也可以使用"其他"按钮。方法是单击"开始"选项卡，单击"记录"组中的"其他"按钮，从弹出的菜单中选择对应的命令，如图 3.89 所示，然后进行相关设置。

图 3.89 "其他"按钮的菜单

6. 改变字体

在默认情况下，Access 会以 Calibri 11 磅常规字体显示数据表中的所有数据。为了使显示的数据美观、清晰、醒目、突出，可以使用"开始"选项卡的"文本格式"组中的命令和下拉列表来改变数据表中数据的字体、字形和字号，如图 3.90 所示。

图 3.90　"文本格式"组

7. 设置数据表格式

在"数据表视图"中，一般在水平和垂直方向显示网格线，而且网格线背景色和替换背景色均采用系统默认的颜色。如果需要，单击"文本格式"组的按钮 ⬜ 打开"设置数据表格式"对话框，可以改变单元格的显示效果，可以选择网格线显示方式和颜色，也可以改变表格的背景颜色，如图 3.91 所示。

图 3.91　"设置数据表格式"对话框

3.7　操作表

数据表建好之后，可以根据需求排序或筛选表中的数据。

3.7.1 记录的排序

一般情况下，表中数据的排列按照最初输入数据的顺序来显示的。但在使用过程中通常会希望表中记录是按照某种顺序排列，以便于查看浏览，这就需要设定记录排序以便达到所需要的顺序。

1. 排序规则

排序就是将数据按照一定的逻辑顺序排列，根据当前表中的一个或多个字段的值来对整个表中的所有记录进行重新排列。排序时可按升序，也可按降序。

排序记录时，不同类型的字段，其排序规则有所不同，具体规则如下：

（1）英文按字母顺序排序，大、小写视为相同，升序时按 A 到 Z 排列，降序时按 Z 到 A 排列。

（2）中文按拼音字母的顺序排序，升序时按 A 到 Z 排列，降序时按 Z 到 A 排列。

（3）数字按数字的大小排序，升序时按从小到大排列，降序时按从大到小排列。

（4）日期/时间字段，按日期的先后顺序排序，升序时按从前向后的顺序排列，降序时按从后向前的顺序排列。

（5）在进行排序操作时，还要注意以下 3 点。

① 对于短文本型的字段，如果它的内容有数字，那么 Access 2016 将数字视为字符串，排序时按照 ASCII 码值的大小排列，而不是按照数值本身的大小排列。如果希望按其数值大小排列，则应在较短的数字前面加零。例如，对于文本字符串 5、8、12，按升序排列，如果直接排列，那么排序的结果将是 12、5、8，这是因为 1 的 ASCII 码小于 5 的 ASCII 码。要想实现按其数值的大小升序排列，应将 3 个字符串改为 05，08、12。

② 按升序排列字段时，如果字段的值为空值，则将包含空值的记录排在第 1 条。

③ 数据类型为长文本、超级链接、OLE 对象或附件类型的字段不能排序。

2. 按单个字段排序

按单个字段排序可以直接在数据表视图中进行。

【例 3.29】在"教师"表中，按"学位"降序排列。

【操作步骤】

（1）使用"数据表视图"打开"教师"表。

（2）单击"学位"字段右侧的向下箭头按钮 ，从弹出的菜单中选择"降序"命令，单击"确定"按钮即可进行排序。

3. 按多个字段排序

按多个字段对记录进行排序时，首先根据第一个字段进行排序。当第一个字段具有相同的值时，再按照第二个字段进行排序，依次类推，直到按全部指定字段排序。

按多个字段排序记录有两种方法：一种是使用"升序"或"降序"按钮，另一种是使用"高级筛选/排序"命令。

（1）使用"升序"或"降序"按钮。进行排序的字段列必须相邻，并且每个字段都要按照同样的方式（升序或降序）进行排序。如果两个字段并不相邻，需要调整字段位置，而且把第一排序字段置于最左侧。

【例 3.30】在"课程"表中，按"课程类别"升序排列，"课程类别"相同的记录按照"课程名称"升序排列。

【操作步骤】

① 使用"数据表视图"打开"课程"表，选中"课程类别"字段列，将其拖动到"课程名称"字段列左侧。

② 选中"课程类别"及"课程名称"字段列，右击选中的字段，从弹出的菜单中选择"升序"命令。排序结果如图 3.92 所示。

课程编号	课程类别	课程名称	先修课	学分
0011GG02	公共必修	Access 数据库技术	0011GG01	3
0011GG01	公共必修	大学计算机基础		3
0011GG06	公共必修	大学体育（二）	0011GG05	2
0011GG05	公共必修	大学体育（一）		2
0011GG04	公共必修	大学英语（二）	0011GG03	4
0011GG03	公共必修	大学英语（一）		4
0011GG09	公共必修	法律基础		3
0011GG07	公共必修	马克思主义基本原理		3
0011GG08	公共必修	现代教育技术		2
0815ZB02	选修	篮球（一）		4
0917ZB01	选修	人体工程学		3
0917ZB02	选修	设计素描（创意表现）		3
0916ZB02	选修	素描(人物)		4
0815ZB01	选修	田径（一）		4
0916ZB01	选修	中国美术史		3
0306ZB03	专业必修	C语言程序设计	0011GG01	3
0510ZB01	专业必修	C语言程序设计	0011GG01	3
0509ZB03	专业必修	初等数论	0011GG01	3
0305ZB01	专业必修	电子电工基础		

图 3.92　使用"降序"按钮按两个字段排序结果

使用"升序"或"降序"按钮只可以对相邻字段进行简单的升序或降序排序，在日常生活中很多时候需要将不相邻的多个字段按照不同的排序方式进行排列，这时就要用到高级排序。使用高级排序可以对多个不相邻的字段采用不同的排序方式进行排序。

（2）使用"高级筛选/排序"命令。

【例 3.31】在"学生"表中，先按"所属院系"升序排列，再按照"入校成绩"降序排列。

【操作步骤】

① 使用"数据表视图"打开"学生"表。

② 单击"开始"选项卡下"排序和筛选"组中的"高级筛选选项"按钮，从弹出的菜单中选择"高级筛选/排序"命令，打开"学生筛选 1"窗口。在第 1 列的"字段"下拉列表中选择"所属院系"字段，并在其"排序"下拉列表中选择"升序"选项；在第 2 列的"字段"下拉列表中选择"入校成绩"字段，并在其"排序"下拉列表中选择"降序"选项，如图 3.93所示。

③ 单击"排序和筛选"组中的"切换筛选"按钮，查看排序效果，如图 3.94 所示。

【注意】

如果要撤销排序，单击"排序和筛选"组中的"取消排序"按钮，数据表将恢复到排序前的状态。保存表时，排序顺序一并被保存。

图 3.93 在"筛选"窗口设置排序次序

入校日期	团员否	家庭住址	学院代码	联系电话	入校成绩
6/9/2020		四川省达州	01	15997253891	531.0
6/9/2017	✓	四川省成都	01	17830755987	529.0
6/9/2019	✓	四川省内江	01	13211275203	527.0
6/9/2020	✓	四川省达州	01	18185424401	522.0
6/9/2017	✓	四川省成都	01	15219754864	520.0
6/9/2018	✓	四川省遂宁	01	15297044430	516.0
6/9/2019	✓	四川省隆昌	01	14293500436	515.0
6/9/2019		四川省乐山	01	13857243158	515.0
6/9/2020	✓	四川省资阳	01		513.0
6/9/2020	✓	四川省资阳	01	14220879687	512.0
6/9/2019	✓	四川省乐山	01	16730885648	512.0
6/9/2017	✓	四川省成都	01	13357971752	510.0
6/9/2020	✓	四川省仁寿	01	13015071444	507.0
6/9/2020	✓	四川省眉山	01	13927075688	504.0
6/9/2020	✓	四川省仁寿	01	15231818135	498.0
6/9/2020	✓	四川省达州	01	14814561700	492.0
6/9/2018	✓	四川省遂宁	01	16393704976	492.0
6/9/2018	✓	四川省广元	01	17767210521	484.0
6/9/2019	✓	四川省成都	01	13226784631	483.0
6/9/2019	✓	四川省威远	01	14975736992	482.0
6/9/2019	✓	四川省威远	01	17828408362	481.0
6/9/2020	✓	四川省仁寿	01	13511523524	481.0
6/9/2019	✓	四川省南充	01		479.0
6/9/2018	✓	四川省广元	01	16408025852	479.0
6/9/2017	✓	四川省成都	01	13848293437	476.0
6/9/2020		四川省资阳	01	13655388788	475.0
6/9/2018		四川省遂宁	01	15492048827	470.0
6/9/2020		山西省晋中	02	16582407061	540.0
6/9/2020	✓	四川省资阳	02	15341647883	540.0
6/9/2019	✓	四川省宜宾	02	15164075405	537.0

图 3.94 使用"高级筛选/排序"按两个字段排序结果

3.7.2 记录的筛选

使用数据表时,经常需要从众多数据中挑选出满足条件的记录进行处理。Access 提供了选择筛选、筛选器筛选、按窗体筛选和高级筛选等多种筛选方式。

1. 选择筛选

使用"选择"按钮,可以在菜单中轻松地找到最常用的筛选选项。字段的数据类型不同,

"选择"列表提供的筛选选项也不同。具体如下：

（1）"短文本"型字段：筛选选项包括"等于""不等于""包含"和"不包含"。

（2）"日期/时间"型字段：筛选选项包括"等于""不等于""之前""之后"和"介于"。

（3）"数字"型字段：筛选选项包括"等于""不等于""小于或等于""大于或等于"和"介于"。

如果需要其他筛选，只要在下拉菜单中选择相应的命令即可。如果需要将数据表恢复到筛选前的状态，则可单击"排序和筛选"组中的"切换筛选"按钮。

【例 3.32】在"学生"表中选出家庭住址是"四川省遂宁"的学生记录，然后取消筛选。

【操作步骤】

（1）使用"数据表视图"打开"学生"表。

（2）选中"家庭住址"字段列中值为"四川省遂宁"的任意单元格，单击"排序和筛选"组中的"选择"按钮或单击右键，从弹出的菜单中选择"等于""四川省遂宁"""选项，如图3.95 所示。

（3）查看筛选结果，如图 3.96 所示。单击"排序和筛选"组中的"切换筛选"按钮 ▼ 恢复显示所有记录。

图 3.95　筛选选项设置

图 3.96　筛选结果

2．筛选器筛选

与 Excel 中的自动筛选一样，Access 的筛选器提供了一种更为灵活的方式，它把所选定的字段列中所有不重复的值以列表形式显示出来，用户可以逐个选择需要的筛选内容。具体的筛选器的类型取决于所选字段的类型和值。除 OLE 对象和附件类型字段外，其他类型的字段均可以应用筛选器。

【例 3.33】在"学生"表中使用筛选器选出家庭住址开头是"江西"的学生记录，然后取消筛选。

【操作步骤】

（1）使用"数据表视图"打开"学生"表，单击"家庭住址"字段列任一行。

（2）单击"开始"选项卡的"排序和筛选"组中的"筛选器"按钮 筛选器 或单击"家庭住址"字段名行右侧下拉箭头。

（3）在弹出的下拉列表中，单击"文本筛选器"命令中的"开头是"命令，如图 3.97 所示，在弹出的"自定义筛选"对话框中输入"江西"，如图 3.98 所示。单击"确定"按钮，系统将显示筛选结果，如图 3.99 所示。

图 3.97　设置文本筛选器

图 3.98　"自定义筛选"对话框

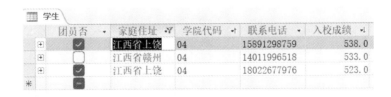

图 3.99　筛选结果

（4）单击"排序和筛选"组中的"切换筛选"按钮 恢复显示所有记录。

筛选器中显示的筛选选项取决于所选字段的数据类型和字段值。如果所选字段为"短文本"类型，则筛选器的筛选选项如图 3.97 所示。如果所选字段为"日期/时间"或"数字"型，则筛选器的筛选选项如图 3.100 和图 3.101 所示。

3. 按窗体筛选

打开需要进行筛选的数据表，单击"开始"选项卡下的"排序和筛选"组中的"高级"按钮，在弹出的菜单中选择"按窗体筛选"命令，打开 "按窗体筛选"窗口。"按窗体筛选"窗口将数据表转换为在每一列中都包含下拉列表的单独一行。下拉列表包含该列对应的所有唯一值。窗口底部的"或"选项卡使用户可以为每个组指定 OR 条件，如图 3.102 所示。

图 3.100　日期筛选器的筛选选项

图 3.101　数字筛选器的筛选选项

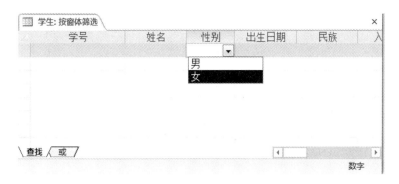

图 3.102　"按窗体筛选"窗口

4. 高级筛选

高级筛选不仅可以执行功能更为丰富的数据筛选，还可以对筛选的结果进行排序，其操作与高级排序的操作在同一个窗口中进行。

【例 3.34】查找"学生"表中 1999 年出生的男同学，并按照"入校成绩"升序排列。

【操作步骤】

（1）使用"数据表视图"打开"学生"表。

（2）单击"开始"选项卡"排序和筛选"组中的"高级"按钮，从弹出的菜单中选择"高级筛选/排序"命令，打开"学生筛选 1"窗口。

（3）双击将"出生日期""性别"和"入校成绩"字段添加到设计网格，在"出生日期"的条件行输入"Year([出生日期])=1999"，在"性别"的条件行输入"男"，在"入校成绩"的排序行选择"升序"，如图 3.103 所示。

图 3.103　高级筛选窗口

（4）单击"排序和筛选"组中的"切换筛选"命令完成筛选。

3.7.3　聚合数据

"聚合数据"功能是将 Excel 中的汇总功能移植到 Access 中，使 Access 可以通过添加汇总行的方式对数据记录进行计数、求和、求最值、求平均值等汇总操作。

打开需要进行数据聚合的数据表，单击"开始"选项卡下的"记录"组中的"汇总"按钮，自动向数据表中添加一行"汇总"行，然后从每个汇总字段的下拉列表中选择聚合操作，如图 3.104 所示。汇总行中的每一列可以设置成不同的聚合操作。聚合操作是 Access 中已经内置好的一组计算，是对一组值进行计算并返回单一的值。

图 3.104 添加"汇总"行

在数据表中，不同数据类型的字段所支持的聚合操作有所不同。短文本类型字段可以使用的聚合操作只有"计数"；数字型和货币型字段可以使用的聚合操作有"合计""平均值""计数""最大值""最小值""标准偏差"和"方差"；日期/时间类型字段可以使用的聚合操作有"平均值""计数""最大值"和"最小值"。

Access 数据表尚不支持行和列求和，也不支持其他类型的数据聚合。

课后习题

一、选择题

1. 如果要将 3KB 的纯文本块存入一个字段，应选用的字段类型是（　　　　）。

　　A. 短文本　　　　　B. 长文本　　　　　　　C. OLE 对象　　　　　D. 附件

2. 下列关于空值的叙述中，正确的是（　　　　）。

　　A. 空值是用 0 表示的值

　　B. 空值是用空格表示的值

　　C. 空值是双引号中间没有空格的值

　　D. 空值是字段目前还没有确定的值

3. 下列关于字段属性的叙述中，正确的是（　　　　）。

　　A. 可对任意类型的字段设置"默认值"属性

　　B. 定义字段默认值的含义是该字段值不允许为空

　　C. 只有"文本"型数据能够使用"输入掩码向导"

　　D. "验证规则"属性只允许定义一个条件表达式

4. 若将短文本型字段的输入掩码设置为"####-######"，则正确的输入数据是（　　　　）。

　　A. 0755-abedet　　　　　　　　　　B. 077- 12345

　　C. a cd- 123456　　　　　　　　　　D. ####-######

5. 在设计表时，若输入掩码属性设置为"LLLL"，则能够接收的输入是（　　　　）。

　　A. abed　　　　　　　　　　　　　B. AB+ C

　　C. 1234　　　　　　　　　　　　　D. ABa9

6. 在文本型字段的"格式"属性中，若使用"@；\男"，则下列叙述正确的是（　　　）。

    A. @代表所有输入的数据

    B. 只可以输入字符"@"

    C. 必须在此字段输入数据

    D. 默认值是"男"一个字

7. 下列关于字段属性的叙述中，正确的是（　　　）。

    A. 格式属性只可能影响数据的显示格式

    B. 可对任意类型的字段设置默认值属性

    C. 可对任意类型的字段设置输入掩码属性

    D. 只有文本型数据能够使用输入掩码向导

8. 在关系窗口中，双击两个表之间的连接线，会出现（　　　）。

    A. 数据表分析向导　　　　　　　　　B. 数据关系图窗口

    C. 连接线粗细变化　　　　　　　　　D. 编辑关系对话框

9. 在 Access 数据表中，不能定义为主键的是（　　　）。

    A. 自动编号　　　　　　　　　　　　B. 一个字段

    C. 多个字段组合　　　　　　　　　　D. OLE 对象

10. 如果要防止非法的数据输入到数据表中，应设置的字段属性是（　　　）。

    A. 格式　　　　　　　　　　　　　　B. 索引

    C. 验证文本　　　　　　　　　　　　D. 验证规则

11. 下列关于格式属性的叙述中，错误的是（　　　）。

    A. 格式属性只影响字段数据的显示格式

    B. 不能设置自动编号型字段的格式属性

    C. 显示格式只在输入数据被保存后应用

    D. 可在需要控制数据的输入格式时选用

12. 下列关于输入掩码属性的叙述中，错误的是（　　　）。

    A. 可以控制数据的输入格式并按输入时的格式显示

    B. 输入掩码只为短文本型和日期/时间型字段提供向导

    C. 当为字段同时定义了输入掩码和格式属性时格式属性优先

    D. 短文本型和日期/时间型字段不能使用合法字符定义输入掩码

13. 要求在输入学生所属学院时，学院的名称中必须包括汉字"学院"，应定义字段的属性是（　　　）。

    A. 默认值　　　　　　　　　　　　　B. 输入掩码

    C. 验证文本　　　　　　　　　　　　D. 验证规则

14. 在 Access 中有"成绩表"，包括字段(学号，测验成绩，期末成绩，总成绩)，其中测验成绩取值为 0~30 分,期末成绩和总成绩取值均为 0~100 分,总成绩=测验成绩 + 期末成绩×70%。则在创建时，错误的操作是（　　　）。

    A. 将"总成绩"字段设置为计算类型

    B. 为"总成绩"字段设置验证规则

    C. 将"测验成绩"字段设置为数字类型

D. 将"学号"字段设置为关键字

15. 在设计数据表时，如果要求"课程安排"表中的"教师编号"必须是"教师基本情况"表中存在的教师，则应该进行的操作是（　　）。

A. 在"课程安排"表和"教师基本情况"表的"教师编号"字段设置索引

B. 在"课程安排"表的"教师编号"字段设置输入掩码

C. 在"课程安排"表和"教师基本情况"表之间设置参照完整性

D. 在"课程安排"表和"教师基本情况"表的"教师编号"字段设置验证规则

16. 可以为"照片"字段设置的属性是（　　）。

A. 默认值　　　　　　　　　　　B. 必填字段

C. 验证文本　　　　　　　　　　D. 验证规则

17. 某数据表中有 5 条记录，其中"编号"为文本型字段，其值分别为：129.97.75.131.118，若按该字段对记录进行降序排序，则排序后的顺序应为（　　）。

A. 75.97.118.129.131　　　　　　B. 118.129.131.75.97

C. 131.129.118.97.75　　　　　　D. 97.75.131.129.118

18. 按窗体筛选时，同一行条件之间的关系是（　　）。

A. 与　　　　　B. 或　　　　　C. 非　　　　　D. 相同

19. 在"工资库"中，要直接显示所有姓"李"的记录，可用的方法是（　　）。

A. 排序　　　　B. 筛选　　　　C. 隐藏　　　　D. 冻结

20. 在 Access 中，如果不想显示数据表中的某些字段，可以使用的命令是（　　）。

A. 排序　　　　B. 筛选　　　　C. 隐藏　　　　D. 冻结

二、操作题

在第 3 章课后习题文件夹内有两个数据库文件"samp1.accdb"和"temp.accdb"，"samp1.accdb"中已经建立了表对象"staff"，"temp.accdb"里面已经建立表对象"Dept"。试按以下要求，完成各种操作：

（1）将"Dept"表导入到"samp1.accdb"中，并更名为"Department"。分析两个表对象"staff"和"Department"的字段构成，判断其中的外键属性。在外键属性所在表的设计视图中，为该字段"说明"列标注上"FK"信息。

（2）将"staff"表中"聘用时间"字段的格式属性设置为"短日期"，"默认值"属性设置为系统日期本周的最后一天。

说明：周六为每周最后一日。

要求：使用函数获取日期信息。

（3）将"staff"表中"性别"字段的输入设置为"男"和"女"列表选择，将"密码"字段的显示改为"*****"（密码值不变）。

（4）将"staff"表中简历字段值和密码字段值均为空的员工记录删除；找出不同职务年龄最小的男员工，并将其对应的备注字段值设为 True（即复选框里打上勾）。

（5）将"staff"表"姓名"字段中的"青"修改为"菁"。将表的背景颜色设为"橄榄色，个性色 3，淡色 80%"，网格线设为"白色，背景 1，深色 50%"。

（6）建立"staff"和"Department"两表之间的关系，并实施参照完整性。

参考答案

一、选择题

1. B   2. D   3. D   4. B   5. A   6. D   7. A   8. D
9. D   10. D   11. D   12. B   13. B   14. B   15. C   16. B
17. D   18. A   19. B   20. C

二、操作题

略。

第 4 章　数据查询

查询是数据库很重要的组成部分，是根据用户需求将表中的数据提取出来，按照有用的方式进行组合，最后以表格的形式呈现出来。查询可以将数据直接转化为信息，大家前面学习到的表格只能将数据装在数据库中，而让数据真正发挥作用的是查询，通过查询可以将多张表内的数据汇集到一起后，以用户需要的形式呈现出来。查询与表是不一样的，查询本身并不保存数据，所有的数据都是在运行查询时动态地从其数据源中获取，因此我们可以认为查询是一个操作集合。

查询的数据来源可以是表，也可以是另一个查询，查询的结果也可以根据用户的需要永久存储起来或是查询完毕后自动消失。

4.1　查询功能概述

查询是非常灵活的，它可以允许用户以能想到的任何方式去查看表内数据，在 Access 数据库中用户可利用查询来完成以下功能：

选择表：查询时用户可以选择一张数据表获取数据，也可以通过多张相关的数据表获取，甚至可以从已有的查询中获取数据。例如，想知道学生选了什么课和课程的成绩时就需要通过学生表、选课表和课程表一起来进行查询。

选择字段：指定在查询结果中需要显示的字段。这些字段可以是数据表内的字段，也可以根据表内已有的字段进行一些简单的计算得到原数据表内没有的字段。例如，希望看到学生的学号、姓名和年龄，针对学生表，其中学号、姓名都可以直接从表内获取，而年龄就需要根据出生日期进行计算得到。

选择记录：根据条件查找并显示满足条件的记录。例如，在学生表中想找是男生的记录。

排序记录：可以将查询得到的结果按照需要顺序重新编排。例如，在找到所有男生的记录后，需要按照学号顺序去显示。

统计计算：可以使用查询完成统计运算，常见的统计运算有：求和、求平均值、求最大值、求最小值和计数。例如，用户可以通过查询得知学生表内的总人数，也可以通过查询得知学生表内男生的高考平均成绩和女生的高考平均成绩。

创建新表：将查询返回的结果永久存储在数据库，就是用查询创建新表。

为窗体和报表提供数据源：查询的结果是一个动态的记录集，它能像表一样作为窗体和报表的数据源。当每次运行窗体和报表时，查询都会从基础表内重新检索出最新的数据。

修改表内记录：在 Access 中，用户可以通过一次操作查询对数据表内的多行数据进行修改，操作查询常用于维护数据，通常可以增加、删除和修改数据表内的数据。

4.1.1　查询分类

在 Access 中，根据查询的目的不同可将查询分为选择查询、参数查询，交叉表查询、操作查询和 SQL 查询。

1. 选择查询

选择查询是在数据表中获取用户所需的字段和满足条件的记录并以二维表的形式显示结果。选择查询是所有查询的基础，是最常用的查询类型。本书将选择查询分为单表选择查询和多表选择查询。

2. 参数查询

参数查询是一种特殊的选择查询，选择查询的条件是固定的，该查询运行时才输入查询的具体条件，提高了查询的灵活性。

3. 交叉表查询

交叉表查询是一种能够计算并重新组织数据结构的查询，主要用于分析数据。交叉表查询就是将数据进行分类汇总，查询的结果是将一类放在表格的左边，一类放在表格的上方，统计的数据放在行与列的交叉点上，故而称为交叉表查询。

4. 操作查询

操作查询分为生成表查询、删除查询、追加查询和更新查询四类。每类查询都会执行唯一的一个类别的操作，且该操作执行后无法撤销。选择查询是查找满足条件的数据并显示，而操作查询是查找满足条件的数据进行增加、删除或修改的操作。下面简单介绍一下这几种查询。

生成表查询：与选择查询的查询过程相同，查找到了满足条件的数据后将查询结果永久保存在数据库中，使其成为数据库中的一张新表。

删除查询：通过查询条件查找出满足条件的记录后删除这些记录。

追加查询：通过查询条件查找到满足条件的记录后，将这些记录放入到数据库内已存在的另一张表格内。

更新查询：通过查询条件查找到满足条件的记录后，对这些记录进行修改。

4.1.2 查询的视图

在 Access 中，查询有三种视图，分别是：数据表视图、SQL 视图和设计视图。数据表视图可以显示查询运行的结果；SQL 视图主要是用于 SQL 语句的书写和查看；设计视图主要用于创建查询。当创建了查询后，这三种视图可以通过"开始"或"查询设计"选项卡内的 按钮进行切换，也可以通过窗口右下角的三个按钮 SQL 直接切换。下面简单介绍这三种查询视图。

1. 数据表视图

数据表视图与表的数据表视图完全相同，通过该视图用户可以看到查询运行的结果，但并非运行查询，对于选择查询、参数查询和交叉表查询来说，数据表视图展现的数据和运行查询展现的数据一样，但对于操作查询来说，数据表视图查看到的是操作之前查找的数据，而并非运行操作后的数据。如图 4.1 所示为查询 Q1 的数据表视图，从图中可见其结构与数据表一样，但查询的记录会自动更新，例如 2022 年李四是 23 岁，2023 年李四是 24 岁。

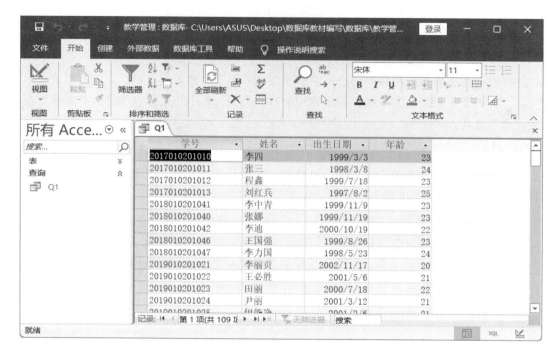

图 4.1 查询 Q1 的数据表视图

2. SQL 视图

SQL 视图是用户编辑 SQL 语句的界面，可以创建 SQL 查询，也可以查看已有查询的 SQL 语句。熟悉 SQL 语句的用户可以直接通过该界面直接创建查询，也可以使用设计视图创建好了查询，切换到 SQL 视图查看 Access 自动生成的 SQL 语句。图 4.2 是查询 Q1 的 SQL 视图。

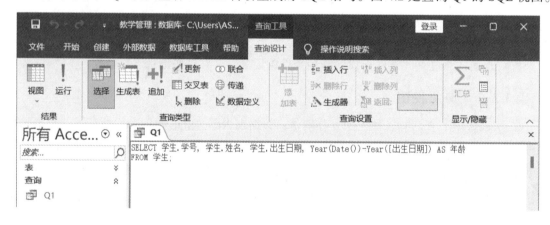

图 4.2 查询 Q1 的 SQL 视图

3. 设计视图

设计视图可以方便地完成查询的创建、修改和运行。当切换到设计视图后，功能区会自动增加一个"查询设计"选项卡，在该选项卡内的"结果"功能区可以切换不同的视图和运行查询，在"查询类型"功能区内可以更改不同的查询类型，在"查询设置"功能区可以设置返回查询结果的数量，在"显示/隐藏"功能区可以设置汇总运算。

设计视图主要分为上下两个部分，并通过中间的水平滚动条分开，可以通过拖动水平滚动条调整上下两个部分的大小，也可以通过滑动水平滚动条将设计窗格向左或者向右移动，通过垂直滚动条将设计窗格向上或者向下移动。上半部分为"表/查询窗格"区，该区域可以放入查询所需的表格或其他查询，在此处用户可以看到表或者其他查询的所有字段列表，可以通过拖动字段列表的边框来显示表或者其他查询的所有字段。下半部分为"设计网格"区，在该区域内有6个带标签的行，分别是字段、表、排序、显示、条件、或，其中字段用于添加字段名称；表用于显示上方字段所在的表，若上方字段不存在于表中，则此处为空；排序用于按照上方字段对查询结果进行排序；显示用于确定是否在返回的结果中显示上方字段；条件用于对查询结果进行条件筛选；或用于向同一个字段添加多个条件时使用。

如图 4.3 所示为查询 Q1 的设计视图，学生表就是该查询的数据源，放在上半部分，显示了该表内的所有字段，而下方的"设计网格区"内字段添加了姓名、出生日期和年龄，其中姓名和出生日期均来源于学生表，"表"行的内容均为"学生"，而年龄是通过计算得到的，并不是学生表内原有的字段，因此 "表"行的内容为空值。

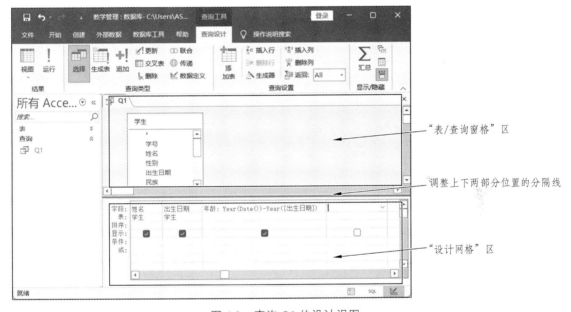

图 4.3　查询 Q1 的设计视图

4.2　选择查询

在数据库中创建了表并在其中录入了记录，就可以使用查询了。创建查询有两种方法：一种是在"创建"选项卡选择 按钮用向导创建查询，这种方法比较简单，只能创建较为简单的查询，本书不再详述；另一种是在"创建"选项卡选择 按钮用设计器创建查询，这种方法适用于所有查询的创建和修改，本节重点讲述用设计器创建选择查询。

选择查询是所有查询设计的基础，用户通过选择查询可以从已有的表或查询中获取所需的字段和记录形成一张临时表，然后可以对该临时表进行排序和统计的高级操作。初学者学习用"查询设计"方式创建选择查询时可以尝试用以下几个步骤去完成查询的创建。

（1）选取合适的数据源；

（2）放入查询结果表中所需的字段；

（3）根据查询结果设计查询的条件；

（4）根据需要对查询结果排序；

（5）根据需要对查询结果统计计算。

在以上 5 个步骤中，步骤 1 和步骤 2 是必须做的操作，步骤 3、4、5 是根据查询结果的情况来选择的 3 种操作。

4.2.1 数据源的添加

查询的数据源可以是表，也可以是已有的查询，还可以是已有的表和查询的组合，但一定要注意的是查询的数据源不能是查询本身。下面来介绍一下添加数据源的操作方法。

当选择用"查询设计"创建查询后，Access 就会打开查询设计视图窗口，如图 4.4 所示。该窗口上方为"显示表"对话框，下方为查询设计视图窗口。用户可以通过"显示表"对话框选取查询所需的数据来源，在该对话框上方有三个选项卡，分别是：表、查询、两者都有。下面会列出该类别下存储的所有数据，用户根据需要选取数据源，图 4.4 中"教师"表处于突显状态，表示此表已被选中，当单击下方的"添加"按钮就可以添加到查询中作为数据源。

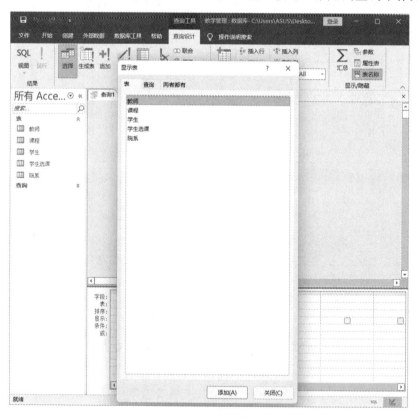

图 4.4　"显示表"对话框和查询设计视图窗口

【小技巧】"显示表"窗口的弹出是为了提醒用户创建查询必须先添加数据源，而在选取数据源的时候，也可以不通过"显示表窗口"选取数据源，用户可以直接关闭"显示表"窗口后，在左侧导航窗格中，直接将所需的数据源拖到设计视图的上半部分"表/查询窗格"区。

在查询设计视图中删除表非常简单，只需要在查询设计视图中右击需要删除的表格，在弹出的快捷菜单里面选择"删除表"，或者选中表格后直接在键盘上按"Delete"键。

当查询结果的字段或是查询条件的字段来源于多张表或查询时，就需要多张表或查询同时作为查询的数据源。此时必须先为多张表建立一个联接，建立联接后的多张表相当于拥有多张表组合形成的一张表，因此多张表或者查询作为数据源和 一张表或查询作为数据源的查询从本质上看并没有区别。

在默认情况下，多张表建立联接实际上就是每两张表之间分别建立等值联接。如图 4.5 所示，有"学生"和"选课"两张表，学生表中的学号与选课表中的学号有相同值，可以建立等值联接，在前面的章节里介绍过，建好等值联接后所形成新的临时表内字段为原来两张表所有字段的组合，记录为"学生"表和"选课"表中相互匹配的记录。需要注意的是，建立等值联接后的临时表内不会有两张表内不匹配的那部分记录，如学生表内学号为"003"的学生，在建立了等值联接形成的新表里面就不会再出现；而另一个需要注意的是，在同一张表内不允许有相同的字段名，因此在生成的临时表里两张表相同的字段名"学号"，会各自加上原表的表名来区分，格式可以是[表名]![字段名]，也可以是[表名].[字段]。

"!"符号是 Access 一种对象运算符，用来指示随后将出现的对象或者控件。

"."符号用于在 SQL 语句中引用字段值，在 Access 中一般引用对象的属性、VBA 的方法或集合。因此在此处两个符号都可以用来标注字段的数据源。

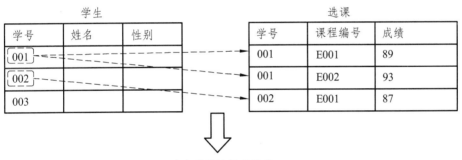

图 4.5　两张表建立等值联接

若查询时需要的两张表之间没有相同的值，就不能建立等值联接，这时需要从数据库中找到与这两张表有相同值的其他表添加到"查询设计"中，最终建立它们之间的联接。

在查询设计视图中建立等值联接的方法很简单，直接将两张表中有相同记录的字段选中后拉线就可以了。若两张表已经在"数据库工具"中提前建立了关系，当表放入查询设计视图时就会有一根连线，此时就不需要再建等值联接了。

4.2.2 向查询中添加字段

查询结果显示字段的顺序是在查询设计视图中添加字段的顺序，对所添加的查询字段我们可以看成这样两种情况：一种是数据源内已存在的字段；另一种是数据源内没有，但是可以通过已存在的字段计算得到的字段。无论哪种情况的字段都需要将字段放在查询设计视图的"字段"行内。

对于第一种情况的字段，直接从数据源上添加到查询设计视图中即可，具体操作方法有三种：第一种方式是在上方"表/查询"窗格的数据源内直接双击字段添加到"设计网格"区的"字段"行；第二种方式是选择字段后，用鼠标拖动到"字段"行；第三种方式是直接在"设计网格"区的"字段"行内直接单击下拉菜单选择。这三种方式都很简单，用户可以根据自己的习惯选择字段。

对于第二种数据源内没有的字段，用户只需要根据需要用表达式进行计算即可得到，需要注意的是该字段不属于任何的数据源，因此不能在该字段下方填入任何一张表格，新的字段系统会自动命名为："表达式 n"（此处的 n 是系统自动从 1 开始的一个编号），如果需要为该字段取一个容易理解的名字可以用以下格式：

新字段名：表达式

【例 4.1】在学生表中查询学生的姓名和年龄。

首先用"查询设计"新建好查询后，先将"学生"表放入查询窗格，通过观察可以发现在"学生"表中已经存在姓名这个字段，则可以将该字段直接添加到设计视图下方的"设计网格"区，而所需的另一个字段年龄并没有在"学生"表中，但可以通过学生表中的出生日期这个字段计算得到，因此我们在字段的"设计网格区"的第二个位置处写上计算年龄的表达式为："year(date())-year([出生日期])"。当输完敲回车后，系统会在此表达式前方自动为该字段命名为："表达式 1"，如图 4.6 所示。

图 4.6 查询学生姓名和年龄的查询设计视图

若希望查询结果显示的字段名为"年龄"，只需将"表达式 1"修改为"年龄"即可。切换到数据表视图或者是运行查询后就可以看到查询结果。查询结果部分内容如图 4.7 所示。

【小技巧】当需要在一张表内选择多个字段时可以按住 Ctrl 键，用鼠标做不连续选择后，拖到下方“设计网格”区的“字段”行。若需要添加表内所有字段时，可以直接在“设计网格”区“字段”行内选择表格名后面有星号这样的字段就可以了，因为星号表示表中所有字段。

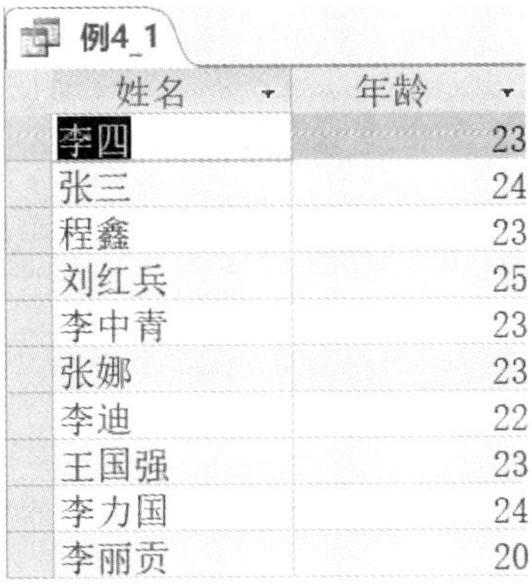

姓名	年龄
李四	23
张三	24
程鑫	23
刘红兵	25
李中青	23
张娜	23
李迪	22
王国强	23
李力国	24
李丽贡	20

图 4.7　查询学生的姓名和年龄的数据表视图

4.2.3　查询条件基础知识

查询条件就是一个表达式，一般由运算符、常量、字段名和函数等元素组成。下面简单介绍一下查询中会用到的基本元素。

1. 条件中的常量

在条件表达式中常常会用一些值进行比较或者计算，这些值就是常量，它们具有不同的类型。为了便于计算机区分和处理这些不同类型的常量，可以使用不同的定界符来表示不同类型的常量。

（1）文本类型常量：由各种字符构成，如汉字、字母、符号等，采用双引号作为定界符。如“攀枝花”“23343”“Hello”。

（2）数字类型常量：由数字构成，可以进行四则运算。如 23、8.975。

（3）日期类型常量：由日期构成，用#号分隔。如#2022-5-6#

（4）是/否类型常量：包含逻辑真和逻辑假两个值，用 True 或者 False 表示。其中 True 也可以用-1，False 也可以用 0 来表示。

2. 条件中的字段

在 Access 中若需要使用字段参与运算时，一般采用方括号“[ ]”将字段名称扩起来，若需要将字段所在的表名也写出来时，也用方括号“[ ]”将表名括起来，一般用如下格式书写：[表名].[字段名]。

3. 运算符

在 Access 中提供了四种运算符，分别是算术运算符、比较运算符、字符串运算符和逻辑运算符。四种运算符之间的优先级由高到低的次序为：算术运算符>字符串运算符>比较运算符>逻辑运算符，但可以通过小括号改变运算的顺序。每种运算内部也有优先次序，下面详细介绍每种运算符及含义。

表 4.1 算术运算符

算术运算符号	含义	举 例
^	乘方	3^2 表示 3² 等于 9
*	乘	3*5 表示 3×5 等于 15
/	除	10/5 表示 10÷5 等于 2
\	整除	9\2 表示求 9 除以 2 的结果只保留整数部分的值，9 除以 2 等于 4.5，保留整数部分后结果为 4
Mod	取模	9 mod 2 表示求 9 除以 2 后的余数，结果等于 1
+	加	9+2 表示 9 加 2 等于 11
-	减	9-2 表示 9 减 2 等于 7

【注意】

Access 执行整除操作时，为将舍入错误降到最少，要先将除数和被除数"四舍五入"后再进行除法运算后取整的操作的。

算术运算符的优先级由高到低顺序为：乘方、乘、除、整除、取模、加、减，若有小括号先算小括号内部的运算，参与运算的数据必须为数字型的数据，结果为数字型的数据。

表 4.2 字符串运算符

字符运算符号	含义	举 例
&	连接	"abc" & "123"表示"abc"和"123"两个字符串连接成为一个字符串，结果为"abc123"
+	连接	"abc" + "123"表示"abc"和"123"两个字符串连接成为一个字符串，结果为"abc123"

字符串运算符参与运算的数据类型一般为文本型，结果一定为文本型的数据。需要注意的是"+"在算术运算符和字符串运算符中都有，当"+"号前后的数据都是数值型时，"+"号表示加，而前后数据都是文本型时，"+"号表示连接。需要特别注意的是，若前后的数据类型不一致时，是无法进行运算的，但若是数值的文本型数据与数值型数据用"+"号连接，则会将数值的文本型数据自动转换为数值型数据进行加法运算。

例如：

"123"+1   结果为：124

"123" + "1"   结果为：1231

123+1   结果为：124

123+"a"   结果计算机报错

表 4.3 比较运算符

比较运算符	含义	举 例
=	等于	"a"="A" 结果为：True
>	大于	8>9 结果为：False
<	小于	"99" < "100" 结果为 False
>=	大于等于	"a" >= "ab" 结果为 False
<=	小于等于	"ac" >= "ab" 结果为 True
<>	不等于	False<>True 结果为 True

比较运算符参与运算的数据可以是任何一种类型的数据，但是其结果一定是逻辑型的True（真）、False（假）或者Null（空）。当无法对表达式求值时返回Null，如果关系表达式的任何一侧为Null时，结果一定是Null。需要注意的是，字符串比较一般按照ASCII码的顺序，但当字符串是字母时是不区分大小写的。比较运算符的优先级由高到低顺序为等于、不等于、小于、大于、小于等于、大于等于。

表 4.4　逻辑运算符

逻辑运算符	含义	举例
Not	非	Not True 结果为 False
And	与	True and True 结果为 True
Or	或	False or False 结果为 False

逻辑运算符参与运算的数据只能是逻辑型的数据True和False,结果仍然为逻辑型的数据,其优先级由高到低的顺序为：非、与、或。

在Access中除了上面的四种类型的运算符外,在条件中还可能用到以下几个特殊的运算符。

表 4.5　特殊运算符

特殊运算符	含义	说明
Between N1 and N2	范围	指定字段值的范围是N1到N2之间（包含边界值）
In（N1, N2, ……）	在列表中的值	指定字段的值是列表内的其中之一，N1或者N2或者……（or关系）
Not in（N1, N2, ……）	不在列表中的值	指定字段的值不是列表内的任何一个数据
Like	类似	用于查找文本字段内的记录是否与指定字符串相匹配。"？"表示该位置匹配单个字符；"*"表示该位置匹配任意多个字符,"#"表示该位置可以匹配一个数字；"[ ]"表示一个列表,可匹配列表中的任意单字符；"[!]"表示一个列表,可匹配不在列表中的字符。 如：姓名字段的条件栏内书写：Like "[!马，张]" & "*"表示查找不姓"马"也不姓"张"的所有姓名
Is Null	空	查找字段值为空的记录
Is not null	非空	查找字段值不为空的记录

4. 函数

在Access中提供了大量的内置函数,在查询中常用的函数可根据数据类型一般分为数值函数、字符串处理函数、日期处理函数,函数中用方括号"[ ]"括起来的参数表示该参数可以写也可以不写。下面简单介绍一下这些函数。

表 4.6　数值函数

函数	功能	举例
Int（N1）	取数字表达式N1的整数部分	Int（3.5）结果为3
Round（N1[, N2]）	对数值表达式N1进行四舍五入保留N2位小数点位数，缺省N2表示对N1四舍五入后保留整数部分。	Round（3.45, 1）结果为3.5 Round（3.45）结果为4

表 4.7　字符串处理函数

函　数	功　能	举　例
Len（C1）	返回一个数值，该数值为字符串 C1 的长度。在 Access 中，中文和英文的长度一样都算为 1，一个空格算一个长度	Len（"张鹏"）结果为 2 Len（"man"）结果为 3 Len（"good luck"）结果为 9
Left（C1, N1）	返回一个字符串，该字符串是 C1 从左边第 1 个字符开始截取的 N1 个字符。若 N1 等于 0，返回空串	Left（"四川省攀枝花", 3）结果为："四川省"
Right（C1, N1）	返回一个字符串，该字符串是 C1 从右边第 1 个字符开始截取的 N1 个字符。若 N1 等于 0，返回空串	Right（"四川省攀枝花", 3）结果为："攀枝花"
Mid（C1, N1[, N2]）	返回一个字符串，该字符串是 C1 从 N1 位置开始截取 N2 个字符。若 N2 缺省表示从 N1 开始截取到字符串 C1 最后一个字符	Mid("四川省攀枝花", 4, 2)结果为："攀枝" Mid（"四川省攀枝花", 4）结果为："攀枝花"

表 4.8　日期处理函数

函　数	功能	举　例
Date（）	返回当前操作系统的日期，括号内不带参数	Date（）结果为当前系统的日期
Year（D1）	返回日期 D1 年份的整数	Year（#2022-1-30#）结果为整数：2022
Month（D1）	返回日期 D1 月份的整数	Month（#2022-1-30#）结果为整数：1
Day（D1）	返回日期 D1 日期的整数	Day（#2022-1-30#）结果为整数：30
Weekday（D1）	返回日期 D1 星期的整数。其中星期日返回 1，星期六返回 7	2022 年 4 月 4 日为星期一 Weekday（#2022-4-4#）结果为 2

4.2.4　向查询中添加条件

当我们需要通过查询显示符合条件的记录时，就需要在该查询上添加条件限制。有了条件的查询结果，只会显示满足条件的记录，那些不满足条件的记录将不会在查询结果中显示。查询条件就是数据的筛选规则，这些条件会去 Access 中选择用户想要看到的那些记录。查询的条件应该书写在查询设计视图的"条件"行和"或"行内，当不同的字段有多个条件需要满足时，多个条件写在同一行表示条件之间是"并且"的关系，条件写在不同的行表示条件之间是"或者"的关系，可以用"and"或者"or"去连接同一个字段的多个条件，"and"表示"并且"关系，"or"表示"或者"关系。

1. 在数值型字段中书写条件

对于数值型字段一般只需要对数字进行值的判断，可以是等于某个确定的值，也可以是数值的范围。如表 4.9 所示是常用数值型字段条件的示例。

表 4.9　数字型字段查询条件示例

字　段	条　件	功　能
年龄	=30(或者写成：30)	查找年龄等于 30 岁的记录
年龄	>30	查找年龄超过 30 岁的记录

字段	条件	功能
年龄	>=18 and <=30	查找年龄在 18 到 30 岁之间的记录
年龄	Between 18 and 30	
年龄	Not 30	查找年龄不是 30 岁的记录
年龄	25 or 30	查找年龄是 25 岁或者 30 岁的记录

【例 4.2】在教学管理数据库中查找期末成绩不及格的学生的姓名和课程名称。

解析：通过读题我们知道学生的姓名和课程名称分别在学生表和课程表内，而期末成绩在学生选课表中，因此数据源需要用到学生、学生选课和课程这三张表，所以首先将这三张表添加到"查询设计"的"表/查询窗格"区，然后为这三张表建立等值联接，接下来根据题目要求依次将"姓名""课程名称"字段放入设计网格的"字段"栏内，由于题目上要求是期末成绩不及格的学生记录，则需要将条件字段"期末成绩"放入设计网格的"字段"栏内，在该字段下方的设计网格的"条件"处输入"<60"表示不及格，期末成绩字段是条件使用，不需要在查询结果中显示，因此在"显示"栏内将该字段下方的"√"去掉，完成查询。查询设计视图如图 4.8 所示。

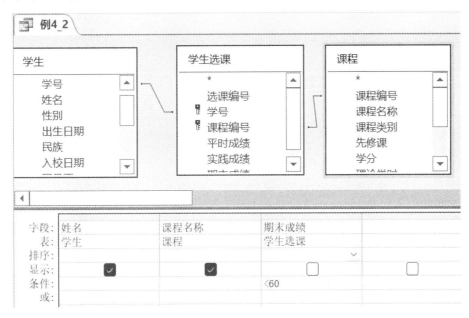

图 4.8　查询期末成绩不及格的学生设计视图

2. 在文本型字段中书写条件

文本型字段的条件一般也是使用的文本型常量。若在设计视图的"条件"栏内输入文本时没有加双引号，Access 会自动添加。一般查询文本型字段的条件分为两种：一种是表里记录的全部值，另一种是表里记录的部分值。若是表里记录全部值，可以直接在"条件"栏内输入该值，若只是记录中的某个部分的值，一般使用模糊查询来完成，也可以用函数取出此部分来完成。如表 4.10 所示是常用文本型字段条件的示例。

表 4.10　文本型字段查询条件示例

字段	条件	功能
民族	="汉族"（或者写成："汉族"）	查找民族是汉族的记录
姓名	Like "张*"	查找姓"张"的记录
姓名	Left（[姓名], 1）= "张"	
姓名	Like "*林*"	查找姓名里包含"林"字的记录
姓名	Like "??*"	查找姓名是2个字及2个字以上的记录
学号	Left（[学号], 4）= "2018"	查找学号前四位是2018的记录
职称	"教授" or "副教授"	查找职称是"教授"或者"副教授"的记录
职称	Not "教授"（或者写成：<>"教授"）	查找职称不是"教授"的记录

【例 4.3】在教师表中查找有领导才能的少数民族教师，显示姓名、电话号码和民族字段。

解析：题目已经给出了查询所需的数据源，因此用"查询设计"创建查询后，打开查询设计视图后直接将教师表添加到查询设计视图的"表/查询窗格"区，然后根据题意将查询结果所需的"姓名""电话号码"和"民族"三个字段放在设计网格区的"字段"栏内，完成字段的添加。接下来根据题意进行条件的输入，题目中条件有两个，分别是"少数民族"和"有领导才能"。打开"教师"表后可以看到表内除了汉族外还有很多其他民族，因此查找"少数民族"就是相当于在民族字段中查找不是汉族的记录，而"有领导才能"的记录就是在特长字段中查找包含"领导才能"这几个字的记录，所以我们在"民族"字段下方的"条件"栏内输入表达式：not "汉族"，添加特长字段并在下方"条件"栏内输入：Like "*领导才能*"，取消该字段的显示，两个条件是同时存在的，所以两个条件放在同一行，完成查询后保存。关闭查询后，再次打开后查询设计视图如图 4.9 所示。可以发现输入的"not"已经变成了不等于"<>"，在 Access 的"条件"栏中输入"not"系统会自动替换为不等于"<>"。因为查找不是汉族的记录，其实民族就是不等于"汉族"的记录。

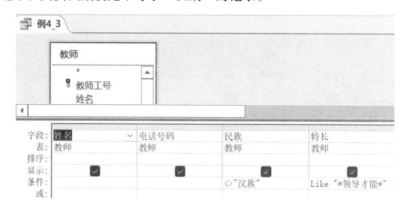

图 4.9　查询教师表中有领导才能的少数民族教师设计视图

3. 在日期型字段中书写条件

日期型字段内的条件可以对日期的范围筛选，也可以是对日期中的年月日的数值筛选。输入日期常量应该用英文的"#"号括起来。如表 4.11 所示是常用日期型字段条件的示例。

表 4.11　日期型字段查询条件示例

字段	条件	功能
出生日期	>#1999-1-1#	查找出生日期是 1999 年 1 月 1 日以后的记录
出生日期	Month（[出生日期]）=7	查找出生日期是 7 月的记录
出生日期	year（[出生日期]）>1999	查找出生日期是 1999 年以后的记录
出生日期	Month（[出生日期]）=5 and day（[出生日期]）>20	查找出生日期在 5 月 20 日之后的记录
出生日期	Weekday（[出生日期]）=2	查找出生日期是周三的记录
出生日期	Datepart（"q", [出生日期]）=1	查找出生日期是第一季度的记录

【例 4.4】在教师表中查找天秤星座的教师，显示教师的姓名、性别和民族。其中天秤座是每年的 9 月 23 日至 10 月 23 日。

解析：根据题目的要求将教师表作为数据源添加到查询设计视图中，然后将表内的"姓名""性别"和"民族"字段添加到查询设计网络中"字段"栏内，题目中需要找到天秤座的记录，就是在表中查找出生月份为 9 月 23 号以后至 10 月 23 号之前的记录，所以将出生日期字段添加到"字段"栏后，在下面"条件"栏内输入表达式：（month([出生日期])=9 and day([出生日期])>=23）or（month([出生日期])=10 and day([出生日期])<=23），取消该字段的显示栏内的"√"，保存该查询。关闭查询后，再次打开如图 4.10 所示的查询设计视图，查询设计网格"条件"和字段栏的内容都有变化，因为 Access 会根据用户输入的条件自动做出调整，使条件变得更加简洁易懂。

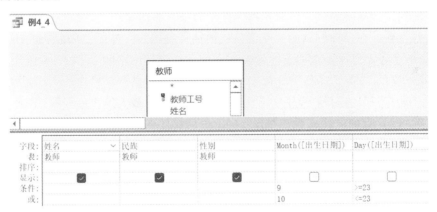

图 4.10　查询天秤星座的教师设计视图

4. 在逻辑型字段中输入条件

逻辑型常量只有两种，因此在逻辑型字段中输入的条件只能是 True（-1）或 False（0）。在记录中☑表示 True（-1），而□表示 False（0）。

5. 空值和非空值的判断

当表内没有输入记录时该记录为空值（Null），Null 表示未知的值。与长度为 0 的字符串（空串）不一样，长度为 0 的字符串是用英文双引号括起中间无空格的字符串，表示包含空值的字符串；空值表示该字段尚未输入数据，而空串表示该字段已经输入且就是一个长度为 0

的空字符串。直接用 is Null 查找该字段没有输入值的记录，用 is not Null 查找已经输入值的记录。

4.2.5 查询中的排序

当需要将查询结果按照某种顺序编排，可以在查询中使用排序。排序的方法是直接在查询设计视图内，在需排序的字段下方的设计网络"排序"栏内选择"升序"和"降序"。需要注意的是，若有多个字段需要同时排序，则需要按照从左到右的顺序放入字段，查询结果将会按照从左到右的顺序依次排序。如果只需要显示排序结果中前面 n 条记录，可以在查询设计视图的工具栏内"查询设置"里，"返回"后面输入 n 即可，如图 4.11 所示。

默认：保留查询结果所有记录
数值为n：保留查询结果上方n条记录

图 4.11 查询结果返回值设置界面

【例 4.5】查询年龄最大的三位女教师，查询结果显示姓名和年龄字段。(年龄用今年减去出生的年份计算)

解析：题目要求查询的内容都在教师表，因此直接将教师表添加到设计视图，然后将"姓名"字段添加到设计网格的"字段"栏内，在"教师"表内虽无"年龄"字段，但可以根据出生日期计算得到，在设计网格的"字段"栏内输入表达式：年龄：Year(Date())-Year([出生日期])，根据题意还需要设置查询条件为"女"，因此在设计网格的"字段"栏内加入"性别"，然后在该字段对应下方的"条件"栏内输入"女"，取消"显示"栏内的√，最后在"年龄"字段下方的"排序"栏内选择"降序"，题目要求只保留年龄最大的 3 位教师，因此在上方"返回"的后面输入 3，查询设计完毕，保存查询。查询设计视图如图 4.12 所示。

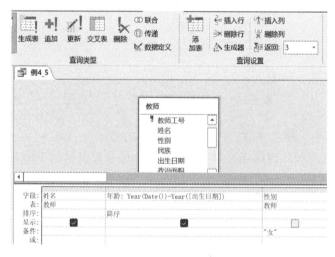

图 4.12 查询年龄最大的三位教师的设计视图

当运行查询时，我们发现查询的结果并不是只有 3 条记录，而是 4 条记录，如图 4.13 所示，原因是 Access 在排序时将值相等的记录认为是一样的次序，因此会显示 4 条记录。

图 4.13 查询年龄最大的三位教师的视图

4.2.6 查询中的统计运算

在查询时若更关心统计的结果而不是表中的记录时，就需要使用统计运算。统计运算有两种情况：一种是全表汇总数据，一种是分组汇总数据。全表汇总数据只需要对一个或多个字段汇总即可，而分组统计需要对一个或多个字段先分组，再进行汇总运算。常用的计算有：求和、求平均值、求最大值、求最小值和计数。两种统计运算最简单的做法是：先在"查询设计"选项卡下方的工具栏内用鼠标单击"汇总"图标 Σ，此时设计网格内会增加"总计"栏，然后就可以通过总计栏进行各种汇总运算了。在"总计"行内包含 12 个总计项，其含义和名称如表 4.12 所示。

表 4.12 日期型字段查询条件示例

总 计 项	功　能
Group By	将上方字段中的值相等的记录聚合成唯一的组
合计	求上方字段中所有记录或每个分组记录的合计值
平均值	求上方字段中所有记录或每个分组记录的平均值
最小值	求上方字段中所有记录或每个分组记录的最小值
最大值	求上方字段中所有记录或每个分组记录的最大值
计数	求上方字段中所有记录或每个分组中非空记录的个数
StDev	求上方字段中所有记录或每个分组所有记录的标准偏差
变量	计算上方字段或分组中的所有值与组平均值的差量
First	上方字段或者分组中所有记录的第一个值
Last	上方字段或者分组中所有记录的最后一个值
Expression	创建一个由表达式产生的计算字段
Where	指定聚合条件（筛选器）

【例 4.6】统计学生的总人数。（按学号统计）

解析：需要统计学生的总人数，就是全表统计不需要分组。首先创建查询后，将"学生"表作为数据源添加到设计视图中，然后在"字段"栏内加入需要统计的字段"学号"，选择"查询设计"选项卡内的"汇总"图标，在设计网格的"学号"下方"总计"栏内选择"计数"，查询设计完成，保存查询。查询设计视图如图 4.14 所示，统计结果如图 4.15 所示。若查询结果的字段名需要修改为"人数"的话，则需要在设计网格的"字段"栏内的"学号"处修改。可修改为："人数：学号"。

图 4.14　统计学生总人数的数据表视图　　　　　图 4.15　统计结果

【例 4.7】按姓名统计每名学生期末成绩的平均分，查询结果显示姓名和平均分两个字段，平均分通过"期末成绩"计算。

解析：需要统计的数据先要按照"姓名"字段分组后再对"期末成绩"字段求平均值。"姓名"和"期末成绩"字段分别属于"学生"表和"学生选课"表，这两张表之间可以通过"学号"字段建立等值联接。首先创建查询后将"学生"表和"学生选课"表添加到查询设计视图中，通过"学号"建立等值联接，然后将"姓名"和"期末成绩"字段放入查询设计网格的"字段"栏，选择"查询设计"选项卡内的"汇总"图标，在"姓名"下方"总计"栏选择"Group By"选项，在"期末成绩"下方"总计"栏选择"平均值"选项，题目要求查询结果字段为"平均分"，因此在"期末成绩"字段上修改表达式为："平均分：期末成绩"，完成查询后保存该查询。设计视图如图 4.16 所示。

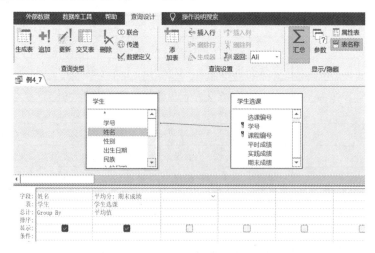

图 4.16　按姓名统计每名学生期末成绩平均分的数据表视图

【例 4.8】在学生表中统计各民族男生的人数，查询结果显示民族和人数。（人数按学号统计）

118

解析：需要统计人数是各个不同民族的男生，可以先找到所有的男生，然后再对"民族"字段分组，最后根据"学号"字段统计人数，所有的字段均来源于学生表。首先创建一个查询，将"学生"表作为数据源添加到查询设计视图中，然后将"民族""学号"和"性别"字段分别放入设计网格的"字段"栏，在字段"性别"下方的"条件"栏内输入"男"，接下来选择"查询设计"选项卡内的"汇总"图标，在"民族"字段的"总计"栏内选择"Group By"选项，在"学号"字段的"总计"栏选择"计数"选项，在"字段"栏为该字段重新命名为"人数"，性别作为条件，不需要显示在查询结果中，因此在"总计"栏选择"Where"选项，完成查询设计后保存查询。查询设计视图如图4.17所示。

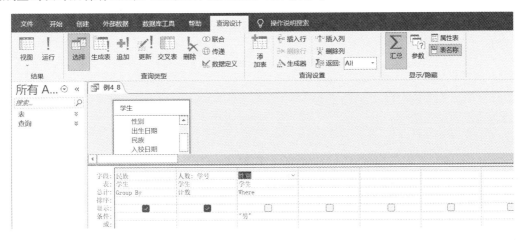

图 4.17 统计各民族男生人数的数据表视图

【例 4.9】统计每个年级每门课期末成绩平均分，其中年级由学号前四位得到，计算结果保留两位小数显示（不用函数），查询结果显示年级、课程名称和平均分三个字段。

解析：需要统计每个年级每门课的期末成绩平均分，则需要对年级和课程名称分类，再对期末成绩求平均分，而年级则需要用表达式 left([学号], 4)计算，由于使用到多张表作为查询的数据源，所以"学号"在"学生"和"学生选课"两张表内都有，因此不可以直接写，必须加上表名，表达式最后应该写成：left([学生].[学号], 4)，在这里的表达式写"学生"表和写"学生选课"表得到的结果都是一样的。而结果不用函数保留两位小数，就只能用"格式"属性进行设置。具体操作方法如下：

首先创建一个查询，将查询所需的数据源"学生""学生选课""课程"添加到查询设计视图中，然后将查询结果所需要的字段"学号""课程名称""期末成绩"这个三个字段分别添加到设计网格的"字段"中，接下来修改学号字段为"年级：Left([学生].[学号], 4)"，在"学号"字段的"总计"栏选择"计数"选项，不修改字段"年级"和"课程名称"字段下方"总计"栏内出现的"Group By"，在"期末成绩"字段下方的"总计"栏内选择"平均值"，设计视图如图4.18所示。

题目要求最后的显示结果需要保留两位小数，就需要单独设置"期末成绩"字段的显示格式，具体操作方法是将鼠标放到"期末成绩"字段上单击鼠标右键，在弹出的右键菜单中选择"属性"，在右边出现的"属性表"内设置"格式"为"固定"，在"小数位数"处输入2，如图4.19所示。切换查询视图查看结果，发现已保留2位小数，如图4.20所示。

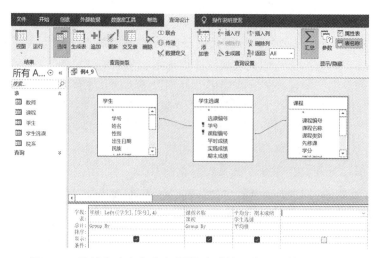

图 4.18 统计每个年级每门课期末成绩平均分的数据表视图

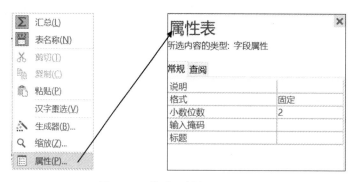

图 4.19 格式属性设置界面

年级	课程名称	平均分
2017	Access 数据库技术与应用	66.75
2017	大学计算机基础	50.25
2017	大学英语（二）	57.50
2018	大学计算机基础	86.60
2018	大学英语（二）	81.80
2019	Access 数据库技术与应用	75.83
2019	大学计算机基础	75.63
2019	大学英语（一）	77.33
2019	马克思主义基本原理	75.83
2020	Access 数据库技术与应用	66.50
2020	大学计算机基础	77.75
2020	大学英语（一）	65.20
2020	马克思主义基本原理	62.11

图 4.20 统计每个年级每门课期末成绩平均分的数据表视图

【注意】

用这种方法保留两位小数，只是显示出来的是两位小数的形式，但实际查询出来的数据依旧是原来的位数，而用 round( ) 函数保留两位小数，查询最终的查询结果的数据只有两位小数。

4.2.7 使用不匹配项查询向导

在多表查询的过程中，等值联接会将两张表中不能匹配的那部分记录丢弃掉，从而在查询结果中无法查询到这部分数据。如果需要查询的是不匹配的那部分数据，就需要使用不匹配项查询向导。不匹配项查询向导最简单的做法就是用查询向导完成，也可以用嵌套查询完成。嵌套查询我们将在后面章节介绍。下面用例4.10介绍如何用"查找不匹配项查询向导"完成查询。

【例4.10】查询没有选课的学生，查询结果显示学生姓名和所属院系。

解析：没有选课学生的记录存在于学生表内，但无法在选课表内找到相匹配的记录，如图4.21所示。如果需要找到这部分值，则需要在建立联接时保留学生表内所有的记录，对于学生表内无法匹配的记录，在选课表内的字段内不填任何值，即为空值。查询时查询条件为选课表那部分外键的值为空的记录就是没有选课的学生记录，如图4.21所示。

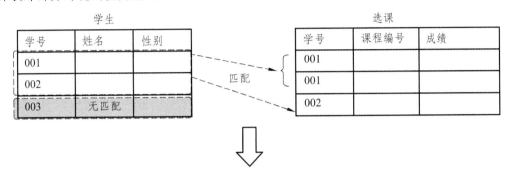

建立连接后保留"学生"表内所有信息的表

学生.学号	姓名	性别	选课.学号	课程编号	成绩
001			001		
001			001		
002			002		
003				空值	

图4.21　不匹配查询的表联接原理

操作方法：

（1）在"创建"选项卡下选择"查询向导"，打开"新建查询"界面，在该界面上选择"查找不匹配项查询向导"，单击下方的"确定"按钮，如图4.22所示。

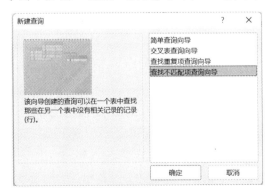

图4.22　"查询向导"新建查询界面

（2）第一步选择主表。在"查找不匹配项查询向导"第一步选择包含查询结果所在的表格，没有选课的学生在"学生"表里有记录，此处选择"学生"表，然后单击"下一步"，如图4.23所示。

图4.23 "查找不匹配项查询向导"第一步界面

（3）第二步选择副表。在"查找不匹配项查询向导"第二步选择选了课的学生所在的表格，选了课的学生都在"学生选课"表内，此处选择"学生选课"表，单击"下一步"，如图4.24所示。

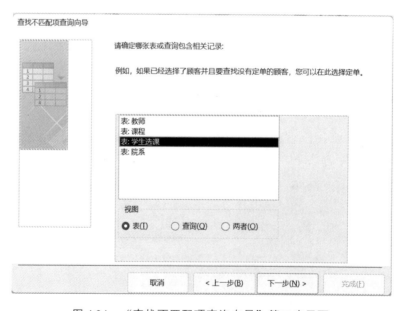

图4.24 "查找不匹配项查询向导"第二步界面

（4）第三步为两张表建立联接。选择"学生"表和"学生选课"表中可以匹配的字段，单击中间的按钮"<=>"为两张表建立联接，完成后单击"下一步"，如图4.25所示。

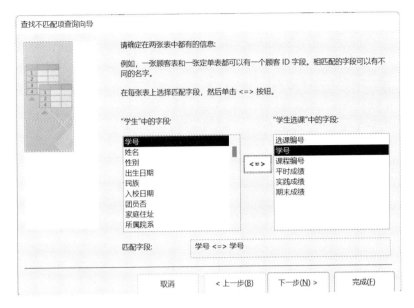

图 4.25 "查找不匹配项查询向导"第三步界面

（5）第四步选取查询结果所需的字段。从左边的"可用字段"框内分别选取"姓名"和"所属院系"字段，通过单击中间的">"按钮将字段放置到右边的"选定字段"框内，完成后单击"下一步"，如图 4.26 所示。

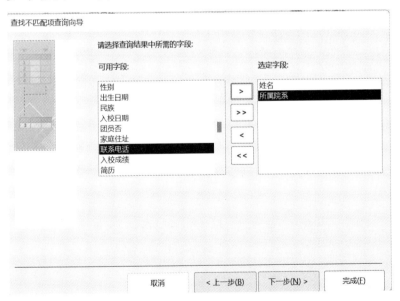

图 4.26 "查找不匹配项查询向导"第四步界面

（6）第五步为查询命名。在"请指定查询名称"下方的框内为该查询命名，命名后可以选择"查看结果"或者"修改设计"，然后单击"完成"结束查询向导。若选择"查看结果"，完成后自动切换到该查询的"数据表视图"；若选择"修改设计"，则自动切换到该查询的"设计视图"，如图 4.27 所示

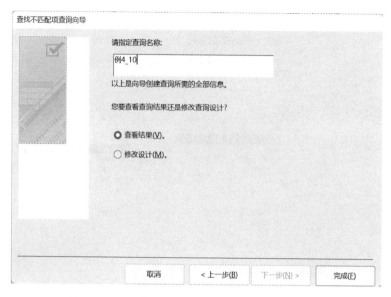

图 4.27   "查找不匹配项查询向导"第五步界面

很多时候用户可以借助向导先完成基础的不匹配查询，然后在查询设计视图中去修改不匹配查询，最后得到用户最后想要的查询结果。

【例 4.11】统计每个院系未选课的学生人数，结果显示所属院系和人数。（用学号计数）

解析：需要统计未选课的学生人数，首先需要知道哪些学生未选课，然后再根据未选课的学生情况统计人数，因此首先可以用"查找不匹配项查询向导"查找到没有选课的学生，然后再根据查询得到的结果去做统计运算。

具体操作步骤：

（1）根据例 4.10 中的步骤完成基础查询，得到一张含有未选课学生的"学号"和"所属院系"字段的表格，打开设计视图，如图 4.28 所示。

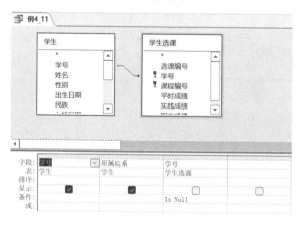

图 4.28   查找未选课学生的设计视图

从该设计视图上看，发现两张表之间的联接是带有单边箭头的联接。若想要在设计器上完成这样的联接，可以先对两张表的相同字段拉线，然后用鼠标右键单击两张表之间的连线，在弹出的右键菜单中选择"联接属性"，然后再根据需要选择合适的联接即可，如图 4.29 所示。

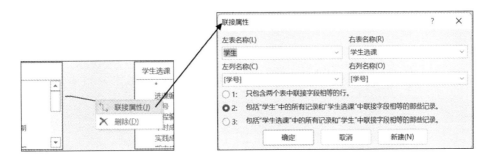

图 4.29 修改联接属性的界面

（2）选择"查询设计"选项卡内的"汇总"图标后，在学生表的"学号"字段下方的"总计"栏选择"计数"，"所属院系"字段下面选择"Group By"，在学生选课表的"学号"下方"总计"栏内选择"Where"。

（3）修改"学号"字段为"人数：学号"，交换"所属院系"和"学号"字段之间的位置。设计视图如图 4.30 所示。

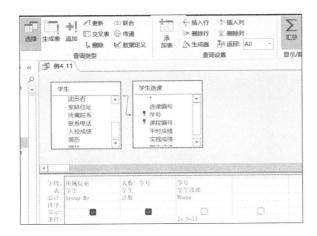

图 4.30 统计未选课学生情况设计视图和数据表视图

4.3 参数查询

参数查询是在查询运行中需要用户输入查询条件的值后才能完成查询。与选择查询相比，选择查询的查询条件是固定的，而参数查询只给出了希望有查询条件的字段，而对于查询具体的值需要运行查询时通过用户的输入得到，这样的查询大大增加了查询的灵活性。

设计参数查询的方法与前面章节里讲的选择查询方法一样，只是需要在设计查询条件部分将原来确定的条件更改为用方括号"[ ]"括起参数提示信息这样的格式即可。

【例 4.12】根据输入的学生姓名查询学生选课的情况，查询结果输出姓名、课程名和期末成绩三个字段，查询运行时提示"请输入学生姓名"。

解析：题目中并未告知查询哪位学生的选课情况，运行查询是通过交互式界面输入学生的姓名进行查询，因此该查询为参数查询。查询结果的字段来源于多张表，因此需要为多张表之间建立联接，然后再将查询结果所需的字段添加到设计网格中，最后在"姓名"

字段下方的条件处输入"[请输入学生姓名]"，查询创建完成后保存。查询设计视图如图4.31所示。

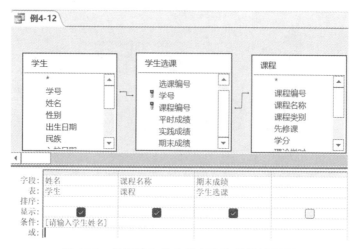

图 4.31 根据输入学生姓名查询的设计视图

切换"数据表"视图或者运行查询时在屏幕上弹出"输入参数值"对话框，在"请输入学生姓名"提示信息的下方文本框中输入"程鑫"，如图 4.32 所示，单击"确定"按钮，就可以查询出该生所选课程的情况了。"数据表视图"如图 3.33 所示。

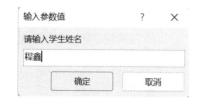

图 4.32 运行查询时输入参数值界面

图 4.33 查询"程鑫"选课情况结果

如果查询时需要用户输入多个值，则只需要在多个字段下方的条件处放入多个方括号"[ ]"的参数表达式就可以了。需要注意的是，运行查询时，"输入参数值"的框会根据查询设计视图从左到右参数表达式出现的位置依次出现，若用户输入的参数只是查询条件的一部分值时，可以采用"&"将其余部分连接到一起。

【例 4.13】在学生表中，根据输入的任意一个字或者几个字查询家庭住址中含有这些字的记录，再根据输入的入校成绩范围查询该范围的所有记录，查询结果显示学生的姓名、家庭住址和入校成绩三个字段。运行查询时先提示"请输入家庭住址"，再提示"请输入成绩下界"，再提示"请输入成绩上界"。

分析：查询所需要的字段均来源于学生表，只需要将"学生"表添加到设计视图上，然后选择"姓名""家庭住址"和"入校成绩"三个字段到设计网格中，最后在"家庭地址"字段下方的"条件"栏内输入：Like "*" & [请输入家庭住址] & "*"，在"入校成绩"字段下方的条件栏内输入：Between [请输入下界] And [请输入上界]，保存查询，查询设计视图如图 4.34 所示。

运行查询或切换到数据表视图时，如下图 4.35 所示，从上到下依次弹出三个对话框，在弹出的第一个"输入参数值"的对话框中输入"四川"，在第二个"输入参数值"的对话框中输入"480"，在第三个"输入参数值"的对话框中输入"490"，就会查找到相关记录。

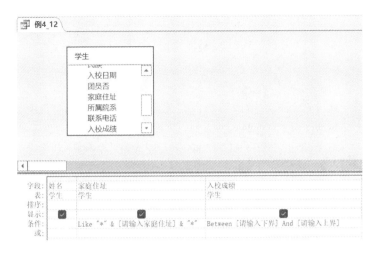

图 4.34　根据输入数据查询学生家庭住址和入校成绩的设计视图

图 4.35　输入参数对话框和数据表视图

4.4　交叉表查询

交叉表查询是一种以独特概括形式返回表内的分组统计值的一种查询。这种查询类似于 Excel 中的"数据透视表",是其他查询无法完成的。交叉表查询用行和列的字段作为标题,并在行与列的交叉点对数据进行统计运算。因此创建交叉表查询时只需要指定 3 种字段:行标题、列标题和值,其中行标题、列标题分别是分组的字段,而值就是统计运算的字段。在交叉表查询中,行标题可以有多个,列标题和值只能有一个。

交叉表的创建可以用向导创建,也可以通过查询设计创建。向导只能创建数据源是一张表的交叉表查询,而用查询设计可以创建多张表作为数据源的交叉表查询。由于用向导创建交叉表查询较为简单,在此不再详述。下面通过例题介绍用查询设计创建交叉表查询的方法。

【例 4.14】用交叉表查询统计各年级不同性别的学生入校成绩平均分。其中年级由学号前四位构成,平均分用 round() 函数保留 2 位小数。

分析:查询所需字段均来源于学生表,只需将学生表作为数据源添加到查询设计视图中,交叉表查询需要找到三个字段，2 个分类字段分别为"年级"和"性别"，计算字段为"入校成绩"，而"年级"字段可以用表达式：left([学号], 4)计算得到。

具体操作步骤为：

（1）创建一个查询，先将"学生"表放入"查询设计视图"中。

（2）在上方"查询设计"选项卡内将查询类型修改为"交叉表"查询，修改后下方设计网格会增加"总计"和"交叉表"两栏。

（3）将"学生"表内的"学号""性别"和"入校成绩"三个字段分别放入"设计网格"的字段栏内。

（4）修改"学号"字段为"班级：Left([学号], 4)"，在学号下方"交叉表"栏内选择"行标题"，在"性别"下方"交叉表"栏内选择"列标题"，最后修改"入校成绩"字段为"表达式 1：Round(Avg([入校成绩]), 2)"，在该字段下方"总计"栏内选择"Expression"，在"交叉表"栏内选择"值"，设计完成保存查询。设计视图如图 4.36 所示。

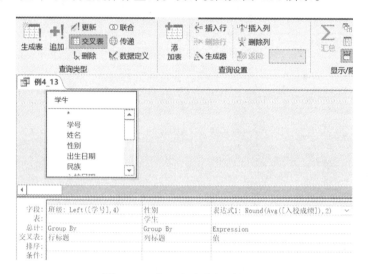

图 4.36　交叉表查询设计视图

运行查询后结果如图 4.37 所示。通过观察交叉表查询的运行结果，可以发现交叉表查询在数据表视图上只显示第一个行标题的字段名称，行标题的字段分类后的值显示在左边，而列标题分类后字段的值显示在上方，在结果中不会显示列标题和值这两个字段的字段名称。

班级	男	女
2017	509.88	490
2018	504.78	510
2019	508.05	505.5
2020	514.56	504.07

图 4.37　交叉表查询数据表视图

若将上题改为查询所有"汉族"各年级不同性别的学生入校成绩平均分，则可以在后面增加一个条件字段"民族"，然后在下方"总计"栏内选择"Where"，在"交叉表"栏内不选取任何值。设计视图如图 4.38 所示。

字段:	班级: Left([学号],4)	性别	表达式1: Round(Avg([入校成绩]),2)	民族
表:		学生		学生
总计:	Group By	Group By	Expression	Where
交叉表:	行标题	列标题	值	
排序:				
条件:				"汉族"
或:				

图 4.38　有条件的交叉表查询的设计视图

4.5　操作查询

与选择查询不同的是，操作查询每种查询都会执行一种操作，选择查询和参数查询都是在表内查找数据，交叉表查询是对表内的数据进行统计，而操作查询是在查询过程中对原有的表内的数据进行修改、删除、追加或者永久存储查询的结果。

所有的操作查询必须运行后才会有操作，且所有的操作都不可以撤销。需要注意的是，由于操作查询都是对表的操作，因此需要修改此类查询时不可以用双击的方式去打开，这样就会执行查询了，正确打开操作查询的方法是：选中需要打开的操作查询，然后单击鼠标右键选择"设计视图"。出于安全考虑，有时数据库会阻止操作查询的运行，在打开数据库时会在数据库的界面上有"安全警告"提示，如图所示 4.39 所示。此时运行操作查询是无效的，必须先选择"启用内容"才能解除阻止，使操作查询能正常完成对表的操作。若只是单击"安全警告"的关闭按钮是不能解除该警告的，此时可以在"文件"的"信息"内单击"启用内容"后才能解除阻止，如图 4.39 所示。

图 4.39　解除安全警告的界面

4.5.1　生成表查询

生成表查询与选择查询类似，但选择查询的查询结果是一张临时表，而生成表查询运行后会将查询结果永久存储在数据库内。在 Access 中，从表中访问数据要比从查询中访问数据快很多，若需要在数据库内将现有表内的数据重新组合或者提取表中某部分数据都可以使用生成表查询去获取新表。

【例 4.15】将"教师"表中职称是教授或者副教授的所有教师的教师工号、姓名、性别、

129

民族、出生日期、院系、在职否、特长信息存储到新表"高职称教师"中。

操作步骤如下：

（1）创建一个查询，将"教师"表添加到设计视图。

（2）将查询结果所需的字段"教师工号""姓名""性别""民族""出生日期""院系""在职否""特长"全部添加到设计视图的"字段"栏内。

（3）将"职称"字段添加到设计视图的"字段"栏内，并在下方的"条件"栏内输入："教授" Or "副教授"。

（4）在"查询设计"选项卡下方的"查询类型"组内修改查询类别为"生成表" 查询，会弹出如图 4.40 所示的对话框，在该对话框内的"表名称"后方的框里输入新表名"高职称教师"，下方选择"当前数据库"，单击"确定"按钮。

（5）在"查询设计"选项卡下方的结果组里选择"运行" 按钮，此时会弹出如图 4.41所示的对话框，单击"是"选项后在数据库中就会出现一张表名为"高职称教师"的新表。

图 4.40　生成表对话框　　　　　　　　图 4.41　运行生成表查询提示对话框

（6）保存查询。查询设计视图如图 4.42 所示。

需要注意的是，生成表查询创建的新表会继承数据源表内的数据类型属性，但不继承源表字段的属性和主键设置，因此需要用户根据需要自行设置属性和主键。

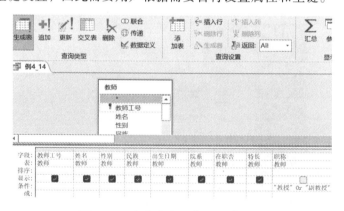

图 4.42　"生成表"查询设计视图

4.5.2　追加查询

在数据库维护时，有时需要将某张表内符合条件的记录添加到另一张表内，这就需要使用追加查询。比如在"教师"表中当教师的职称晋升后，就需要将这些职称晋升后的教师记录移到"高职称教师"表中，此时用追加查询可以非常方便地完成该功能。

追加查询时，一次可以追加一条或多条记录。追加时查询结果的字段与目标表中的字段应该匹配，不匹配的字段是无法追加到目标表中的。若查询结果的字段除与目标表匹配的字段外还有多余的字段，则多余的字段不会追加到目标表中。若查询结果字段只有部分与目标表匹配，则只会追加查询结果匹配那部分字段的记录到目标表内，没有匹配字段对应的记录留空。例如，目标表内有 5 个字段，而追加查询的结果只有 3 个匹配字段，则目标表内剩余 2 个字段内的记录留空。

【例 4.16】将"教师"表中职称为讲师并且学位为博士的教师追加到"高职称教师"表中。

操作步骤如下：

（1）创建一个查询，将"教师"表添加到设计视图。

（2）查看"高职称教师"表的字段，在查询设计器中根据该表的字段将"教师"表内对应的字段添加到设计网格的"字段"栏内。

（3）添加"职称"字段，在下方的"条件"栏内输入条件"讲师"，添加"学位"字段，在下方的"条件"栏内输入条件"博士"。

（4）在"查询设计"选项卡下方的"查询类型"组内，选择查询类别为"追加" 查询，会弹出如图 4.43 所示的对话框，在对话框的"表名称"后面选取数据库内已有的表"高职称教师"表，下方选择"当前数据库"，单击"确定"按钮。

（5）此时下方的设计网格会出现"追加到"这一栏，并且已经根据高职称教师表内的字段依次匹配好了。在"职称"和"学位"两个字段下方并没有匹配字段，因为目标表内并不存在对应的字段。单击"运行"按钮，会弹出 4.44 的界面，单击"是"按钮。

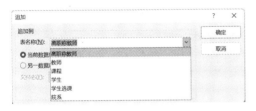

图 4.43　"追加"对话框

图 4.44　运行追加查询提示对话框

（6）打开"高职称教师"表，职称为讲师并且学位为博士的教师记录已追加到该表的末尾，关闭该表，保存查询。查询设计视图如图 4.45 所示。

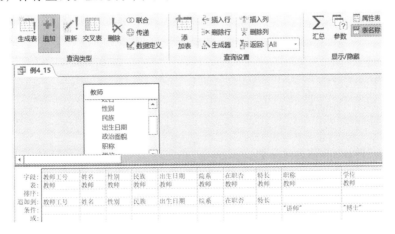

图 4.45　"追加"查询设计视图

4.5.3 删除查询

删除查询能够从一张或者多张表中删除指定的记录。如果删除的记录来自多张表，必须满足以下三个要求：

（1）在"关系"窗口中已定义相关表间的关系。

（2）在"编辑关系"对话框中已选择"实施参照完整性"。

（3）在"编辑关系"对话框中已选择"级联删除相关记录"。

删除查询将永久删除指定表内的相关记录，并且无法恢复，因此在运行时需要特别小心，最好提前备份表格，避免因为误操作导致的数据丢失。删除查询每次删除整条满足条件的记录而不是条件字段中的数据，设计查询时只需要在查询设计器中放入条件字段及条件和需要删除的表格，也可以只放条件字段及条件，Access 会根据字段所在的表格自动删除满足条件的记录。

【例 4.17】删除"高职称教师"表内到 2022 年为止，年龄超过 55 岁（不含）的女教师的记录。年龄根据出生日期字段计算得到。

操作步骤如下：

（1）创建一个查询，将需要删除记录的"高职称教师"表放入到查询设计视图中。

（2）在"查询设计"选项卡中查询类别组内选择"删除" ↳ ，下方设计网格内的栏目会增加"删除"栏，在设计网格"字段"栏内放入删除查询的条件字段"出生日期"和"性别"。在"出生日期"字段的条件中输入：(2022-Year([出生日期]))>55，在"性别"字段的条件中输入："女"，两个条件写在同一行。设计视图如图 4.46 所示。

（3）单击运行按钮后，弹出如图 4.47 所示的对话框，选择"是"，Access 就会删除这 5 条记录。选择"否"，则不会删除记录。

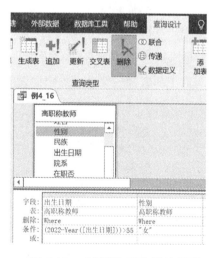

图 4.46 "删除"查询设计视图

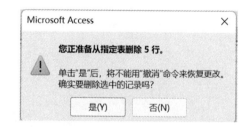

图 4.47 删除提示对话框

（4）选择"是"按钮后，再打开"高职称教师"表，可以发现满足条件的记录已经被删掉。

（5）保存查询后，用设计视图再次打开查询，发现查询设计视图已变成图 4.48 所示的样子，虽然没有添加删除的表，但是 Access 还是删掉了"高职称教师"表中满足条件的记录。

字段:	出生日期	∨	性别		2022-Year([出生日期])
表:	高职称教师		高职称教师		
删除:	Where		Where		Where
条件:			"女"		>55
或:					

图 4.48 "追加"查询设计视图

4.5.4 更新查询

表格内的数据很多时候需要批量修改，这时就需要使用更新查询。更新查询是对一个或多个表中的某个字段内的全部记录或者满足条件的记录进行修改的查询。更新查询可以对某字段的数据进行添加、修改和删除。需要注意的是，删除查询删除的是一整条记录，而更新查询删除的是一个字段内的数据。

更新查询不能更新下列类型字段中的数据：

（1）计算字段。计算字段的值是跟随表达式的值而变化的，并非存储于表内，不能更新。

（2）总计查询或交叉表查询中的字段。此类字段的值是计算得到不能更新。

（3）自动编号字段。此类字段的值只有增加记录时才会有，无法更新。

（4）联合查询中的字段。在联合查询中，由于某些重复记录已经不在结果中，因此无法更新所有记录。

（5）主键字段。若修改主键会影响建立了关系的其他表格，因此一般不能更新。

【例 4.18】将"高职称教师"表内"在职否"字段内的值删除。

操作步骤为：

（1）创建一个查询，将需要修改值的"高职称教师"表添加到设计视图。

（2）选择"查询设计"下方查询类型组内的"更新"，更改查询类型为更新查询，下方查询设计网格内新增"更新为"栏。

（3）将需要更新的字段"在职否"放入查询网格的"字段"栏内，在"更新为"栏内输入 NULL。设计视图如图 4.49 所示。运行查询后弹出如图 4.50 所示的提示框，选择"是"则更新表内数据，选择"否"就不更新表内数据。

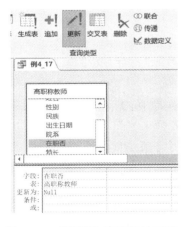

图 4.49 "更新"查询设计视图

图 4.50 "更新"查询提示对话框

（4）选择"是"后，打开"高职称教师"表，发现"在职否"字段内所有的值已被删除。

（5）保存查询。

在该查询中字段类型为布尔型，因此也可以在条件中输入 False 来完成删除。在更新查询中用"Null"可以清空任何类型的字段内的值。

【例 4.19】将"高职称教师"表内所有在 2022 年时年龄小于 55 岁（含 55 岁）教师的"在职否"字段打勾。

操作步骤为：

（1）创建一个查询，将需要修改的"高职称教师"表放入查询设计视图内。

（2）将需要修改的字段"在职否"添加到设计网格的"字段"栏，在该字段下方的"更新"栏内输入 True，再将条件字段"出生日期"的计算年龄的表达式：2022-Year([出生日期])放到"字段"栏，在该字段下方的"条件"栏内输入：<=55。设计视图如图 4.51 所示。

（3）运行查询。打开"高职称教师"表，发现年龄小于等于 55 岁的记录的"在职否"字段内的记录都打上了√。

（4）保存查询。

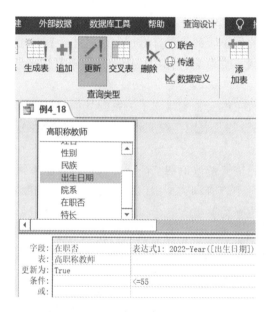

图 4.51 "更新"查询设计视图

【例 4.20】利用"院系"的值替换"高职称教师"表内的教师工号字段中的第 2，3 位的值。

分析：在"高职称教师"表内未设置主键，因此"教师工号"字段可以更新，在"高职称教师"表内院系的值为"01""02"……用该值去替换原有的"教师工号"的第 2，3 位的值可以使用字符串的拼接来完成，具体做法是将"教师工号"字段的第一位取出来连接"院系"字段再连接"教师工号"第 4 位到末尾的所有值，就能完成题目要求的替换功能。

查询设计视图如图 4.52 所示。

在更新查询中每运行一次就会对表内的数据产生一次修改，因此在运行更新查询之前一定要先确定数据是否需要更新，否则非常容易对表里的数据产生错误修改。

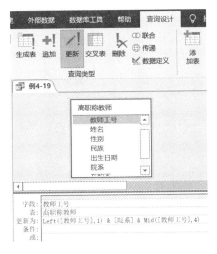

图 4.52 "更新"查询提示对话框

4.6 SQL 语言

SQL（Structured Query Language）语言就是结构化查询语言，是数据库领域中的通用设计语言。该语言可以实现数据定义、数据查询、数据操纵和数据控制等功能。SQL 语言使用方便且功能强大，因此被广泛应用在数据库中。

4.6.1 SQL 概述

SQL 语言设计巧妙，语言简单，完成数据定义、数据查询、数据操纵和数据控制的核心功能只需要 9 个动词。按照其实现功能可以将 SQL 语句划分为 4 类。

数据查询语言（Data Query Language，DQL）：按一定的查询条件从数据库对象中检索符合条件的数据，如 SELECT 语句。

数据定义语言（Data Definition Language，DDL）：用于定义数据的逻辑结构及数据项之间的关系，如 CREATE，DROP，ALTER 语句等。

数据操纵语言（Data Manipulation Language，DML）：用于增加、删除、修改数据等，如 INSERT，UPDATE，DELETE 语句等。

数据控制语言（Data Control Language，DCL）：在数据库系统中，具有不同角色的用户执行不同的任务，并且应该被给予不同的权限。数据控制语言用于设置或更改用户的数据库操作权限，如 GRANT，REVOKE 语句等。

Access 将 SQL 语言直接融入到了自身语言中，因此使用查询设计视图创建查询时，Access 会自动将操作步骤转化为一条条等价的 SQL 语句，只要打开查询，并进入该查询的 SQL 视图就可以看到系统生成的 SQL 语句。可以说查询对象的实质就是一条 SQL 语句。

4.6.2 SQL 数据查询

SQL 数据查询通过 SELECT 语句实现。在 SELECT 语句中包含的子句很多，其语法格式为：

SELECT [ALL|DISTINCT|TOP n] *|<字段列表>[, <表达式>AS<标识符>]
FROM <表名 1> [, <表名 2>]...

[WHERE <条件表达式>]

[GROUP BY <字段名> [HAVING <条件表达式>]]

[ORDER BY <字段名> [ASC|DESC]]；

以上格式中"<>"中的内容是必选的，"[ ]"中的内容是可选的，"|"表示多个选项中只能选择其中之一。

该语句从指定的基本表中，创建一个由指定范围内、满足条件、按某字段分组、按某字段排序的指定字段组成的新记录集。

命令说明：

ALL：查询结果是满足条件的所有记录，一般缺省，默认值为 ALL。

DISTINCT：查询结果不包含重复记录。

TOP n：查询结果是前 n 条记录，其中 n 必须为整数。

*：查询结果是表内所有字段。

<字段列表>：使用逗号将各字段隔开。

<表达式> AS <标识符>：表达式可以是字段名，也可以是一个计算表达式，标识符用于指定新的字段名。

FROM <表名>：说明查询的数据源。

WHERE <条件表达式>：说明查询的条件，用 and 或者 or 连接多个条件。

GROUP BY <字段名>：查询结果是按照<字段名>的字段值进行分组。

HAVING：必须跟随 GROUP BY 使用，用来限定分组必须满足的条件。

ORDER BY <字段名>：查询结果是按照<字段名>的字段值进行排序。

ASC：必须跟随 ORDER BY 使用，查询结果按字段值升序排列。

DESC：必须跟随 ORDER BY 使用，查询结果按字段值降序排列。

（1）查询表内所有字段和记录。

【例 4.21】查找"学生"表内所有记录和字段。

SELECT * FROM 学生；

在查询中*表示所有字段，而没有 WHERE 子句，无条件限制，因此该语句显示表内所有字段和记录。

（2）查询表内部分字段。

【例 4.22】查找"学生"表内姓名和性别字段。

SELECT 姓名, 性别 FROM 学生；

查询时 SELECT 指令后面的字段按顺序依次输出，字段之间用逗号分开。

（3）查询表内计算字段。

【例 4.23】查找"学生"表内学生的姓名和年龄，年龄由出生日期字段计算得到。

SELECT 姓名, year(date())-year(出生日期) AS 年龄 FROM 学生；

当需要查询表里没有的字段时，可以用表达式计算出来，然后用"AS"来为该表达式重新命名。

（4）查询满足条件的记录。

【例 4.24】在学生表内查找苗族的男生，显示姓名和联系电话。

SELECT 姓名, 联系电话

FROM 学生

WHERE 性别="男" and 民族="苗族";

查询设计视图如图 4.53 所示。

【例 4.25】查找 2019 年入校的学生的姓名和家庭住址。

SELECT 姓名，家庭住址

FROM 学生

WHERE Year([入校日期])=2019;

查询设计视图如图 4.54 所示。

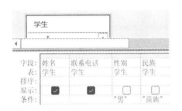

图 4.53　查找苗族男生的设计视图　　　图 4.54　查找 2019 年入校的学生的设计视图

【例 4.26】查询入校成绩在 490 到 500（含）之间的学生姓名。

SELECT 姓名

FROM 学生

WHERE 入校成绩　Between 490 And 500;

在 WHERE 子句后面还可以写成入校成绩>=490 and 入校成绩<=500。

【例 4.27】查询教师表中的教授和副教授，显示姓名和职称。

SELECT 姓名，职称

FROM　教师

WHERE 职称 In ("教授", "副教授");

在 WHERE 子句后面还可以写成职称="教授" or 职称="副教授"，明显用 IN 能更简单地表达条件，而且不易出错。

【例 4.28】查询教师表中有"运动"爱好的老师，输出姓名和电话号码。

SELECT 姓名，电话号码

FROM　教师

WHERE　教师.特长　Like　"*运动*";

Like 后面必须是字符串常量，表示模糊查询。其中"*"表示多个任意的字符，"？"表示单个任意的字符。

（5）对整表统计。

【例 4.29】统计学生表内学生人数。

SELECT Count(*) AS　人数

FROM　学生;

用来做统计的函数就是聚合函数，常用的聚合函数有 SUM()、AVG()、COUNT()、MAX() 和 MIN()，其中只有 COUNT() 函数括号内能用"*"号，表示统计表内记录数量，若括号内是字段名称表示统计该字段内非空记录的个数，其他的聚合函数括号内必须是字段。查询设计视图如图 4.55 所示。

（6）分类统计。

【例 4.30】统计男女生入校成绩的平均分，结果显示性别和平均分。

SELECT 性别, Avg(入校成绩) AS 平均分

FROM 学生

GROUP BY 性别;

查询中需要根据性别分类来统计平均分，所以用 GROUP BY 子句来分组，用 AS 来更改统计结果的字段名为"平均分"。查询设计视图如图 4.56 所示。

图 4.55 整表统计的设计视图

图 4.56 分类统计的设计视图

（7）分组统计后筛选。

【例 4.31】查询输出人数多于 10 个人的民族及人数。

SELECT 民族, Count(*) AS 人数

FROM 学生

GROUP BY 学生.民族

HAVING   Count(*)>10;

这里的人数必须通过分组统计计算后才能进行条件筛选，因此这里要用 HAVING 而不能用 WHERE。

（8）对查询结果排序。

【例 4.32】查询入校成绩最高的 5 位同学，显示姓名和联系电话。

SELECT TOP 5 姓名, 联系电话

FROM 学生

ORDER BY 入校成绩 DESC;

这里需要找到入校成绩最高的同学，必须先对表里所有的入校成绩排序，按降序排序才能将成绩高的同学放在查询结果的前面，然后通过"TOP 5"来只返回前 5 条记录。这里 DESC 表示降序，若为 ASC 或者缺省都表示升序。

（9）多表查询。

前面所有的查询数据源都是一张表，而多张表进行查询必须先建立联接。在 SQL 中建立联接的方法一般有两种：一种是用 WHERE 子句连接两张表，另一种是用 INNER JOIN 建立联接。

【例 4.33】查询学生选课情况，显示学生姓名和期末成绩。

用 WHERE 子句创建联接：

SELECT 姓名，期末成绩

FROM 学生，学生选课

WHERE 学生.学号 = 学生选课.学号；

用 INNER JOIN 建联接：

SELECT 学生.姓名，学生选课.期末成绩

FROM 学生 INNER JOIN 学生选课 ON 学生.学号 = 学生选课.学号；

（10）嵌套查询。

嵌套查询指的是在查询语句中再嵌套另一个查询语句，将嵌入的查询语句称为子查询。子查询是一个用括号括起来的特殊条件，子查询得到的结果作为主查询的条件，子查询的结果若只有一个值则直接用运算符连接子查询即可，若子查询的结果是多个值，就必须用 in 或者 not in 来连接子查询。

【例 4.34】查询和"刘伟"在同一个学院的所有学生，显示学生的姓名和所属院系。

SELECT 姓名，所属院系

FROM 学生

WHERE 所属院系=(SELECT 所属院系 FROM 学生 WHERE 姓名="刘伟")；

由于不知道"刘伟"的所属院系，首先必须通过一次查询找到"刘伟"的学院，再将该查询的结果作为条件找到该学院的所有学生。因为"刘伟"的学院只有一个所以用"="号连接子查询。查询设计视图如图 4.57 所示。

 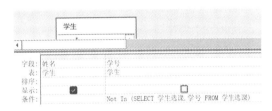

图 4.57 结果是一个值的嵌套查询设计视图　　图 4.58 结果是多个值的嵌套查询设计视图

【例 4.35】查找没有选课的学生，显示学生姓名。

SELECT 姓名

FROM 学生

WHERE 学号 Not In (SELECT 学号 FROM 学生选课)；

这是前面讲过的查找不匹配项的查询，也可以用嵌套查询来完成。学生选课表内所有学号均是选了课的学生学号，所以我们需要查找没有选课的学生，只要去查找学号不在学生选课表里出现过的学号，也就是没有选课的学生。因此不需要为两张表建立关系，可以直接通过嵌套查询实现数据查找。学生选课表内的学号不止一个，因此只能用 not in 来连接子查询。

4.6.3 SQL 数据定义

数据定义是指对表一级的定义，包括创建表、修改表和删除表等基本操作。

（1）创建表。

在结构化查询语言 SQL 中，可以使用 CREATE TABLE 语句建立基本表。语句基本格式为：

CREATE TABLE <表名>(<字段名 1><数据类型 1>[字段级完整性约束条件 1]

[,<字段名 2><数据类型 2>[字段级完整性约束条件 2]][,…]

[,<字段名 n><数据类型 n>[字段级完整性约束条件 n]]）

[,<表级完整性约束条件>];

表名：要创建表的名称。

字段名 1/字段名 2：表中要创建的字段。

数据类型：设置字段的数据类型。

NULL/Not Null：表示字段能/不能为空。

Unique：表示字段值是唯一的。

PRIMARY KEY：主键。

Char：表示文本类型。

Date：表示日期类型。

Money：表示货币类型。

Integer：表示整型。

（2）修改表。

在结构化查询语言 SQL 中，可以使用 ALTER TABLE 语句修改已建表的结构，包括添加新字段、修改字段属性或删除某些字段。语句基本格式为：

ALTER TABLE <表名>

[ADD <新字段名> <数据类型> [字段级完整性约束条件]]

[DROP [<字段名>]…]

[ALTER <字段名> <数据类型>];

说明：

ADD：要增加表字段的名称。

DROP：要删除指定的字段或者约束条件。

ALTER：用于修改原有字段的定义。

（3）删除表。

在结构化查询语言 SQL 中，可以使用 DROP TABLE 语句删除表，包括表的结构和表的记录。语句基本格式为：

DROP TABLE <表名>

表一旦删除，表数据以及索引也自动被删除，并且无法恢复。

4.6.4　SQL 数据操纵

数据操纵是指对表中的具体数据进行增加、删除和更新等操作。

（1）插入记录。

在结构化查询语言 SQL 中，可以使用 INSERT 语句将一条新记录插入到指定表中。语句基本格式为：

INSERT INTO <表名> [(<字段名 1>[, <字段名 2…])]

VALUES(<常量 1>[, <常量 2>]...);

其中各变量的数据类型必须与 INTO 子句中所对应字段的数据类型相同，且个数也要匹配。表名后面的字段可以缺省，缺省后 VALUES 内的所有常量必须与表内的字段依次匹配，否则无法插入记录。

（2）更新记录。

在结构化查询语言 SQL 中，可以使用 UPDATE 语句对所有记录或满足条件的指定记录进行更新操作。语句基本格式为：

UPDATE <表名>

SET <字段名 1>=<表达式 1>[, <字段名 2>=<表达式 2>]...

[WHERE <条件>];

（3）删除记录。

在结构化查询语言 SQL 中，可以使用 DELETE 语句对表中所有记录或满足条件的指定记录进行删除操作。语句基本格式为：

DELETE FROM <表名>

[WHERE <条件>];

课后习题

一、选择题

1. 在 Access 的数据库中建立了"tBook"表，若查找"图书编号"是"112266"和"113388"的记录，应在查询设计视图的条件行中输入（   ）。

　　A."112266"and"113388"

　　B. not in("112266", "113388")

　　C. in("112266", "113388")

　　D. not("112266"and"113388")

2. 用于获得字符串 Str 从第 2 个字符到第 5 个字符的函数是（   ）。

　　Λ. Mid（Str, 2, 4）　　　　　　　　B. Mid（Str, 2, 5）

　　C. Right（Str, 2, 4）　　　　　　　D. Left（Str, 2, 5）

3. Access 支持的查询类型有（   ）。

　　A. 选择查询、交叉表查询、参数查询、SQL 查询和操作查询

　　B. 选择查询、基本查询、参数查询、SQL 查询和操作查询

　　C. 多表查询、单表查询、参数查询、SQL 查询和操作查询

　　D. 选择查询、汇总查询、参数查询、SQL 查询和操作查询

4. 下列 SQL 查询语句中，与下面查询设计视图所示的查询结果等价的是（   ）。

　　A. SELECT 姓名, 性别, 院系, 简历 FROM tStud WHERE 性别="女" AND 所属院系 IN("03", "04")

　　B. SELECT 姓名, 简历 FROM tStud WHERE 性别="女" AND 所属院系 IN("03", "04")

　　C. SELECT 姓名, 性别, 所属院系, 简历 FROM tStud WHERE 性别="女" AND 所属院系="03" OR 所属院系="04"

D. SELECT 姓名, 简历 FROM tStud WHERE 性别="女" AND 所属院系="03" OR 所属院系="04"

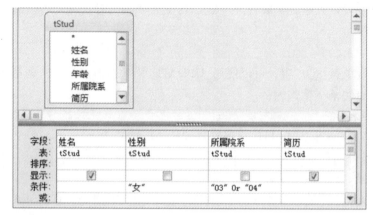

5. 将表 A 的记录复制到表 B 中，且不删除表 B 中的记录，可以使用的查询是（　　　）。

    A. 删除查询　　　　B. 生成表查询　　　　C. 追加查询　　　　D. 交叉表查询

6. （　　　）查询是一种利用对话框来提示用户输入准则的查询。

    A. 选择查询　　　　B. 交叉表查询　　　　C. 参数查询　　　　D. SQL 查询

7. 下列关于查询设计视图"设计网格"各行作用的叙述中，错误的是（　　　）。

    A. "总计"行是用于对查询的字段进行求和

    B. "表"行设置字段所在的表或查询的名称

    C. "字段"行表示可以在此输入或添加字段的名称

    D. "条件"行用于输入一个条件来限定记录的选择

8. 若要查询职称是教授和副教授的记录，应在"条件"行输入的准则是（　　　）。

    A. "教授" And "副教授"　　　　　　　　B. "教授" Or "副教授"

    C. "教授" 或 "副教授"　　　　　　　　D. "教授" + "副教授"

9. 返回系统日期的星期数 1-7 的值的函数是（　　　）。

    A. Week( )　　　　B. Week(date( ))　　　　C. Weekday( )　　　　D. Weekday(date())

10. 书写准则时，日期值要用半角的（　　　）括起来。

    A. ( )　　　　　　B. { }　　　　　　C. [ ]　　　　　　D. #

11. 要查询 1994 年参加工作的女职员，可以在"工作时间"字段的"准则"单元格内设置为"between #1994-01-01# and #1994-12-31#"，也可以将其准则设置为（　　　）。

    A. between#1994#

    B. year([工作时间])= #1994-01-01# and #1994-12-31#

    C. year([工作时间])=1994

    D. 以上都不对

12. 总计项中的 Group By 表示的意义是（　　　）。

    A. 对查询进行分组　　　　　　　　　　B. 选择列字段

    C. 指定不用于分组的字段准则　　　　　D. 对查询进行排序

13. 要统计 2004 年参加工作的职员人数，需将"工作时间"的"总计"行设置为（　　　）。

A. Sum B. Count C. Where D. Avg

14. 在 SQL 语句中若需要删除表内的字段，可以使用（　　）指令。

    A. Delete B. Alter C. Drop D. Update

15. 创建交叉表查询时，行标题最多可以选择（　　）个字段。

    A. 1 个 B. 2 个 C. 3 个 D. 多个

16. 如果需要删除指定字段中的数据，可以使用（　　）查询将该值改为空值。

    A. 删除 B. 更新 C. 生成表 D. 追加

17. 下列查询中，（　　）查询的结果不是动态集合，而是执行指定的操作，如增加、修改、删除记录等。

    A. 选择 B. 交叉 C. 操作 D. 参数

18. 若要将"产品"表中所有供货商是"ABC"的产品单价上调 50，则正确的 SQL 语句是（　　）。

    A. UPDATE 产品 SET 单价=+50 WHERE 供货商= "ABC"

    B. UPDATE 产品 SET 单价=单价+50 WHERE 供货商= "ABC"

    C. UPDATE FROM 产品 SET 单价=+50 WHERE 供货商= "ABC"

    D. UPDATE FROM 产品 SET 单价=单价+50 WHERE 供货商= "ABC"

19. 若查询的设计如下，则查询的功能是（　　）。

    A. 设计尚未完成，无法进行统计

    B. 统计班级信息仅含 Null (空) 值的记录个数

    C. 统计班级信息不包括 Null (空) 值的记录个数

    D. 统计班级信息包括 Null (空) 值全部记录个数

20. 有商品表如下：

部门号	商品号	商品名称	单价	数量	产地
40	0101	A 牌电风扇	200.00	10	广东
40	0104	A 牌微波炉	350.00	10	广东
40	0105	B 牌微波炉	600.00	10	广东
20	1032	C 牌传真机	1000.00	20	北京
40	0107	D 牌微波炉__A	420.00	10	上海
20	0110	A 牌电话机	200.00	50	广东
20	0112	B 牌手机	2000.00	10	广东
40	0202	A 牌电冰箱	3000.00	2	广东
30	1041	B 牌计算机	6000.00	10	广东
30	0204	C 牌计算机	10000.00	10	上海

执行 SQL 命令：

SELECT 部门号，MAX（单价*数量）FROM 商品表 GROUP BY 部门号；查询结果的记录数是（　　）。

    A. 1 B. 3 C. 4 D. 10

二、填空题

1. 在学生表中已有出生日期字段，现在需要计算年龄，表达式为_____。

2. 在学生表中查找年龄大于 20 岁的男生，应该采用的关系运算为_____。

3. 在表中已有身份证号码字段，求身份证号码第 4 至 6 位的表达式是_____。

4. 在 SQL 语句中去掉重复值的子句是_____。

5. 表达式 4+5\6*7/8 Mod 9 的值为_____。

三、操作题

1. 创建一个查询 CQ1，在教学管理数据库中查询所有非团员学生的姓名、所选课程的课程名称和综合成绩，其中综合成绩为：平时成绩*40%+期末成绩*60%。

2. 创建一个查询 CQ2，在教学管理数据库中统计不同民族学生的期末成绩平均分，查询结果显示民族和平均分字段，其中平均分字段的值用 round()函数实现四舍五入保留 1 位小数。

3. 创建一个查询 CQ3，在教学管理数据库中查找还未被选的课程，显示课程名称。（用查询"不匹配查询向导"完成）

4. 创建一个查询 CQ4，对第 3 题用嵌套查询完成。

5. 创建一个查询 CQ5，根据输入的特长中的某个字或者词，在教师表中统计出有该特长的男女教师人数，运行查询时提示："请输入特长"，查询结果显示性别和人数字段，其中人数字段由教师工号统计。

6. 创建一个交叉表查询 CQ6，统计每个院系不同职称的教师人数，查询结果如下图所示。

院系名称	副教授	讲师	教授	助教
土木工程学院	2	7	1	2
外国语学院	7	3	6	
文学院	1	12	2	1
医学院	8	10	4	4

7. 创建一个查询 CQ7，将所有医学院教师在 2022 年的姓名、性别、民族、年龄、在职否字段的记录存储到新表"医学院教师"表中。其中年龄用 2022 减去出生年份计算得到，运行该查询。

8. 创建一个查询 CQ8，在"医学院教师"表中，将所有不在职的教师删除，运行该查询。

9. 创建一个查询 CQ9，将 5 年后"医学院教师"表中年龄超过 60 岁（不含）的老师的在职否字段内的√去掉，运行一次该查询。

10. 创建一个查询 CQ10，将所有文学院教师的相关字段内容追加到"文学院教师"表中，其中年龄按照当前系统的年份减去出生年份计算。

参考答案

一、选择题

1. C	2. D	3. A	4. B	5. C	6. C	7. A	8. B	9. B	10. D
11. C	12. A	13. B	14. B	15. D	16. B	17. C	18. B	19. C	20. B

二、填空题

1. Year (Date())-Year([出生日期])   2. 选择   3. Mid([身份证号码], 4, 3)

4. Distinct   5. 5

三、操作题

1. 查询设计视图如下：

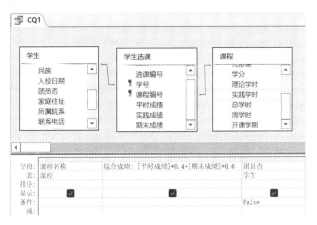

2. 查询设计视图如下：

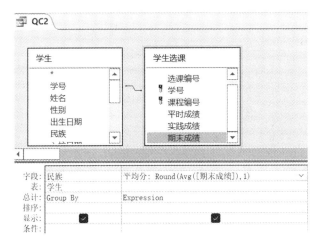

3. 向导方法略，查询设计视图如下：

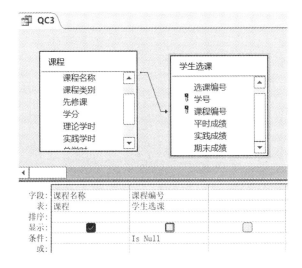

4. 查询设计视图如下：

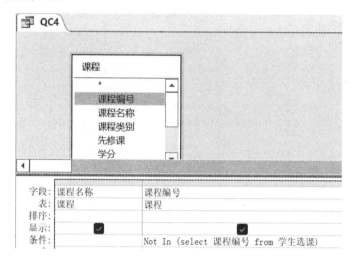

5. 查询设计视图如下：

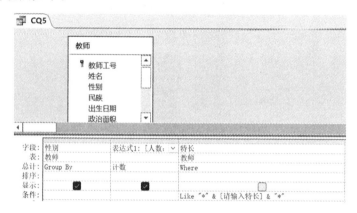

6. 查询设计视图如下：

7. 查询设计视图如下：

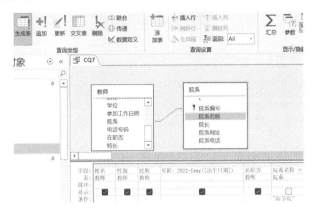

8. 查询设计视图如下：

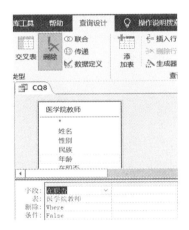

9. 查询设计视图如下：

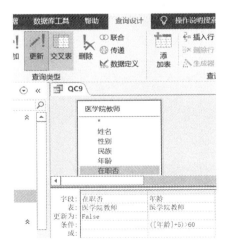

10. 查询设计视图如下：

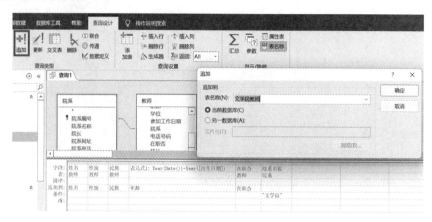

第 5 章　窗　体

窗体作为数据库的重要对象，是用户与 Access 数据库之间的接口。窗体作为应用程序的控制界面，能将整个系统的对象组织起来，从而形成一个功能完整、风格统一的数据库应用系统。本章将重点介绍窗体的概念、组成以及如何创建窗体。

5.1　窗体概述

窗体是人机对话的重要工具，本质上窗体就是一个 Windows 窗口。窗体可以为用户提供一个友好、直观的数据库操作界面，它可以显示和编辑数据库内的数据，也可以接收用户输入的数据。窗体本身并不存储数据，但是通过窗体可以直观、方便地对数据表中存储的数据进行各种操作，包括插入、修改、删除和查询显示等。在创建窗体之后，对表中数据的所有操作都不再需要通过表的数据表视图来进行了，因此，窗体可以作为用户操作数据库中数据的桥梁。

窗体是由多种控件组成的，通过这些控件可以打开表、查询以及其他窗体，可以执行各种数据库操作中常用的命令。当一个数据库设计完成后，数据库中的各个对象可以通过窗体组织起来形成一个完整的应用系统。

5.1.1　窗体的功能

窗体是应用程序和用户之间的接口，是创建数据库应用系统必不可少的基本对象。通常窗体中包含两类信息。一类是设计者在设计窗体时附加的一些提示信息，例如一些说明性的文字或一些美化窗体的图形元素，这些信息与数据库中存储的数据无关，窗体设计完成后不再变化，是静态信息。另一类是窗体所关联的表中存储的数据，这类信息会随着表中数据的改变而变化，是动态信息。如学生基本信息窗体如图 5.1 所示。

图 5.1　学生基本信息窗体

窗体的主要功能包括以下 3 个方面。

（1）输入和编辑数据。可以为数据库中的数据表设计相应的窗体，作为输入和编辑数据的界面，实现数据的输入和编辑。

（2）显示和打印数据。在窗体中可以显示或打印来自一个或多个数据表中的数据，可以显示警告或提示信息。窗体中数据的显示相对于数据表更加自由和灵活。

（3）控制应用程序执行流程。窗体能够和函数、过程结合，通过用户编写宏或 VBA 代码完成各种复杂的处理功能，可以控制程序的执行。

5.1.2　窗体的类型

窗体有多种分类方法，按照数据的显示方式可以将窗体分为 5 种类型，分别是纵栏式窗体、表格式窗体、数据表窗体、分割窗体和主/子窗体。

（1）纵栏式窗体：在纵栏式窗体中，每个字段都显示在一个独立的行上，并且左侧带有一个标签，标签显示字段名称，右侧显示字段的值。通常用纵栏式窗体实现数据输入。

（2）表格式窗体：在表格式窗体中，窗体的顶端显示字段名称，且每条记录的所有字段都显示在一行上。表格式窗体可以显示数据表窗体无法显示的图像等类型的数据。

（3）数据表窗体：其显示界面与数据表视图完全相同。在数据表窗体中，每条记录的字段以行列的格式显示，字段的名称显示在每一列的顶端。

（4）分割窗体：可同时显示数据表视图和窗体视图。这两种视图都连接到同一数据源，并且总是保持相互同步。一般情况下，使用数据表视图定位记录，使用窗体视图编辑选定的记录。

（5）主/子窗体：主要用来显示具有一对多关系的表中的数据。基本窗体称为主窗体，嵌套在主窗体中的窗体称为子窗体。一般来说，主窗体显示一对多关系中的"一"方表，通常使用纵栏式窗体；子窗体显示一对多关系中的"多"方表，通常使用数据表窗体。例如，院系代码表和学生表之间的关系是一对多关系，院系代码表中的数据是一对多关系中的"一"方，在主窗体中显示；学生表中的数据是一对多关系中的"多"方，在子窗体中显示。

5.1.3　窗体的视图

Access 2016 窗体共有 4 种视图，分别是设计视图、窗体视图、数据表视图和布局视图。

（1）设计视图：是用来设计和修改窗体的窗口。在设计视图中，用户可以调整窗体的版面布局，在窗体中添加控件，设置数据源等。

（2）窗体视图：是窗体的运行界面。在窗体视图中，用户通常每次只能查看一条记录。

（3）数据表视图：以数据表的形式显示窗体中的数据。在数据表视图中，用户可以查看以行列格式显示的记录，因此可以同时看到多条记录。

（4）布局视图：用于修改窗体布局，其界面几乎与窗体视图一样，两者的区别在于布局视图的控件位置可以移动，但不能添加控件。

5.1.4　窗体的节

窗体通常由窗体页眉、页面页眉、主体、页面页脚和窗体页脚 5 个部分组成，每个部分称为一个"节"，如图 5.2 所示。窗体中的信息可以分布在不同的节中。

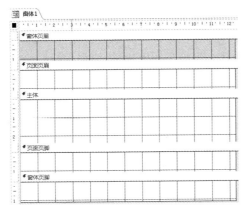

图 5.2　窗体的节组成

（1）窗体页眉节：常用来显示窗体的标题和使用说明信息，此区域的内容是静态的。窗体页眉出现在窗体视图中屏幕的顶部。

（2）页面页眉节：在每个打印页的顶部，显示诸如标题或列标题等信息。页面页眉只出现在打印窗体中。

（3）主体节：是窗体最重要的部分，每一个窗体都必须有一个主体节，是打开窗体设计视图时系统默认打开的节。主体节显示记录的明细，可以显示一条记录，也可以显示多条记录。

（4）页面页脚节：在每个打印页的底部，显示诸如日期或页码等信息。页面页脚只出现在打印窗体中。

（5）窗体页脚节：显示命令按钮或有关使用窗体的说明。

【注意】

在主体节的空白区域单击鼠标右键，在弹出的快捷菜单中选择"标尺"或"网格"命令，可以在窗体设计视图中显示或隐藏标尺或网格，方便用户设置控件位置。

5.2　创建窗体

由于窗体与数据库中的数据关系密切，所以在创建一个窗体时，往往需要指定该窗体的记录源。窗体的记录源可以是表或查询，也可以是一条 SQL 语句。本节主要介绍窗体的创建方法、自动创建窗体、使用窗体向导创建窗体和使用导航创建窗体。

5.2.1　窗体的创建方法

Access 2016 "创建"选项卡的"窗体"选项组中提供了多种创建窗体的按钮，如图 5.3 所示。

图 5.3　"窗体"选项组

（1）"窗体"按钮：单击"窗体"按钮，系统会创建一个纵栏式窗体，该窗体一次只能编辑一条记录信息。在导航窗格中选中某张表或查询后，单击"窗体"按钮，Access 会自动基于该数据源创建一个新窗体，并打开该窗体的布局视图。

（2）"窗体设计"按钮：单击"窗体设计"按钮，系统会创建一个新的空白窗体，并打开该窗体的设计视图。使用这种方式创建的窗体没有数据源，因此必须指定数据源，然后用户根据需要自行设计窗体。此外，无论采用哪种方法创建窗体，都可以在窗体设计视图中进行修改和调整。

（3）"空白窗体"按钮：与"窗体设计"按钮类似，单击"空白窗体"按钮，系统会自动创建一个不包含任何控件的空白窗体，且没有数据源，但该窗体打开的是布局视图。

（4）"窗体向导"按钮：Access 提供了一个简单的向导来引导用户完成窗体的创建。在向导中用户可以从多张表或查询中选取数据源，选择窗体中显示的字段以及布局方式等。

（5）"导航"按钮：单击"导航"按钮可以看到一个下拉列表，如图 5.4 所示。在该下拉列表中选择一种导航窗体布局命令即可新建一个空白的导航窗体。导航窗体是一种专门用于为用户提供程序导航的窗体，一般会包含多个选项卡。

（6）"其他窗体"按钮：单击"其他窗体"按钮可以看到一个下拉列表，如图 5.5 所示，其中的各个命令的功能如下。

| 图 5.4　"导航"按钮的下拉列表 | 图 5.5　"其他窗体"按钮的下拉列表 |

◆　"多个项目"命令：创建一个表格式窗体，在窗体中可以显示数据源中的多条记录。

◆　"数据表"命令：创建一个数据表窗体。

◆　"分割窗体"命令：创建一个分割窗体。

◆　"模式对话框"命令：为模式对话框窗体提供一个模板。

Access 2016 中的这些创建窗体按钮可以分为 4 类，分别是自动创建窗体按钮、使用窗体向导创建窗体按钮、使用导航创建窗体按钮、使用设计视图创建窗体按钮。

（1）自动创建窗体按钮：包括"窗体""空白窗体""其他窗体"按钮。

（2）使用窗体向导创建窗体按钮："窗体向导"按钮。

（3）使用导航创建窗体按钮："导航"按钮。

（4）使用设计视图创建窗体按钮："窗体设计"按钮。

5.2.2　自动创建窗体

应用 Access 提供的特定按钮自动创建窗体，基本方法是先打开（或选定）一张表或查询作为窗体的记录源，然后再选用某种自动创建窗体按钮进行创建。

1. 使用"窗体"按钮自动创建纵栏式窗体

【例 5.1】在"教学管理"数据库中，使用"窗体"按钮为学生表自动创建一个纵栏式窗体。具体操作步骤如下：

（1）在导航窗格"表"对象中，打开或选定"学生表"作为窗体的记录源。

（2）单击"创建"选项卡"窗体"选项组中的"窗体"按钮，系统自动生成一个纵栏式窗体，并打开窗体的布局视图。

（3）保存该窗体，将其命名为"例5-1学生表（纵栏式）"，生成的窗体如图5.6所示。

图 5.6 "例5-1学生表（纵栏式）"的窗体视图

【注意】

如果选定的表有关联的子表，则生成的窗体是主/子窗体。主窗体中显示主表的记录数据，子窗体显示主表当前记录相关联的子表中的数据。在本例中，读者可以看到主窗体下方有一个子窗体，显示了学生表当前记录在子表"选课成绩表"中关联的记录。

2．使用"多个项目"命令自动创建表格式窗体

【例 5.2】在"教学管理"数据库中，为"学生表"自动创建一个表格式窗体。具体操作步骤如下：

（1）在导航窗格"表"对象中，打开或选定"学生表"作为窗体的记录源。

（2）单击"创建"选项卡"窗体"选项组中的"其他窗体"按钮，在下拉列表中选择"多个项目"命令，系统自动生成一个表格式窗体，并打开窗体的布局视图，用户可将表格的行高和列宽调整至合适的大小。

（3）保存窗体，将其命名为"例5-2学生表（表格式）"，生成的窗体如图5.7所示。

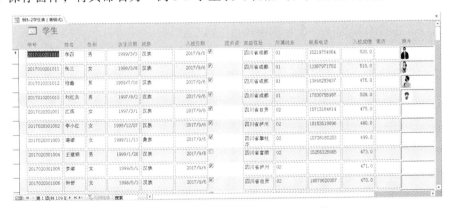

图 5.7 "例5-2学生表（表格式）"的窗体视图

【注意】

在窗体下方，系统自动添加了记录导航按钮，以便于用户前后选择记录和添加记录。在

窗体中添加新记录，只要单击记录导航按钮中的"新（空白）记录|"按钮（或在*行直接输入），便可以在窗体中输入新记录的内容。记录数据输入完毕后，用户可单击快速访问工具栏中的"保存"按钮保存，也可以单击记录导航按钮中的任意一个按钮自动保存。

3. 使用"数据表"命令自动创建数据表窗体

【例 5.3】在"教学管理"数据库中，使用"数据表"命令为"学生选课表"自动创建一个数据表窗体。具体操作步骤如下：

（1）在导航窗格"表"对象中，打开或选定"学生选课表"作为窗体的记录源。

（2）单击"创建"选项卡"窗体"选项组中的"其他窗体"按钮，在下拉列表中选择"数据表"命令，系统自动生成一个数据表窗体。

（3）保存窗体，将其命名为"例 5-3 学生选课成绩表（数据表）"，生成的窗体如图 5.8 所示。

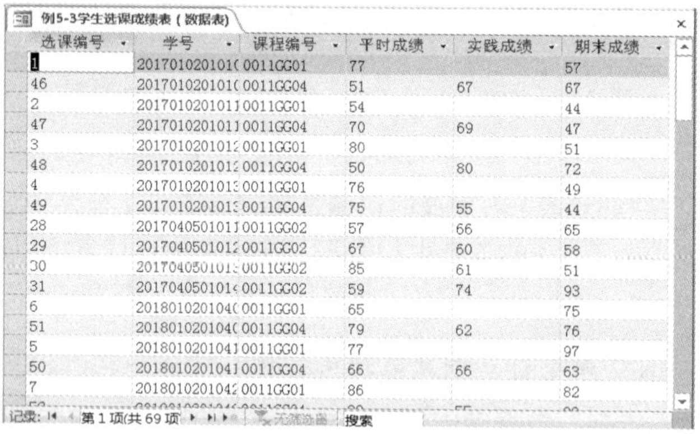

图 5.8　"例 5-3 学生选课成绩表（数据表）"的窗体视图

4. 使用"分割窗体"命令自动创建分割窗体

【例 5.4】在"教学管理"数据库中，使用"分割窗体"命令为"院系表"自动创建一个分割窗体。具体操作步骤如下：

（1）在导航窗格"表"对象中，打开或选定"院系表"作为窗体的记录源。

（2）单击"创建"选项卡"窗体"选项组中的"其他窗体"按钮，在下拉列表中选择"分割窗体"命令，系统自动生成一个分割窗体。

（3）保存窗体，将其命名为"例 5-4 院系表（分割窗体）"，生成的窗体如图 5.9 所示。该窗体下方是数据表视图，用来定位记录；上方是窗体视图，用来编辑选定的记录。

图 5.9　"例 5-4 院系表（分割窗体）"的窗体视图

5.2.3 使用窗体向导创建窗体

使用窗体向导创建窗体的特点是简单快捷。窗体向导既可以创建单一数据源的窗体，也可以创建基于多个数据源的窗体。

1. 创建单一数据源的窗体

【例5.5】在"教学管理"数据库中，使用"窗体向导"按钮为"院系表"创建一个窗体，要求窗体布局为表格，并显示表中所有字段。具体操作步骤如下：

（1）启动窗体向导。单击"创建"选项卡"窗体"选项组中的"窗体向导"按钮。

（2）确定窗体选用的字段。在"表/查询"下拉列表框中选中"表：院系表"，然后在"可用字段"列表框中选择所需字段，本例要求选择全部字段，则直接单击">>"按钮。选择结果如图5.10所示，单击"下一步"按钮。

（3）确定窗体使用的布局。向导提供了4种布局形式，本例中选择"表格"形式，如图5.11所示，单击"下一步"按钮。

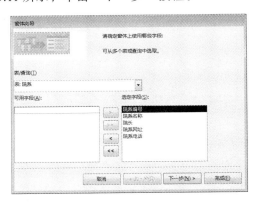

图 5.10 确定表及字段

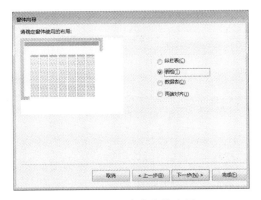

图 5.11 确定窗体布局

（4）指定窗体标题。如图5.12所示，在"请为窗体指定标题"文本框中输入"例5-5院系—向导"，选中"打开窗体查看或输入信息"单选按钮，单击"完成"按钮。

（5）新建的窗体如图5.13所示。

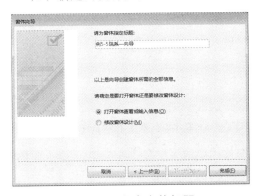

图 5.12 指定窗体标题

图 5.13 "例5-5院系—向导"窗体视图

2. 创建多个数据源的窗体

使用窗体向导创建基于多个数据源的窗体时，所创建的窗体可以是主/子窗体或单个窗体，由数据查看方式确定。

【例 5.6】在"教学管理"数据库中,使用"窗体向导"按钮创建一个主/子窗体,要求显示学生的"学号""姓名""课程名称"和"期末成绩"字段。具体操作步骤如下:

(1)启动窗体向导。单击"创建"选项卡"窗体"选项组中的"窗体向导"按钮。

(2)确定窗体选用的字段。在"表/查询"下拉列表框中选择"表:学生表",添加"学号"和"姓名"字段;选择"表:课程表",添加"课程名称"字段;选择"表:学生选课表",添加"期末成绩"字段。选择结果如图 5.14 所示,单击"下一步"按钮。

(3)确定查看数据方式。本例中选择"通过学生表"查看数据方式,选中"带有子窗体的窗体"单选按钮,设置结果如图 5.15 所示,单击"下一步"按钮。

图 5.14　确定表及字段

图 5.15　确定查看数据方式

(4)指定子窗体采用"数据表"布局,如图 5.16 所示,单击"下一步"按钮。

(5)指定窗体标题及子窗体标题。在"窗体"文本框中输入"例5-6成绩(主/子窗体)",在"子窗体"文本框中输入"学生选课子窗体",选中"打开窗体查看或输入信息"单选按钮,如图 5.17 所示,单击"完成"按钮。

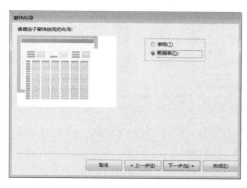

图 5.16　确定子窗体布局

图 5.17　指定窗体标题及子窗体标题

(6)生成的主子窗体如图 5.18 所示。这时导航窗格中生成了"例5-6成绩(主/子窗体)"和"学生选课表子窗体"两个窗体对象。

【注意】

在使用窗体向导为存在父子关系的多个数据源创建主/子窗体时,有一个步骤很重要,即确定查看数据的方式。选择不同的查看数据方式将会产生不同结构的窗体。如果选择从主表查看数据,可以创建带子窗体的窗体,子窗体显示子表的数据。如果选择从子表查看数据,则会生成单个窗体。

图 5.18 "例 5-6 教学（主子窗体）"的窗体视图

在步骤（3）确定查看数据方式时，如果选择"通过课程表"查看数据，生成的主子窗体则如图 5.19 所示；如果选择"通过学生选课表"查看数据，则只能生成单个窗体，生成的窗体如图 5.20 所示。

图 5.19 通过课程表查看，生成主/子窗体

图 5.20 通过学生选课表查看，生成单个窗体

5.2.4 使用导航创建窗体

导航窗体可以包含多个选项卡，在每个选项卡中，用户都可以将已经创建好的窗体作为子窗体显示。

【例 5.7】在"教学管理"数据库中，使用"水平标签"命令创建一个导航窗体，要求窗体中包含两个选项卡，分别显示例 5-5 和例 5-6 中创建的窗体。具体操作步骤如下：

（1）新建一个导航窗体。单击"创建"选项卡"窗体"选项组中的"导航"按钮，在下拉列表中选择"水平标签"命令，系统自动新建一个导航窗体并打开布局视图。在默认情况下，导航窗体中只有一个"[新增]"选项卡，如图 5.21 所示。

（2）将导航窗格中的"例 5-5 院系—向导"窗体拖曳到[新增]"按钮中，则在该选项卡中它会作为子窗体立即显示，同时 Access 会自动生成一个新的"[新增]"选项卡，如图 5.22 所示。

（3）将导航窗格中的"例 5-6 学生成绩（主/子窗体）"窗体拖曳到"[新增]"按钮中，则在该选项卡中它会作为子窗体立即显示，同时 Access 会自动生成一个新的"[新增]"选项卡，如图 5.23 所示。

（4）保存该窗体，将其命名为"例 5-7 导航窗体"。

（5）切换到窗体视图，最终效果如图 5.24 所示，其中显示的是"例 5-5 院系—向导"选项卡的内容。

图 5.21　创建一个导航窗体

图 5.22　第一个选项卡

图 5.23　第二个选项卡

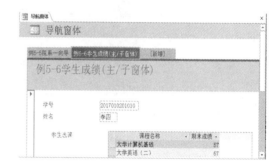

图 5.24　"例 5-7 导航窗体"的窗体视图

5.3　窗体的控件

在窗体设计视图中,通常需要使用各种窗体元素,如标签、文本框和命令按钮等。在 Access 中,这些窗体元素称为控件。窗体设计视图可以修改由任何一种方式创建的窗体,当然,用户也可以直接在设计视图中创建符合实际应用的复杂窗体。

5.3.1　控件的类型和功能

控件是窗体的基本元素,如文本框、标签和命令按钮等。用户可以使用控件输入数据、显示数据和执行操作等。在设计窗体之前,首先要掌握控件的基本知识。

1. 控件的类型

窗体中的控件可分为绑定控件、未绑定控件和计算控件 3 种类型。

(1)绑定控件:与表或查询中的字段捆绑在一起,当用户使用绑定控件输入数据时,系统会自动更新当前记录中与绑定控件相关联的表字段的值。

(2)未绑定控件:与表中字段无关联,当用户使用未绑定控件输入数据时,系统可以保留输入的值,但不会更新表中字段的值。

(3)计算控件:使用表达式作为其控件来源。表达式是运算符、常量、函数、字段名称、控件和属性的组合。表达式可以使用窗体记录源、某张表或查询中的字段数据,也可以使用窗体上其他控件的数据。计算控件必须在表达式前先键入一个等号"="。例如,要想在文本框中显示当前日期,需要将该文本框的"控件来源"属性指定为"=Date( )";要想在文本框中显示出生年份,需将该文本框的"控件来源"属性指定为"=Year([出生日期])"。

2. Access 提供的窗体基本控件及其功能

在 Access 2016 中,窗体的控件按钮放置在窗体设计工具"设计"选项卡的"控件"选项组中。Access 提供的窗体基本控件按钮如图 5.25 所示。在窗体中添加控件时，通过控件下方的"使用控件向导"选项可以选择是否使用控件向导。此外，通过"ActiveX 控件"选项还可以在窗体中添加 ActiveX 控件。

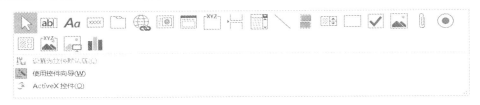

图 5.25　Access 提供的窗体基本控件按钮

窗体基本控件各个按钮的名称及功能如表 5.1 所示。

表 5.1　窗体基本控件按钮的名称及功能

控件按钮	名　称	功　能
	选择	用于选择对象、节或窗体
abl	文本框	用于显示、输入或编辑窗体或报表的基础记录数据，显示计算结果或接收用户输入的数据
Aa	标签	用于显示说明性文本
xxxx	按钮	用于创建命令按钮。单击命令按钮时，会执行相应的宏或 VBA 代码
	选项卡控件	用于创建一个多页的选项卡窗体或选项卡对话框，可以在选项卡控件上添加其他控件
	超链接	用于在窗体中添加指向 Web 页面、电子邮件或某个程序文件的超链接
	Web 浏览器控件	用于在窗体中添加 Web 浏览器控件
	导航控件	用于在窗体中添加导航条
XYZ	选项组	与复选框、选项按钮或切换按钮搭配使用，可以显示一组可选值，但只能选择其中一个选项值
	插入分页符	用于在窗体中开启一个新屏幕，或在打印窗体中开启一个新页
	组合框	组合了文本框和列表框的特性，可以在组合框中输入新值，也可以从列表中选择一个值
	图表	用于在窗体中添加图表
	直线	用于在窗体中添加直线，通过添加的直线来突出显示重要的信息
	切换按钮	通常用作选项组的一部分，该按钮有两种状态
	列表框	显示可滚动的数值列表。在"窗体视图"中，可以从列表选择值输入到新记录中或更新现有记录中的值
	矩形	用于绘制矩形以突出显示重要的信息
✓	复选框	表示"是/否"值的控件，是窗体或报表中添加"是/否"字段时创建的默认控件类型
	未绑定对象框	用于在窗体中显示未绑定 OLE 对象
	附件	用于在窗体中显示附件，如学生表中的照片，在以学生表为记录源的窗体视图中，可以用来显示当前学生记录的照片
◉	选项按钮	通常用作选项组的一部分，也称为单选按钮
	子窗体/子报表	用于在主窗体中显示另一个窗体
XYZ	绑定对象框	用于在窗体中显示绑定到某个表中字段的 OLE 对象
	图像	用于在窗体中显示静态图片

5.3.2 窗体的属性设置

在 Access 中，属性决定对象的特性。窗体及窗体中的每一个控件和节都具有各自的属性。窗体属性决定窗体的结构、外观和行为；控件属性决定控件的外观、行为以及其中所含文本或数据的特性。

通过"属性表"窗格，用户可以为一个对象设置属性。在窗体设计视图中，单击窗体设计工具"设计"选项卡"工具"选项组中的"属性表"按钮，可以打开"属性表"窗格。"属性表"窗格包含"格式""数据""事件""其他"和"全部"5 个选项卡。

（1）"格式"选项卡：包含窗体、节或控件的外观类属性。

（2）"数据"选项卡：包含与数据源和数据操作相关的属性。

（3）"事件"选项卡：包含窗体、节或控件能够响应的事件。

（4）"其他"选项卡：包含"名称""制表位"等其他属性。

（5）"全部"选项卡：包含对象的所有属性。

一般来说，Access 为各个属性都提供了相应的默认值或空字符串，在一个对象的"属性表"窗格中，用户可以重新设置其属性值，除此之外，在事件过程中也可以对控件的属性值进行设置。

1. 窗体的基本属性

窗体也是一个对象，窗体的基本属性如表 5.2 所示。

表 5.2　窗体的基本属性

属性名称	说　　明
记录源	指定窗体的记录源
标题	指定显示在窗体标题栏上的文本内容，默认显示窗体对象的名称
弹出方式	指定打开窗体时是否浮于其他普通窗体上方。有 2 个选项：是、否（默认值）
默认视图	指定窗体打开后的视图方式。有 4 个选项：单个窗体（默认值）、连续窗体、数据表、分割窗体
记录选择器	指定是否显示记录选择器。有 2 个选项：是（默认值）、否
导航按钮	指定是否显示导航按钮。有 2 个选项：是（默认值）、否
分隔线	指定是否使用分隔线来分隔窗体上的节。有 2 个选项：是、否（默认值）
数据输入	该属性不决定是否添加记录，只决定是否显示已有的记录。有 2 个选项：是、否（默认值）。如果设置"是"，只显示新记录，此时窗体只能作添加新记录之用；设置"否"，可以显示表中已有记录
滚动条	指定是否在窗体上显示滚动条。有 4 个选项：两者均无、只水平、只垂直、两者都有（默认值）
允许编辑	指定窗体是否可以更改记录数据。有 2 个选项：是（默认值）、否
允许删除	指定窗体是否可以删除记录。有 2 个选项：是（默认值）、否
允许添加	指定窗体是否可以添加记录。有 2 个选项：是（默认值）、否

2. 为窗体指定记录源

当使用窗体对表的数据进行操作时，需要为窗体指定记录源。为窗体指定记录源的方法有两种：一是通过"字段列表"窗格，二是通过"属性表"窗格。

方法 1：使用"字段列表"窗格指定记录源，具体操作步骤如下：

（1）打开窗体设计视图，单击窗体设计工具"设计"选项卡"工具"选项组中的"添加现有字段"按钮，打开"字段列表"窗格。

（2）单击"显示所有表"，在窗格中显示当前数据库中的所有表。

（3）单击"+"可以展开表中包含的所有字段，如图 5.26 所示。这时可以直接选择所需要的字段，并将其拖曳到窗体中作为窗体的记录源。

方法 2：使用"属性表"窗格指定窗体记录源，具体操作步骤如下：

（1）打开窗体设计视图，单击窗体设计工具"设计"选项卡"工具"选项组中的"属性表"按钮，打开"属性表"窗格。

（2）在"属性表"窗格上方的对象组合框中选择"窗体"对象。

（3）单击"全部"选项卡中"记录源"属性右侧的下拉按钮，在下拉列表中指定记录源。如图 5.27 所示，将"学生"指定为窗体记录源。

图 5.26 "字段列表"窗格

图 5.27 在"属性表"窗格中指定记录源

【注意】

使用"字段列表"窗格指定的记录源是一条 SQL 查询语句，使用"属性表"窗格指定的窗体记录源可以是一张表或一个查询对象。

5.4 窗体常用控件应用

下面将结合实例介绍控件的属性设置及其使用方法。

5.4.1 标签控件

标签主要用来在窗体中显示文本，常用来显示提示或说明信息。该控件没有数据源，用户只需将需要显示的文本赋值给标签的标题属性。标签的常用属性及说明如表 5.3 所示。

表 5.3 标签的常用属性及说明

属性名称	说　　明
标题	指定标签的标题，也就是需要显示的文本
前景色	指定字体的颜色，单击属性框右侧的二按钮即可打开颜色面板选择合适的颜色
背景样式	指定标签背景是否透明。有 2 个选项：透明（默认值）、常规
文本对齐	指定标题文本的对齐方式。有 5 个选项：常规（默认值）、左、居中、右、分散
字体名称	指定显示文本的字体
字号	指定显示文本的大小
特殊效果	指定标签的特殊效果。有 6 个选项：平面（默认值）、凸起、凹陷、蚀刻、阴影、凿痕

【例 5.8】在"教学管理"数据库中创建窗体，在窗体的主体节中添加 1 个标签控件，标题为"学生信息"，字体名称为"楷体"，字号为"24"，特殊效果为"凸起"，具体操作步骤如下：

（1）打开窗体设计视图。单击"创建"选项卡"窗体"选项组中的"窗体设计"按钮。

（2）在窗体主体节处添加标签控件，直接在标签中输入文本"学生信息"。

（3）设置标签控件属性。选中标签，单击窗体设计工具"设计"选项卡"工具"选项组中的"属性表"按钮，打开"属性表"窗格。选择"格式"选项卡，设置属性"特殊效果"为"凸起"，属性"字体名称"为"楷体"，属性"字号"为"24"，如图 5.28 所示。

（4）调整标签大小及位置。选中标签控件，单击窗体设计工具"排列"选项卡"调整大小和排序"选项组中的"大小空格"按钮，选择"正好容纳"命令，调整标签控件大小至与字体大小匹配。

（5）保存窗体。将其命名为"例 5-8 添加标签"。切换到窗体视图，效果如图 5.29 所示。

图 5.28　标签属性设置

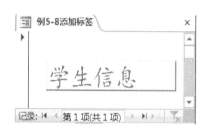
图 5.29　"例 5-8 添加标签"的窗体视图

5.4.2　文本框控件

文本框用来显示、输入或编辑窗体及报表的数据源中的数据，或显示计算结果。

文本框可以是绑定型、未绑定型或计算型，用户可通过"控件来源"属性对其进行设置。如果文本框的"控件来源"属性为已经存在的内存变量或"记录源"中指定的字段，则该文本框为绑定型；如果文本框的"控件来源"属性为空白，则该文本框为未绑定型；如果文本框的"控件来源"属性为以等号"="开头的计算表达式，则该文本框为计算型。文本框的常用属性及说明如表 5.4 所示。

表 5.4　文本框的常用属性及说明

属性名称	说　明
控件来源	指定文本框的数据来源，可以是空白的、某个字段、某个内存变量或以等号"="开头的计算表达式
输入掩码	指定数据输入格式，如将输入掩码设置为"密码"，则在文本框中输入任何内容都会显示为"*"号
默认值	指定文本框中默认显示的值，默认值可决定文本框中数值的类型
验证规则	指定文本框输入数据的值域，如"性别"文本框的验证规则可以设置为 In（"男"，"女"）
验证文本	指定输入数据违反验证规则时，屏幕上弹出的提示性文字，如"性别只能为男或女"
是否锁定	指定文本框是否只读。有 2 个选项：是、否（默认值）

【例5.9】在"教学管理"数据库中创建一个窗体，使用字段列表在窗体中添加学生的"学号"和"姓名"字段，使用控件向导添加文本框显示学生的"性别"，使用控件按钮添加文本框显示学生的年龄。具体操作步骤如下：

（1）打开窗体设计视图。单击"创建"选项卡"窗体"选项组中的"窗体设计"按钮。

（2）为窗体指定记录源。单击窗体设计工具"设计"选项卡"工具"选项组中的"属性表"按钮，打开"属性表"窗格。在"属性表"窗格的对象组合框选择"窗体"对象，选择"全部"选项卡，单击"记录源"属性右侧的下拉按钮，选择"学生表"为窗体的记录源，如图5.30所示。

（3）使用字段列表添加"学号"和"姓名"字段。单击窗体设计工具"设计"选项卡"工具"选项组中的"添加现有字段"按钮，显示来自记录源的"字段列表"窗格，将"学号"和"姓名"字段拖曳到窗体主体节中的适当位置，在窗体中产生两组绑定型文本框和相关联的标签，这两组绑定型文本框分别与学生表中的"学号"和"姓名"字段相关联，如图5.31所示。

图5.30　指定窗体的记录源

图5.31　使用字段列表添加字段

（4）使用控件向导添加文本框显示"性别"字段。确定窗体设计工具"设计"选项卡"控件"选项组中的"使用控件向导"选项处于有效状态，在窗体主体节中的适当位置添加"文本框"控件，系统同时打开"文本框向导"对话框，如图5.32所示。使用该对话框可以设置文本框的"字体""字号""字形""文本对齐""行间距"等，单击"下一步"按钮。

（5）为文本框设置输入法模式。输入法模式有3种，分别是随意、输入法开启和输入法关闭，本例中使用默认值"随意"，如图5.33所示。单击"下一步"按钮。

图5.32　"文本框向导"对话框

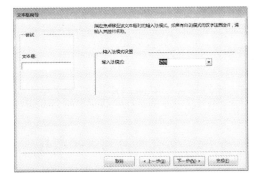

图5.33　设置文本框输入法模式

（6）指定文本框的名称。在"请输入文本框的名称"文本框中输入"性别"，如图5.34所示。单击"完成"按钮，返回窗体设计视图。这时创建的文本框是未绑定型文本框。

（7）将未绑定型文本框绑定到"性别"字段。选中刚添加的文本框，打开"属性表"窗格，选择"数据"选项卡，将该文本框的"控件来源"属性设置为"性别"字段，如图5.35所示。

图 5.34　指定文本框名称

图 5.35　性别文本框"控件来源"属性设置

（8）使用控件按钮添加文本框显示"年龄"。确定窗体设计工具"设计"选项卡"控件"选项组中的"使用控件向导"选项处于无效状态，在窗体主体适当位置添加一个文本框控件，使用这种方式创建的文本框是未绑定型文本框。在该文本框的关联标签中直接输入"年龄"，在该文本框控件"属性表"窗格的"控件来源"属性栏中输入计算年龄的表达式"=Year(Date())-Year([出生日期])"，如图 5.36 所示。"文本对齐"属性设置为"左"。

【注意】

如果要按照周岁来计算年龄，那么计算年龄的表达式如下：=Int((Date( )－[出生日期])/365)。该表达式的含义为用系统当前日期减去出生日期获得已经出生的天数，除以 365 获得年数，最后取整数部分作为周岁。

（9）调整各个控件的大小、位置并将其对齐后，保存窗体，将其命名为"例 5-9 创建文本框"。

（10）切换到窗体视图，最终效果如图 5.37 所示。

图 5.36　年龄文本框"控件来源"属性设置

图 5.37　"例 5-9 创建文本框"的窗体视图

【注意】

使用字段列表向窗体添加的文本框都是绑定型文本框，使用控件按钮向窗体添加的文本框都是未绑定型文本框。

5.4.3　组合框与列表框控件

列表框能够将数据以列表形式显示出来并供用户选择。组合框实际上是列表框和文本框的组合，用户既可以输入数据，也可以在数据列表中进行选择。在组合框中输入数据或选择某个数据时，如果该组合框是绑定型，则输入或选择的数据会直接保存到绑定的字段。列表框与组合框的操作基本相同。

【例 5.10】在例 5.9 创建的窗体中，添加组合框显示学生政治面貌。具体操作步骤如下：

（1）打开"例 5.9 创建文本框"窗体，切换到设计视图，并将其另存为"例 5.10 添加组合框"。

（2）使用控件向导在窗体主体节的适当位置添加一个组合框，系统自动打开"组合框向导"对话框，如图 5.38 所示。确定组合框获取数值的方式，选中"自行键入所需的值"单选按钮，单击"下一步"按钮。

（3）确定组合框显示的值。"列数"设置为"1"，在列表中输入"汉族""土家""彝族"，如图 5.39 所示，单击"下一步"按钮。

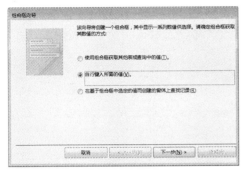
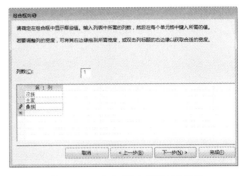

图 5.38　"组合框向导"对话框　　　　　图 5.39　确定组合框显示的值

（4）确定组合框选择数值后的数据存储方式。选中"将该数值保存在这个字段中"单选按钮，并在其右侧下拉列表中选择"民族"，如图 5.40 所示，单击"下一步"按钮。

（5）为组合框指定标签。在"请为组合框指定标签"文本框中输入"民族"，如图 5.41 所示，单击"完成"按钮，返回窗体设计视图。

图 5.40　确定组合框选择数值后的数据存储方式　　　图 5.41　指定组合框的标签

（6）保存窗体。切换到窗体视图，运行效果如图 5.42 所示。

图 5.42　"例 5.10 添加组合框"的窗体视图

165

【例 5.11】在例 5.10 创建的窗体基础上，添加组合框显示学生的院系代码，并且可以通过"院系代码"和"院系名称"列表进行选择。具体操作步骤如下：

（1）打开"例 5.10 添加组合框"窗体，切换到设计视图，并将其另存为"例 5.11 添加组合框 2"。

（2）使用控件向导在窗体主体节的适当位置添加一个组合框，系统自动打开"组合框向导"对话框，如图 5.43 所示。确定组合框获取数值的方式，选中"使用组合框获取其他表或查询中的值"单选按钮，单击"下一步"按钮。

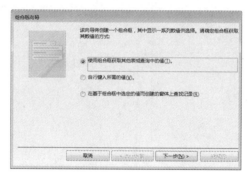

图 5.43　确定组合框获取数值的方式

（3）选择为组合框提供数值的表。选中"表"单选按钮并选择"表：院系表"，如图 5.44 所示，单击"下一步"按钮。

（4）选择组合框中显示的字段。将"院系编号"和"院系名称"字段添加到"选定字段"文列表框中，如图 5.45 所示，单击"下一步"按钮。

图 5.44　选择为组合框提供数值的表

图 5.45　选择组合框中显示的字段

（5）指定组合框中数据的显示顺序。这里选择按"院系编号"升序显示，如图 5.46 所示，单击"下一步"按钮。

（6）调整组合框中列的宽度。不勾选"隐藏键列"复选框，则可以看到所选择的所有字段，将组合框中的列调整至合适的宽度，如图 5.47 所示，单击"下一步"按钮。

（7）确定使用哪一个字段的数值。由于学生表中存储的是院系代码，因此这里选择"院系编号"字段，如图 5.48 所示，单击"下一步"按钮。

（8）确定组合框选择数值后数据的存储方式。选中"将该数值保存在这个字段中"单选按钮，并在其右侧下拉列表中选择"所属院系"，如图 5.49 所示，单击"下一步"按钮。

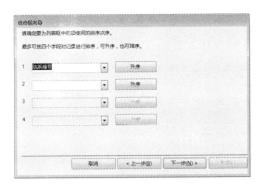

图 5.46　指定组合框中数据的显示顺序

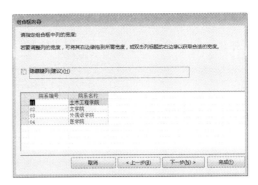

图 5.47　调整组合框中列的宽度

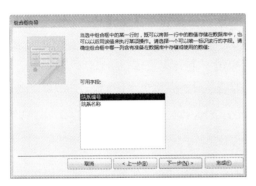

图 5.48　确定使用哪一个字段的数值

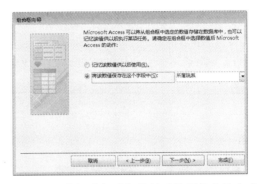

图 5.49　确定组合框选择数值后数据的存储方式

（9）为组合框指定标签。在"请为组合框指定标签"文本框中输入"所属院系"，如图 5.50 所示，单击"完成"按钮，返回窗体设计视图。

（10）保存窗体。切换到窗体视图，运行效果如图 5.51 所示。

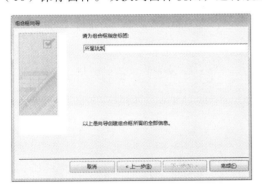

图 5.50　为组合框指定标签

图 5.51　"例 5-11 添加组合框 2"的窗体视图

【例 5.12】在例 5.11 创建的窗体基础上，将显示"学号"的文本框用列表框替代，并要求能根据在列表框中选择的"学号"查询出姓名、性别、年龄等信息。具体操作步骤如下：

（1）打开"例 5.11 添加组合框 2"窗体，切换到设计视图，另存为"例 5.12 添加列表框"。

（2）删除绑定"学号"字段的文本框及其关联的标签控件。

（3）使用控件向导在窗体主体节中的适当位置添加列表框控件，在打开的"列表框向导"对话框中选中"在基于列表框中选定的值而创建的窗体.上查找记录"单选按钮，如图 5.52 所示，单击"下一步"按钮。

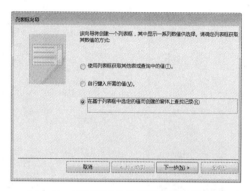

图 5.52 确定列表框获取数值的方式

（4）确定列表框中要显示的字段列。将"学号"字段添加到"选定字段"列表框中，如图 5.53 所示，单击"下一步"按钮。

（5）调整列宽至合适的宽度，如图 5.54 所示，单击"下一步"按钮。

图 5.53　确定列表框中要显示的字段列

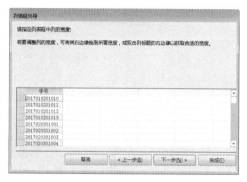

图 5.54　调整列表宽度

（6）指定列表框标签，在"请为列表框指定标签"文本框中输入"学号"，如图 5.55 所示，单击"完成"按钮。

（7）保存窗体。切换到窗体视图，在"学号"列表框中选择学号，则在"姓名""性别""年龄"等文本框中显示相应学生的信息，效果如图 5.56 所示。

图 5.55　指定列表框标签

图 5.56　"例 5-12 添加列表框"的窗体视图

5.4.4　命令按钮控件

在窗体上，用户可以用命令按钮来执行特定操作。例如，用户可以创建一个命令按钮来完成记录导航操作。如果要使命令按钮执行某些较复杂的操作,可以编写相应的宏或事件过程并将它添加到命令按钮的"单击"事件中。

【例 5.13】在例 5.9 创建的窗体基础上,在窗体页脚节添加 4 个记录导航按钮和 1 个窗体操作按钮。4 个记录导航按钮上显示的文本分别为"第一项记录""前一项记录""下一项记录""最后一项记录",各个按钮对应操作分别为"转至第一项记录""转至前一项记录""转至下一项记录""转至最后一项记录";窗体操作按钮上显示的文本为"关闭",对应的操作为"关闭窗体"。窗体属性中不设置导航按钮、记录选择器和滚动条。具体操作步骤如下:

（1）打开"例 5.9 创建文本框"窗体,切换到设计视图,将其另存为"例 5.13 添加命令按钮"。

（2）显示窗体页眉/页脚节,使用控件向导在窗体页脚节中的适当位置添加命令按钮控件,系统自动打开"命令按钮向导"对话框。

（3）选择按下按钮时执行的操作。在"类别"列表框中选择"记录导航",在"操作"列表框中选择"转至第一项记录",如图 5.57 所示,单击"下一步"按钮。

（4）确定按钮显示的文本内容。选中"文本"单选按钮,在文本框中输入"第一项记录",如图 5.58 所示,单击"下一步"按钮。

图 5.57　确定按下按钮时执行的操作

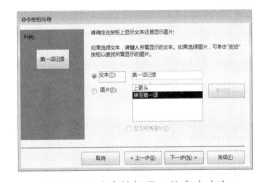

图 5.58　确定按钮显示的文本内容

（5）指定按钮的名称。选择默认设置,如图 5.59 所示,单击"完成"按钮,此时已完成第 1 个命令按钮控件"第一项记录"的创建。

（6）重复步骤（2）~步骤（5）的操作,添加其他 3 个记录导航按钮,在"操作"列表框中分别选择"转至前一项记录""转至下一项记录""转至最后一项记录"。

（7）添加窗体操作按钮。使用控件向导添加一个命令按钮控件,在打开的"命令按钮向导"对话框中,在"类别"列表框中选择"窗体操作",在"操作"列表框中选择"关闭窗体",如图 5.60 所示。窗体操作按钮显示的文本内容为"关闭",按钮名称选择默认值。添加完 5 个命令按钮后的窗体页脚节如图 5.61 所示。

（8）对齐命令按钮。将 5 个按钮全部选中,单击"排列"选项卡"调整大小和排列"选项组中的"对齐"按钮,在下拉列表中选择"靠上"命令,此时 5 个命令按钮全部靠上对齐;单击"调整大小和排列"选项组中的"大小/空格"按钮,在下拉列表中选择"至最宽"命令,此时 5 个命令按钮的宽度全部一样;单击"调整大小和排列"选项组中的"大小空格"按钮,在下拉列表中选择"水平相等"命令,此时 5 个按钮的水平间距相等,对齐结果如图5.62 所示。

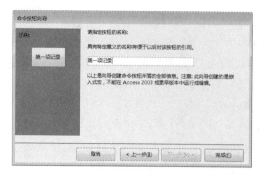

图 5.59 指定按钮名称

图 5.60 窗体操作按钮设置

图 5.61 窗体页脚节中添加的 5 个命令按钮

图 5.62 5 个命令按钮对齐后的效果

（9）打开"属性表"窗格，在对象组合框中选择"窗体"对象，按如表 5.5 所示内容设置窗体属性。

表 5.5 窗体属性设置

属性名称	设置值	属性名称	设置值	属性名称	设置值
导航按钮	否	记录选择器	否	滚动条	两者均无

（10）保存窗体，切换到窗体视图，效果如图 5.63 所示。

图 5.63 "例 5-13 添加命令按钮"的窗体视图

【例 5.14】创建一个如图 5.64 所示的计算圆面积窗体。在"请输入圆的半径："右侧的文本框中输入半径值后，单击"面积："右侧的文本框，系统就能自动显示面积值；重新输入半径的值，系统仍然能够自动显示出相应的面积；单击"关闭窗体"按钮即可关闭窗体。窗体为弹出式窗体，不设导航按钮、滚动条和记录选择器。

图 5.64 计算圆面积窗体

具体操作步骤如下：

（1）新建一个窗体并打开窗体的设计视图。使用控件按钮在主体节添加两个未绑定型文本框，默认名称分别是"Text0"和"Text2"，关联的标签标题分别设置为"请输入圆的半径："和"面积："，并调整其大小及位置。

（2）要求"Text2"文本框中能够自动显示圆的面积，因此需将其设置为计算型文本框。将该文本框的"控件来源"属性设置为计算圆面积的表达式"=[Text0][Text0]*3.14"。通过"请输入圆的半径："右侧名为"Text0"的文本框来获得所输入的值，效果如图 5.65 所示。此外，也可以直接在"Text2"文本框中输入计算圆面积的表达式。

图 5.65　添加文本框并设置属性

（3）使用控件向导添加命令按钮，打开"命令按钮向导"对话框，在"类别"列表框中选择"窗体操作"，在"操作"列表框中选择"关闭窗体"，窗体操作按钮显示的文本内容为"关闭窗体"，按钮名称选择默认值。

（4）按如表 5.6 所示内容设置窗体属性。

表 5.6　计算圆面积的窗体属性设置

属性名称	设置值	属性名称	设置值
导航按钮	否	记录选择器	否
滚动条	两者均无	弹出方式	是

（5）保存窗体，将其命名为"例 5-14 计算圆面积"，完成窗体创建。

5.4.5　复选框、选项按钮、切换按钮和选项组控件

复选框、选项按钮、切换按钮 3 个控件的功能相似，虽然形式不同，但都可以用于多选操作。当这 3 个控件和选项组结合起来使用时，可实现单选操作。

【例 5.15】创建如图 5.66 所示的"学生信息查询"窗体。在该窗体中有一个选项组，其中包含了 3 个选项："按学号查询""按姓名查询""按班级查询"。用户选中某个选项后，单击"开始查询"按钮就可以打开相应的查询界面完成查询。窗体为弹出式窗体，不设导航按钮、滚动条和记录选择器。具体操作步骤如下：

（1）新建一个窗体并打开窗体的设计视图。将窗体的属性"弹出方式"设置为"是"，"导航按钮"设置为"否"，"记录选择器"设置为"否"，"滚动条"设置为"两者均无"。

（2）显示窗体页眉/页脚节。在窗体页眉节适当位置添加标签控件，并在标签控件中直接输入"学生信息查询"，"字体名称"设置为"楷体"，"字号"设置为"36"，并将标签调整为合适大小。

（3）使用控件向导在窗体主体节创建一个"选项组"控件，在弹出的"选项组向导"对话框中为每个选项指定标签，如图 5.67 所示，单击"下一步"按钮。

图 5.66　学生信息查询窗体

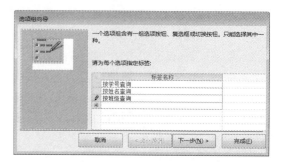

图 5.67　为每个选项指定标签

（4）确定默认选项，如图 5.68 所示，单击"下一步"按钮。

（5）为每个选项赋值，如图 5.69 所示，单击"下一步"按钮。

图 5.68　确定默认选项

图 5.69　为每个选项赋值

（6）确定选项组控件类型及样式。在"请确定在选项组中使用何种类型的控件"下选中"选项按钮"单选按钮，在"请确定所用样式"下选中"蚀刻"单选按钮，如图 5.70 所示，单击"下一步"按钮。

（7）指定选项组标题。在"请为选项组指定标题"文本框中输入"学生信息查询"，如图5.71 所示，单击"完成"按钮。然后将各个选项中的文字大小设置为 22，将其调整至合适的大小和位置。

图 5.70　确定选项组控件类型及样式

图 5.71　指定选项组标题

（8）使用控件按钮在窗体主体节创建一个"命令按钮"控件。确定窗体设计工具"设计"选项卡"控件"选项组中的"使用控件向导"选项处于无效状态，再创建命令按钮，命令按钮上显示的文本内容为"开始查询"，字体大小为 12，按钮名称为"查询"。

（9）保存窗体，将其命名为"例5-15学生信息查询"，完成窗体创建。在本例中，单击窗体中的"开始查询"按钮不会有任何实际操作。要想真正实现单击按钮时打开相应的查询界面，必须将其与宏或VBA模块相结合，并编写完成具体操作的程序代码。

如果在步骤（6）确定选项组控件类型及样式时选择了"复选框"类型，则窗体效果如图5.72所示。如果选择了"切换按钮"类型，则窗体效果如图5.73所示。

图 5.72　复选框窗体

图 5.73　切换按钮窗体

5.4.6　选项卡控件

【例 5.16】在窗体上添加选项卡控件可以增加窗体的容积，使窗体中可以显示更多信息，而且可以将信息分类显示在不同的页内。在选项卡控件的每一页上都可以添加控件，从而使每一页都可以作为一个独立窗体使用。在窗体上创建选项卡控件的步骤如下：

（1）单击创建选项卡中"窗体"组内的"窗体设计"按钮，打开窗体的设计视图。在"控件"组中单击"选项卡控件"，如图5.74所示。在窗体上要放置选项卡控件的位置按住鼠标左键拖拽，直至达到要求的大小时松开鼠标。单击"工具"组中的"属性表"按钮，打开"属性表"对话框。

（2）单击选项卡"页1"，然后单击"属性表"对话框中的"格式"选项卡，在"标题"属性行中输入"学生信息统计"；单击选项卡"页2"，按上述方法设置"页2"的"标题"为"课程信息统计"。效果如图5.75所示。

图 5.74　选项卡控件图示

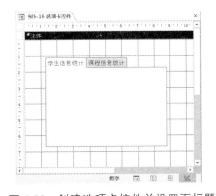
图 5.75　创建选项卡控件并设置页标题

选项卡控件默认只有两页，如果需要增加选项卡的页，可以用鼠标右键单击选项卡的某一页，在弹出的快捷菜单中单击"插入页"即可。如果想要删除选项卡的某一页，只需要在这个页上单击鼠标右键，在弹出的快捷菜单中选择"删除页"。

5.4.7 图像控件

【例5.17】为了使窗体显示更加美观，可以创建"图像"控件，如图5.76所示。其操作方法如下：

（1）在窗体的"设计视图"中，单击"图像"控件，在窗体上单击要放置图片的位置，打开"插入图片"对话框。

（2）在"插入图片"对话框中找到并选择所需的图片文件，单击"确定"按钮，设置结果如图5.77所示。

图5.76 图像控件图示

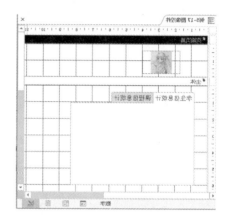

图5.77 创建未绑定型图像框

5.4.8 主/子窗体的设计

在使用窗体显示表中数据时，经常需要同时显示两个相关表的数据。主/子窗体可以同时显示来自两张表的数据，其中基本窗体为主窗体，子窗体是嵌在主窗体中的窗体。主窗体可以包含多个子窗体，每个子窗体又可以包含下级子窗体，所以主/子窗体是树形结构的。

在创建主/子窗体时，要保证主窗体的数据表与子窗体的数据表之间存在一对多的关系。如果在数据库中没有为相关表建立一对多关系，则不能建立主/子窗体。一般来说，创建主/子窗体有下列3种方法。

方法1：使用向导创建主/子窗体。

方法2：在设计视图中，直接将已有窗体作为子窗体拖曳到主窗体中。

方法3：在设计视图中，利用"子窗体/子报表"控件将已有窗体作为子窗体添加到主窗体中。

在窗体设计视图中利用"子窗体/子报表"控件创建子窗体时，要确保主窗体的数据源与子窗体的数据源之间具有一对多关系，操作的关键是确定主窗体链接到子窗体中的字段。

【例5.18】在"教学管理"数据库中，使用设计视图创建一个主/子类型的窗体。主窗体的记录源是"学生表"，子窗体是已经创建好的"学生选课"窗体。当运行主窗体时，用户只能浏览查看信息，不允许对"学生表"和"选课成绩表"中的记录进行修改、删除、添加等。主窗体不设导航按钮、记录选择器和滚动条，但要创建4个记录导航按钮和1个窗体操作按钮，在主窗体页眉节显示"浏览学生基本情况"和系统当前日期。在子窗体中同样不设导航按钮和记录选择器。

分析：本例的操作主要分为两个部分：一是使用设计视图按要求创建主窗体；二是将"学生选课"窗体添加到主窗体中。

创建主/子窗体的具体操作步骤如下：

（1）打开"教学管理"数据库，单击"创建"选项卡"窗体"选项组中的"窗体设计"按钮，打开窗体设计视图，并将新创建的窗体命名为"例5-18浏览学生基本情况"。

（2）打开"属性表"窗格，将"窗体"对象的"记录源"设置为"学生表"，并按如表5.7所示内容设置主窗体的属性。

表5.7　主窗体属性设置

属性名称	设置值	属性名称	设置值	属性名称	设置值
允许编辑	否	允许添加	否	导航按钮	否
允许删除	否	记录选择器	否	滚动条	两者均无

（3）单击"设计"选项卡"工具"选项组中的"添加现有字段"按钮，将"学生表"字段列表窗格中的全部字段拖曳到主体节中的适当位置并对齐控件，设置所有标签控件"特殊效果"的属性值为"凸起"，设置所有文本框控件"特殊效果"的属性值为"凹陷"，效果如图5.78所示。

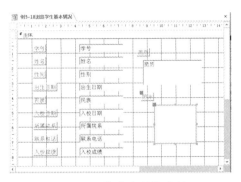

图5.78　主体节中的控件效果

（4）显示窗体页眉/页脚节，调整各节至合适的高度。在窗体页眉节适当的位置添加"标签"控件，并在"标签"控件中直接输入"浏览学生基本情况"，该"标签"控件的属性设置如表5.8所示，设置完成后调整标签到合适的大小。

表5.8　窗体页眉节中"标签"控件的属性设置

属性名称	值	属性名称	值	属性名称	值
字体名称	楷体	字体粗细	加粗	文本对齐	居中
字号	26	上边距	0.6cm	左边距	1cm

（5）在窗体页眉节适当位置显示当前日期。单击窗体设计工具"设计"选项卡"控件"选项组中的"日期和时间"按钮，打开"日期和时间"对话框，如图5.79所示。只选中"包含日期"复选框，选择一种日期格式，然后单击"确定"按钮。此时窗体页眉节添加了一个计算型文本框，在文本框中可以看到计算当前日期的表达式"= Date()"，如图5.80所示。

图 5.79　"日期和时间"对话框

图 5.80　窗体页眉节中的控件

（6）使用控件向导在窗体页脚节添加 4 个记录导航按钮和 1 个窗体操作按钮。"第一条记录"按钮对应操作为"转至第一项记录"；"前一条记录"按钮对应操作为"转至前一项记录"；"下一条记录"按钮对应操作为"转至下一项记录"；"最后一条记录"按钮对应操作为"转至最后一项记录"；"关闭"按钮用来关闭窗体。

（7）对齐命令按钮。将 5 个按钮全部选中，单击"排列"选项卡上"调整大小和排列"组中的"对齐"按钮，在下拉列表中选择"靠上"命令，此时 5 个命令按钮全部靠上对齐；单击"调整大小和排列"选项组中"大小/空格"按钮，在下拉列表中的选择"至最宽"命令，此时 5 个命令按钮的宽度全部一样。单击"调整大小和排列"选项组中的"大小空格"按钮，在下拉列表中选择"水平相等"命令，此时 5 个按钮的水平间距相等。

（8）在窗体页脚节添加一个"矩形"控件圈住所有的命令按钮。单击"设计"选项卡"控件"选项组中的"矩形"控件，在窗体页脚节适当的位置按住鼠标左键拖曳到合适大小，释放鼠标即创建一个"矩形"控件，效果如图 5.81 所示。

图 5.81　窗体页脚节"矩形"控件中的 5 个命令按钮

（9）添加子窗体。使用控件向导在主体节的适当位置添加"子窗体子报表"控件，同时打开"子窗体向导"对话框，在该对话框中选中"使用现有的窗体"单选按钮，在列表框中选择"学生选课"，如图 5.82 所示，单击"下一步"按钮。

（10）确定链接字段。在"子窗体"向导对话框中选中"从列表中选择"单选按钮，如图 5.83 所示，单击"下一步"按钮。

图 5.82　指定子窗体的数据来源

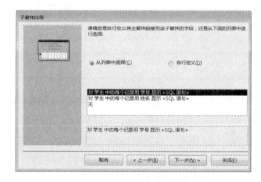

图 5.83　确定链接字段

（11）指定子窗体名称。在"请指定子窗体或子报表的名称"文本框中输入"例5-18子窗体"，单击"完成"按钮，此时窗体设计视图如图5.84所示。

（12）删除与子窗体关联的"标签"控件"例5-18子窗体"，保存并关闭主窗体。

（13）打开"例5-3选课成绩表（数据表）"的窗体设计视图，设置子窗体属性，将"导航按钮"和"记录选择器"两个属性都设置为"否"，保存并关闭窗体。

（14）打开主窗体的窗体视图，效果如图5.85所示。

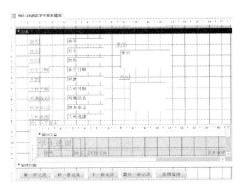

图5.84　添加子窗体后的设计视图

图5.85　"例5.18"浏览学生基本情况的窗体视图

【注意】

在主窗体的设计视图中，用户只能设置主窗体的相关属性。要设置子窗体的属性，必须打开相应子窗体的设计视图进行设置。

5.4.9　域聚合函数在窗体中的应用

聚合函数提供关于记录集（一个域）的统计信息。例如，可以使用聚合函数计算特定记录集的记录数，或确定特定字段中数值的平均值。

两种类型的聚合函数：域聚合函数和SQL聚合函数，两者提供相似的功能，但用于不同的场合。SQL聚合函数可以在SQL语句的语法中使用，但不能直接从Visual Basic中调用。与之相反，域聚合函数可以直接从Visual Basic代码中调用，并且也可以在SQL语句中使用，不过SQL聚合函数通常更为有效。

如果要在代码中执行统计运算，必须使用域聚合函数。使用域聚合函数还可以指定条件、更新数值，或在查询表达式中创建计算字段。

在窗体或报表的计算控件中可以使用SQL聚合函数，也可以使用域聚合函数。

1. DCount()函数、DAvg()函数、DSum()函数

Dcount()函数用于返回指定记录集中的记录数，DAvg()函数用于返回指定记录集中某个字段列数据的平均值，DSum()函数用于返回指定记录集中某个字段列数据的和。

书写格式：

DCount(表达式, 记录集[, 条件式])

DAvg(表达式, 记录集[, 条件式])

DSum(表达式, 记录集[, 条件式])

说明："表达式"用于标识统计的字段。"记录集"是一个字符串表达式，可以是表的名称或查询的名称。"条件式"是可选的字符串表达式，用于限制函数执行的数据范围。一般要

177

组织成 SQL 表达式中的 WHERE 子句，只是不含 WHERE 关键字，如果忽略 WHERE 关键字，则函数在整个记录集的范围内计算。

【例 5.19】在一个文本框控件中显示"教师"表中女教师的人数。

设置文本框控件的"控件来源（ControlSource）"属性为以下表达式：=DCount（"编号","教师","性别='女'"）。

【例 5.20】在一个文本框控件中显示"学生"表中学生的平均年龄。

设置文本框控件的"控件来源（ControlSource）"属性为以下表达式：=DAvg（"年龄","学生"）。

2. DMax()函数和 DMin()函数

DMax()函数用于返回指定记录集中某个字段列数据的最大值，DMin 函数用于返回指定记录集中某个字段列数据的最小值。

书写格式：

DMax(表达式, 记录集[, 条件式])

DMin(表达式, 记录集[, 条件式])

说明："表达式"用于标识统计的字段。"记录集"是一个字符串表达式，可以是表的名称或查询的名称。"条件式"是可选的字符串表达式，用于限制函数执行的数据范围。

【例 5.21】在一个文本框控件中显示"学生"表中男生的最大年龄。设置文本框控件的"控件来源（ControlSource）"属性为以下表达式：=DMax（"年龄","学生","性别='男'"）。

3. DLookup()函数

DLookup()函数用于返回在指定记录集里检索特定字段的值。可以直接在 VBA、宏、查询表达式或计算控件中使用，而且主要用于检索来自外部表，而非数据源表字段中的数据。

书写格式：

DLookup(表达式, 记录集[, 条件式])

"表达式"用于标识需要返回其值的检索字段。"记录集"是一个字符串表达式，可以是表的名称或查询的名称。"条件式"是可选的字符串表达式，用于限制函数执行的数据范围。

说明：如果有多个字段满足"条件式"，DLookup()函数将返回第一个匹配字段所对应的检索字段值。DLookup()之类的合计函数（域函数）是 ACCESS 为用户提供的内置函数，通过这些函数可以方便地从一个表或查询中取得符合一定条件的值并赋予变量或控件值，这就不需要再用 DAO 或者 ADO 打开一个记录集，然后再去从中获取一个值，这样所写的代码要少得多。由于 Dlookup()之类的合计函数是一个预定义好格式的函数，因此所支持的语法有限，但对于大多数的要求还是能够满足的。

【例 5.22】正确：=DLookUp("名称", "tGroup", "部门编号='" & [所属部门] & "'")

错误：=DLookUp("名称", "tGroup", "部门编号='" & tEmployee![所属部门]& "'")

5.5　窗体布局和美化

5.5.1　操作控件对象

在窗体中，控件的基本操作包括添加控件、调整控件大小、移动控件和对齐控件等，用户可以应用窗体设计工具中的"设计"和"排列"选项卡来完成相关操作。

在窗体中添加控件有 3 种方法：使用字段列表、使用控件按钮和使用控件向导。

方法 1：使用字段列表。

在窗体设计视图中，可以通过从字段列表中拖曳字段来创建控件，使用这种方法创建的控件是绑定控件。具体操作步骤如下：

（1）单击窗体设计工具"设计"选项卡"工具"选项组中的"添加现有字段"按钮，显示记录源的"字段列表"窗格。

（2）用户可以直接从"字段列表"窗格中将字段拖曳到窗体的适当位置，释放鼠标即可添加与该字段绑定的控件组(控件及与其相关联的标签控件)，也可直接双击"字段列表"窗格中的某个字段，系统会在窗体的适当位置自动添加与该字段绑定的控件组。如果用户在按住 Ctrl 键的同时单击多个字段，然后将其一起拖曳到窗体的适当位置，则可以同时添加多个控件。

方法 2：使用控件按钮。

确定窗体设计工具"设计"选项卡"控件"选项组中的"使用控件向导"选项处于无效状态，这时单击"控件"选项组中的任一控件按钮，在窗体中的适当位置按住鼠标左键可以直接绘制并创建控件。使用这种方法创建的控件是未绑定控件。

方法 3：使用控件向导。

确定窗体设计工具"设计"选项卡"控件"选项组中的"使用控件向导"选项处于有效状态，再单击"控件"选项组中的任一控件按钮，在窗体中的适当位置按住鼠标左键直接绘制，然后利用控件向导(当 Access 对该控件提供有控件向导时才可以使用)的提示来创建控件。使用这种方法创建的控件可以是绑定或未绑定控件。

在窗体中添加的每个控件都会有一个"名称"来唯一标识自己。文本框控件的默认名称以"Text"开头，标签控件的默认名称以"Label"开头，命令按钮控件的默认名称以"Command"开头。在窗体中添加控件时，系统会自动按照添加控件的先后顺序在每个控件的默认名称后加上一个自动编排的数字编号（从 0 开始）。例如，第 1 个添加的标签控件的名称默认为"Label0"，第 2 个添加的标签控件的名称默认为"Label1"，第 3 个添加的命令按钮控件的名称默认为"Command2"，第 4 个添加的文本框控件的名称默认为"Text3"等，依此类推。在属性表中，用户可以通过控件的"名称"属性来修改各个控件的名称，但必须保证其名称在该窗体中是唯一的。

5.5.2 窗体布局

在窗体布局阶段，需要选中控件后对控件进行排列和对齐，以使界面有序、美观。

1. 调整控件大小

对窗体中的控件进行操作，首先应先选中该控件，方法是单击控件。此时被选中的控件或控件组（控件及与其相关联的标签控件）的四周会出现 8 个控制点。如果要选中多个控件，可按住 Ctrl 键逐个单击。控件被选中情况下，当鼠标指针指向 8 个控制点中的任意一个时，鼠标指针会变成双向箭头，此时可以向 8 个方向拖曳鼠标来调整控件的大小。

2. 移动控件

控件的移动有以下两种不同形式：

（1）控件和其关联的标签联动：当鼠标指针放在控件四周并变成十字箭头形状时，用鼠标拖曳可以同时移动两个相关联的控件。

（2）控件独立移动：当鼠标指针放在控件左上角的黑色方块上并变成十字箭头形状时，用鼠标拖曳只能移动所指向的单个控件。

3．对齐控件

向窗体添加控件，大多数情况下用户都不能一次性将控件对齐，这时可以单击窗体设计工具"排列"选项卡"调整大小和排序"选项组中的"对齐"按钮（见图5.86）和"大小/空格"（见图5.87）按钮，用下拉列表中的命令来调整。

图 5.86　"对齐"按钮　　　　　　　　图 5.87　"大小/空格"按钮

（1）靠左对齐控件：先选中多个控件，如图5.88所示，单击"排列"选项卡"调整大小和排序"选项组中的"对齐"按钮，在下拉列表中选择"靠左"命令，此时 3 个控件的排列如图 5.89 所示。

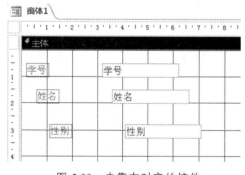

图 5.88　未靠左对齐的控件　　　　　　图 5.89　靠左对齐后的控件

其他的"靠右""靠上""靠下"等操作方法类似，"对齐网格"命令的作用是将控件左上角与最接近的网格点重合。

（2）调整控件大小至一致：在图5.90中，3 个控件大小不一，要将其宽和高调整至一致。选中这 3 个控件，单击"排列"选项卡"调整大小和排序"选项组中的"大小/空格"按钮，先在下拉列表中选择"至最高"命令，将控件调整为同样的高度，再选择"至最宽"命令将控件调整为同样的宽度。

（3）调整控件之间的间距至相等：选中图 5.90 中的 3 个控件，单击"排列"选项卡"调整大小和排序"选项组中的"大小/空格"按钮，在下拉列表中选择"垂直相等"命令，3 个控件调整后的效果如图 5.91 所示。其他的"至最窄""至最短""水平相等"等操作方法类似。

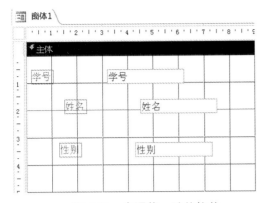

图 5.90　未调整一致的控件

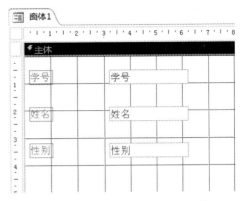

图 5.91　控件间距垂直相等的效果

课后习题

一、单项选择题

1. 在窗体设计视图中，必须包含的是（　　　　）。

　　A. 主体　　　　B. 窗体页眉　　　　　　C. 窗体页脚　　　　D. 页面页眉和页面页脚

2. 主/子窗体通常用来显示具有（　　　　）关系的多张表或查询的数据。

　　A. 一对一　　　B. 一对多　　　　　　C. 多对一　　　　D. 多对多

3. 窗体是由不同的对象组成的，每一个对象都具有自己独特的（　　　　）。

　　A. 节　　　　　B. 字段　　　　　　　C. 属性　　　　　D. 视图

4. 若要求在文本框中输入文本时满足"密码"的显示效果，则应该设置的属性是（　　　　）。

　　A. 默认值　　　B. 验证文本　　　　　C. 输入掩码　　　D. 密码

5. 当需要将一些切换按钮、选项按钮或复选框组合起来共同工作实现单选时，需要使用的控件是（　　　　）。

　　A. 选项组　　　B. 列表框　　　　　　C. 复选框　　　　D. 组合框

6. 在窗体中可以接受数值数据输入的控件是（　　　　）。

　　A. 标签　　　　B. 文本框　　　　　　C. 命令按钮　　　D. 列表框

7. 在窗体中，为了能够更新数据表中的字段值，应该选择的控件类型是（　　　　）。

　　A. 绑定型　　　　　　　　　　　　　B. 绑定型或计算型

　　C. 计算型　　　　　　　　　　　　　D. 绑定型、未绑定型或计算型

8. 在窗体视图中显示窗体时，要使窗体中没有记录选择器，应将窗体的"记录选择器"属性设置为（　　　　）。

　　A. 是　　　　　B. 否　　　　　　　　C. 有　　　　　　D. 无

9. 已知"学生表"中"政治面貌"字段的值只可能是 3 项（党员、团员、群众）之一，为了方便输入数据，设计窗体时，"政治面貌"字段的控件应该选择（　　　　）。

A. 标签　　　　　　　　B. 文本框　　　　　　　C. 命令按钮　　　D. 组合框

10. 假设已在 Access 中建立了包含"书名""单价""数量"3 个字段的"Book"表，以该表为记录源创建的窗体中，有一个计算订购总金额的文本框，则其控件来源应为（　　　）。

A. [单价]*[数量]　　B. =[单价]*[数量]　　C. =单价*数量　　D. 单价*数量

11. 在 Access 中，窗体上显示的字段为表或（　　　）中的字段。

A. 报表　　　　　　　B. 标签　　　　　　　C. 记录　　　　　　D. 查询

12. 下列不是窗体控件的是（　　　）。

A. 表　　　　　　　　B. 标签　　　　　　　C. 文本框　　　　　D. 组合框

13. 在 Access 中，可用于设计输入界面的对象是（　　　）。

A. 窗体　　　　　　　B. 报表　　　　　　　C. 查询　　　　　　D. 表

14. 窗体没有（　　　）功能。

A. 显示记录　　　　　B. 添加记录　　　　　C. 分类汇总记录　　D. 删除记录

15. 在窗体中，控件的类型可以分为（　　　）。

A. 计算型、未绑定型和绑定型　　　　　　　B. 对象型、计算型和结合型

C. 计算型、未绑定型和非结合型　　　　　　D. 对象型、未绑定型和绑定型

16. 在 Access 中已建立了学生表，其中存放照片的字段使用的是附件类型。在使用向导为该表创建窗体时，"照片"字段所使用的默认控件是（　　　）。

A. 绑定对象框　　　　B. 附件　　　　　　　C. 标签　　　　　　D. 图像

17. 为窗体中的命令按钮设置单击鼠标时发生的动作，应选择设置其属性对话框的（　　　）。

A. 格式选项卡　　　　B. 事件选项卡　　　　C. 方法选项卡　　　D. 数据选项卡

18. 计算文本框中的表达式以（　　　）开头。

A. +　　　　　　　　B. -　　　　　　　　C. :　　　　　　　D. =

19. 要改变窗体中文本框控件的数据源，应设置的属性是（　　　）。

A. 记录源　　　　　　B. 控件来源　　　　　C. 默认值　　　　　D. 格式

20. 在 Access 窗体中，能够显示在窗体视图底部的信息，它是（　　　）。

A. 页面页眉　　　　　B. 页面页脚　　　　　C. 窗体页眉　　　　D. 窗体页脚

二、填空题

1. 窗体上的控件包含 3 种类型：绑定控件、未绑定控件和＿＿＿＿＿＿＿＿＿。

2. 在创建主/子窗体之前，必须设置＿＿＿＿＿＿＿＿＿之间的一对多关系。

3. ＿＿＿＿＿＿＿＿＿控件，既可以输入数据，也可以在数据列表中进行选择。

4. 在窗体页眉中添加计算文本框，在该文本框中输入＿＿＿＿＿＿＿＿＿将显示系统当前日期。

5. 窗体中的数据源可以是＿＿＿＿＿＿＿＿＿或＿＿＿＿＿＿＿＿＿。

6. 窗体由多个部分组成，每个部分称为一个＿＿＿＿＿＿＿＿＿。

7. 能够唯一标识某一控件的属性是＿＿＿＿＿＿＿＿＿。

8. 分割窗体可同时显示＿＿＿＿＿＿＿＿＿和＿＿＿＿＿＿＿＿＿两种视图。

参考答案

一、选择题

1. A 2. B 3. C 4. C 5. A 6. B 7. A 8. B 9. B 10. B
11. D 12. A 13. A 14. D 15. A 16. A 17. B 18. D 19. B 20. D

二、填空题

1. 计算控件   2. 表   3. 组合框   4. Date( )
5. 表，查询   6. 节   7. 名称   8. 数据表，窗体

183

第6章 报 表

报表是 Access 数据库系统中的一个重要对象，它可以将数据库中的数据以格式化的形式显示和打印输出，还可以对大量原始数据进行比较、分组和计算，从而可以方便、有效地处理数据，以便于阅读和理解。报表的数据源与窗体相同，可以使用已有的数据表、查询或者是新建的 SQL 语句。但报表只能查看数据，不能通过报表修改和输入数据。本章主要介绍报表的一些基本应用操作，如报表的创建与编辑；报表的排序与分组；报表的计算和报表的打印等。

6.1 报表的概述

在 Access 中，用户能够使用多种报表制作方式快速完成报表设计与打印。用户通过报表可以以格式化形式输出数据；可以对数据进行分组汇总；可以包含子报表及图表数据；可以输出标签、发票、订单和信封等多种样式的报表；可以进行计数、求平均、求和等统计计算；可以嵌入图像图片来丰富数据表现形式。

6.1.1 报表的分类

Access 2016 能创建各种类型的报表。根据输出形式，报表主要分以下 4 种类型：纵栏式报表、表格式报表、图表报表和标签报表。

1. 纵栏式报表

纵栏式报表通常以垂直方式排列报表上的控件，第一列显示字段名，第二列显示字段值，每一个字段显示在独立的行中。纵栏式报表显示数据的方式类似于纵栏式窗体，如图 6.1 所示。

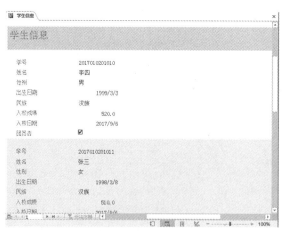

图 6.1 纵栏式报表

2. 表格式报表

表格式报表以整齐的行、列形式显示数据，通常一行显示一条记录，一页显示多条记录，如图 6.2 所示。

学生信息

学号	姓名	性别	出生日期	民族	入校日期	入校成绩	团员否
2017010201010	李四	男	1999/3/3	汉族	2017/9/6	520.0	☑
2017010201011	张三	女	1998/3/8	汉族	2017/9/6	510.0	☑
2017010201012	程鑫	男	1999/7/18	汉族	2017/9/6	476.0	☑
2017010201013	刘红兵	男	1997/8/2	汉族	2017/9/6	529.0	☑
2018010201041	李中青	男	1999/11/9	汉族	2018/9/6	516.0	☑
2018010201040	张娜	女	1999/11/19	彝族	2018/9/6	470.0	☐
2018010201042	李迪	女	2000/10/19	汉族	2018/9/6	492.0	☑
2018010201046	王国强	男	1999/8/26	汉族	2018/9/6	479.0	☑
2018010201047	李力国	男	1998/5/23	汉族	2018/9/6	484.0	☑
2019010201021	李丽贡	男	2002/11/17	汉族	2019/9/6	481.0	☑
2019010201022	王必胜	男	2001/5/6	汉族	2019/9/6	515.0	☑
2019010201023	田丽	女	2000/7/18	汉族	2019/9/6	512.0	☑
2019010201024	尹丽	女	2001/3/12	汉族	2019/9/6	527.0	☑
2019010201025	伊能净	女	2001/2/6	汉族	2019/9/6	482.0	☑

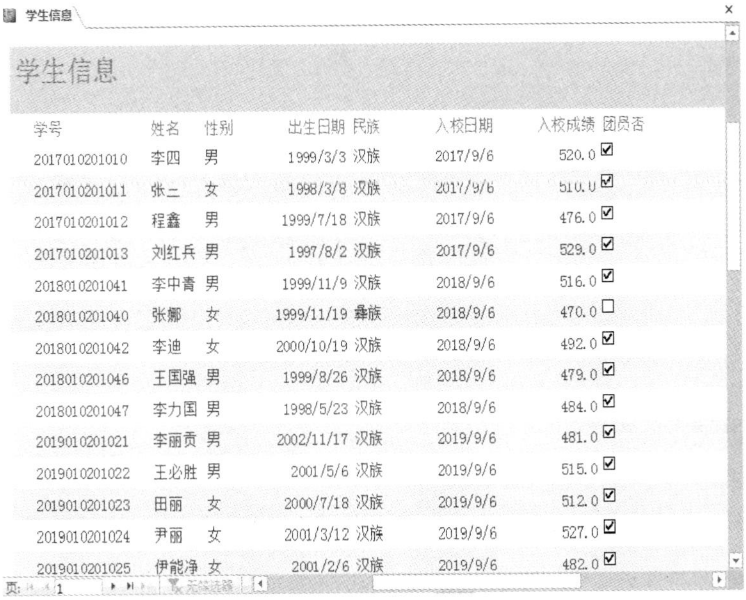

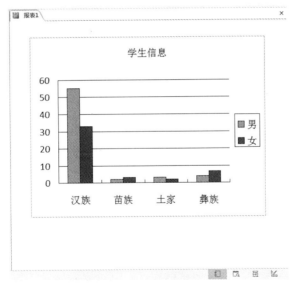

图 6.2　表格式报表

3. 图表报表

图表报表以图表形式显示信息，可以直观地表示数据的分析和统计信息，如图 6.3 所示。

图 6.3　图表报表

4. 标签报表

标签是一种特殊类型的报表。如果将标签绑定到表或查询中，Access 就会为基础记录源中的每条记录生成一个标签。在实际应用中，经常会用到标签，例如，物品标签、客户标签、书签、信封等，如图 6.4 所示。

图 6.4　标签报表

6.1.2　报表的组成

报表的结构和窗体类似，报表的设计视图也是分节的，每一节都有其特定功能。报表通常由"报表页眉"节、"页面页眉"节、"组页眉"节、"主体"节、"组页脚"节、"页面页脚"节、"报表页脚"节等 7 个节组成，如图 6.5 所示。在默认情况下，报表"设计视图"只显示"页面页眉"节、"主体"节 、"页面页脚"节，如图 6.6 所示。若要显示"报表页眉"节和"报表页脚"节，需右键单击报表空白区域，在弹出的快捷菜单中选择"报表页眉/页脚"命令，"报表页眉"节和"报表页脚"节只能同时显示或隐藏。若要显示"组页眉"节和"组页脚"节，需右键单击报表空白区域，在弹出的快捷菜单中选择"排序和分组"。每个节的高度是可以单独设置的，而各个节的宽度是一致的。

1. 报表页眉节

报表页眉在报表开头出现一次。可以将报表页眉用作诸如商标、报表题目或打印日期等项目。报表页眉打印在报表首页的页面页眉之前。

2. 页面页眉节

页面页眉出现在报表中的每个打印页的顶部，可以用它来显示诸如页标题或列标题等信息。

3. 主体节

主体节是报表的主体部分，用于显示表或查询中的所有记录。该节的内容在显示时是将记录连续显示的，记录的显示均需通过文本框或其他控件绑定显示，也可以包含字段的计算结果，所以一般将要大量显示的字段内容放在本节中。

4. 页面页脚节

页面页脚出现在报表中的每个打印页的底部，可以用它显示诸如日期或页码等信息，数据显示安排在文本框和其他一些类型控件中。

5. 报表页脚节

报表页脚在报表的末尾出现一次。可以用它来显示对报表中所有数据的统计信息。报表页脚是报表设计中的最后一节，但是在打印时，报表页脚出现在最后一个打印页的最后一个主体节之后、最后一个打印页的页面页脚之前。

6. 组页眉

可以在报表中的每个组内添加组页眉。组页眉显示在新记录组的开头，可用于显示分组字段的数据。可以在组页眉显示适用于整个组的信息，如组名称等。

7. 组页脚

可以在报表中的每个组内添加组页脚，组页脚出现在每组记录的结尾，可用于显示该组的小计值等信息。

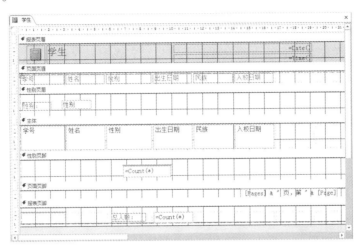

图 6.5　报表设计视图的组成

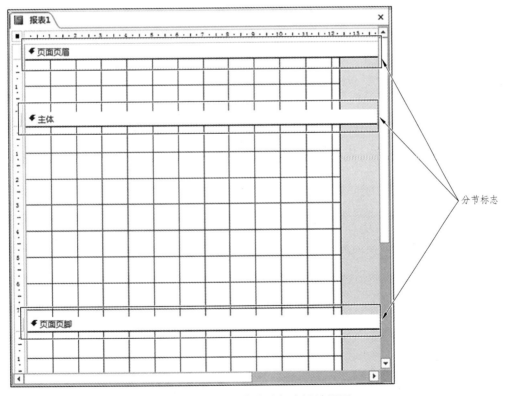

图 6.6　默认 3 个节的报表设计视图

6.1.3 报表的视图

为能够以不同的角度和层面来查看报表，Access 2016 提供了以下四种常用的报表视图类型。

1. 报表视图

报表的"报表视图"是设计完报表之后，展现出来的视图。在该视图下可以对数据进行排序、筛选。

2. 打印预览视图

报表的"打印预览视图"是用于测试报表对象打印效果的窗口，可以查看报表每一页上显示的数据，也可以查看报表的版面设置，还可以放大视图以查看细节，也可以缩小视图以查看数据在页面上的位置。Access 提供的打印预览视图所显示的报表布局和打印内容与实际打印结果是一致的，即所见即所得。

3. 布局视图

报表的"布局视图"用于在显示数据的同时对报表进行设计、调整布局等。用户可以根据数据的实际大小，调整报表的结构。报表的布局视图类似于窗体的布局视图。

4. 设计视图

报表的"设计视图"用于创建报表，它是设计报表对象的结构、布局、数据的分组与汇总特性的窗口。若要创建一个报表，可在"设计视图"中进行。

在"设计视图"中，可以使用"设计"选项卡上的控件按钮添加控件，如标签和文本框。控件可放在主体节中，或其他某个报表节中，可以使用标尺对齐控件。用户使用"格式"选项卡上的命令可以更改字体或字体大小、对齐文本、更改边框或线条宽度、应用颜色或特殊效果等，达到美化报表的目的。

6.2 创建报表

Access 2016 提供了 5 种创建报表的工具："报表""报表设计""空报表""报表向导""标签"。单击"创建"选项卡，在"报表"组中显示了几种创建报表的按钮，如图 6.7 所示。创建报表的方法和创建窗体非常相似。"报表"按钮用于对当前选定的表或查询创建基本的报表，是一种最快捷的创建报表的方式。"报表设计"以"设计视图"的方式创建一个空报表，并可以对该报表进行高级设计，添加控件和编写代码。"空报表"以"布局视图"的方式创建一个空报表。"报表向导"用于显示向导，以帮助用户创建一个简单的自定义的报表。"标签"按钮用于对当前选定的表或查询创建标签式的报表。

图 6.7 创建报表的工具

6.2.1 自动创建报表

"报表"工具提供了最快的报表创建方式,这种方式在创建过程中既不会出现提示信息,也不需要做任何操作就立即生成报表。在创建的报表中将显示基础表或查询中的所有字段。"报表"工具可能无法创建完全满足需要的报表,但它对于快速查看数据极为方便。在生成报表后,保存该报表,并在布局视图或设计视图进行修改,可使报表更好地满足要求。

【例 6.1】在"教学管理"数据库中,使用"报表"工具,以表对象"学生"为数据源创建一个名为"学生"的报表,操作步骤如下:

①打开"教学管理"数据库,在"导航"窗格中的"表"对象里单击"学生"表。

②在"创建"选项卡中的"报表"工具组中,单击"报表"按钮,屏幕会显示自动生成的报表,如图 6.8 所示。此时报表处于"布局视图",在此视图中可以对报表的布局进行调整,以使报表更加美观。

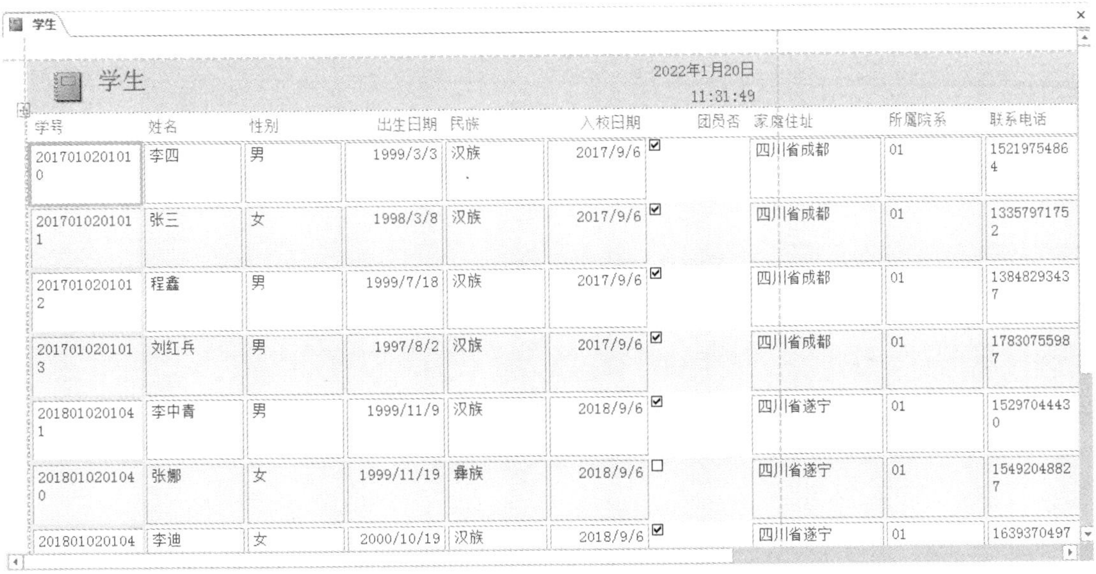

图 6.8　自动创建的报表

③单击窗口左上角的"保存"按钮,在弹出的"另存为"对话框中输入报表名"学生",然后单击"确定"按钮。

④自动创建的报表中包含了数据源中的所有字段。如果某些字段不需要显示在报表中,用户可以在"布局视图"中用鼠标左键单击选中要删除的字段,然后单击键盘上的 Delete 键即可把该字段删除。

6.2.2 报表向导创建报表

启动报表向导时,需要选择报表的数据源(数据源可以是数据表或者查询)、字段和布局。可以设置数据的排序和分组,产生汇总数据,可以创建基于多个表或查询的报表,报表中的多个数据源必须先建立好关系。向导提示可以帮助用户按照向导既定的步骤和提示创建报表。

【例 6.2】在"教学管理"数据库中,利用报表向导创建一个以"学生"表为数据源的名为"学生基本信息"的报表,要求以"民族"进行信息汇总,操作步骤如下:

①在"创建"选项卡的"报表"组中单击"报表向导"按钮，弹出如图 6.9 所示的"报表向导"对话框。

图 6.9 　"报表向导"对话框

②选择报表的数据源。在"表/查询"下拉列表中选择"学生"表，然后在可用字段中分别选择"学号""姓名""性别""出生日期""民族""入校成绩"，单击 `>` 按钮，将它们选定到"选定字段"列表中，如图 6.10 所示。

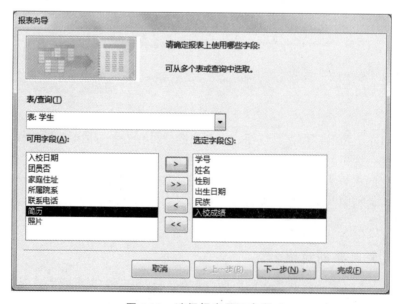

图 6.10 　选择报表显示字段

③单击"下一步"按钮，在打开的对话框中指定分组级别。此时选择"民族"字段作为分组级别，如图 6.11 所示。

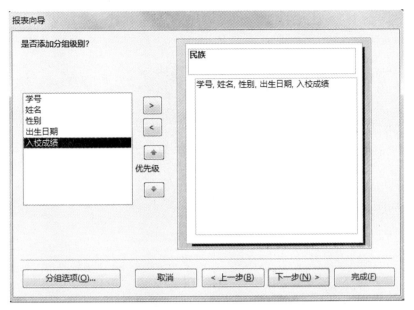

图 6.11　添加报表分组级别

④单击"下一步"按钮，在打开的对话框中最多可以选择 4 个字段对记录进行排序。这里选择"入校成绩"为第一排序字段，并按升序排列，如图 6.12 所示。

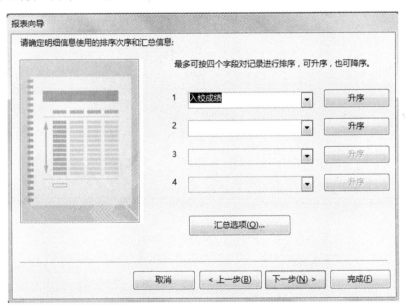

图 6.12　设定报表排序字段

⑤单击"汇总选项"按钮，弹出"汇总选项"对话框，计算各民族学生的平均入校成绩，选中"平均"复选框，单击"确定"按钮，如图 6.13 所示。

⑥返回如图 6.12 所示的对话框，单击"下一步"按钮，在打开的对话框中确定报表的布局方式，这里"布局"选项按钮组中选择"递阶"，在"方向"组中选择"纵向"，如图 6.14 所示。

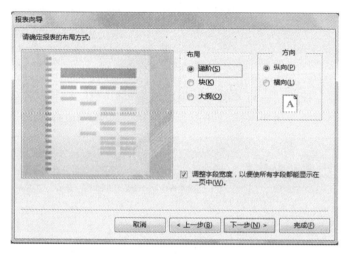

图 6.13 设定汇总选项

图 6.14 布局方式

⑦单击"下一步"按钮，在打开的对话框中输入报表标题"学生基本信息"，默认"预览报表"选项，如图 6.15 所示，单击"完成"按钮，报表最终结果如图 6.16 所示。

图 6.15 指定报表标题

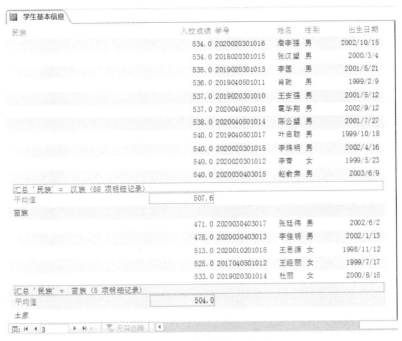

图 6.16　报表设计效果

6.2.3　空报表的创建

使用"空报表"工具创建报表是另一种灵活快捷的方式。它类似于用"空白窗体"创建窗体，适合于报表中字段较少的情况。

【例 6.3】在"教学管理"数据库中，以"学生"表和"学生选课"表为数据源，利用"空报表"工具创建"学生选课信息表"，操作步骤如下：

①在"创建"选项卡的"报表"组中单击"空报表"按钮，自动切换到报表的布局视图，屏幕的右侧自动弹出"字段列表"对话框，如图 6.17 所示。

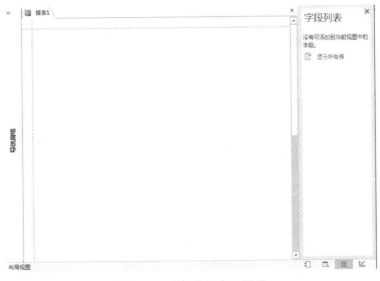

图 6.17　空报表的布局视图

193

②在"字段列表"对话框中单击"显示所有表"选项，然后单击"学生"表前面的"+"号，在对话框中会显示出该表包含的所有字段名称，如图6.18所示。

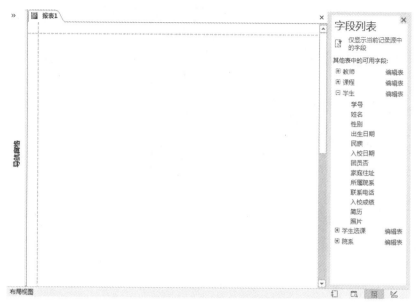

图6.18　学生表中的字段

③依次双击对话框中"学生"表需要输出的字段"学号""姓名"。在"字段列表"对话框中单击"学生选课"表前的"+"号，依次双击"学生选课"表需要输出的字段"课程编号""平时成绩""期末成绩"，显示的报表如图6.19所示。

学号	姓名	课程编号	平时成绩	期末成绩
2017010201010	李四	0011GG01	77	57
2017010201010	李四	0011GG04	51	67
2017010201011	张三	0011GG01	54	44
2017010201011	张三	0011GG04	70	47
2017010201012	程鑫	0011GG01	80	51
2017010201012	程鑫	0011GG04	50	72
2017010201013	刘红兵	0011GG01	76	49
2017010201013	刘红兵	0011GG04	75	44
2018010201041	李中青	0011GG01	77	97
2018010201041	李中青	0011GG04	66	63
2018010201040	张娜	0011GG01	65	75
2018010201040	张娜	0011GG04	79	76
2018010201042	李迪	0011GG01	86	82
2018010201042	李迪	0011GG04	88	98
2018010201046	王国强	0011GG01	87	81
2018010201046	王国强	0011GG04	79	88
2018010201047	李力国	0011GG01	58	98
2018010201047	李力国	0011GG04	72	84
2019010201021	李丽贡	0011GG01	55	92

图6.19　向报表中添加字段

④保存设计，输入报表名"学生选课信息表"。切换到"打印预览"视图，可以看见报表设计的最终效果，如图6.20所示。

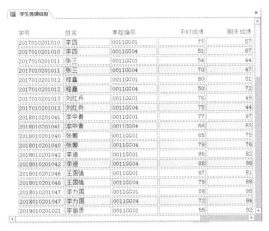

图 6.20　学生选课信息表

6.2.4　报表设计创建报表

通过"报表"工具、"报表向导"工具和"空报表"工具等方法创建的报表只能满足用户有限的需求，在实际应用中，使用"报表设计"工具，在"设计视图"下可灵活建立和修改各种报表。

【例 6.4】在"教学管理"数据库中，以"学生"表为数据源，利用"报表设计"工具创建"学生信息表"报表，操作步骤如下：

①在"创建"选项卡的"报表"组中，单击"报表设计"按钮，进入"设计视图"，如图6.21 所示。

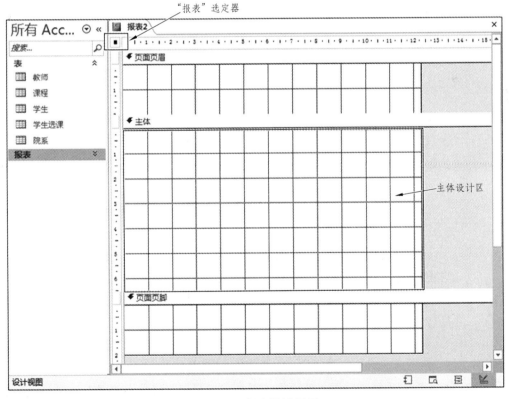

图 6.21　报表设计视图

②在"报表设计工具"的"设计"选项卡的"工具"组中选择"属性表"或者在如图 6.22 所示的报表设计的网格右侧区域单击右键，在出现的快捷菜单中选择"属性"，会弹出"属性表"窗格，如图 6.23 所示。

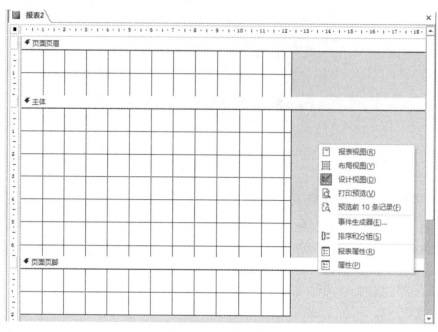

图 6.22　快捷菜单

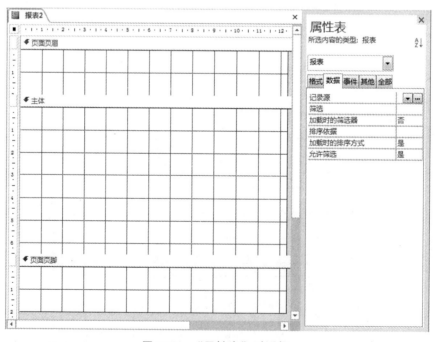

图 6.23　"属性表"对话框

③在"属性表"中选择"数据"选项卡，单击"记录源"属性右侧的省略号按钮，打开查询生成器，如图 6.24 所示。

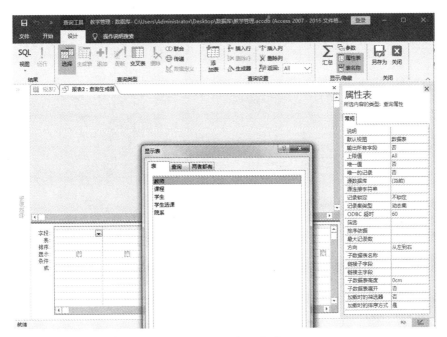

图 6.24　打开查询生成器

④在打开的"显示表"对话框中双击"学生"表，关闭对话框。在查询生成器中选择需要输出的字段（学号、姓名、性别、出生日期、民族、入校日期）并添加到设计网格中，如图 6.25 所示。

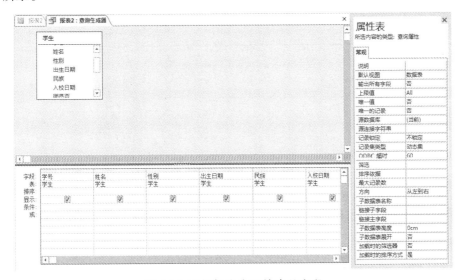

图 6.25　选择报表中要输出的字段

⑤ 将报表保存为"学生信息表"，关闭查询生成器。完成数据源设置之后，关闭"属性表"，将返回到报表的"设计视图"，单击工具组中的"添加现有字段"按钮，在屏幕右侧会打开"字段列表"对话框。将字段列表中的字段依次拖曳到报表的主体节中，将主体节中的标签控件剪切到页面页眉中，并适当调整位置将相应的字段标签和字段文本框垂直对齐，如图 6.26 所示。

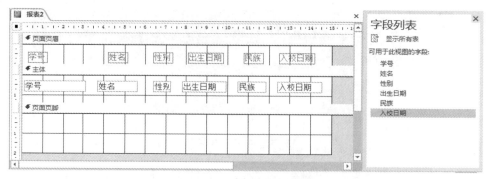

图 6.26　报表设计视图

⑥单击功能区"页眉/页脚"工具组中的"标题"按钮，在报表设计区的两端会新增"报表页眉"节和"报表页脚"节，在"报表页眉"节中输入报表标题"学生信息表"，然后再次选中该标签，单击右键，打开"属性表"窗格。在"属性表"窗格中设置文字的大小和排列方式，完成后的设计结果如图 6.27 所示。

图 6.27　设计报表页眉

⑦单击功能区"页眉/页脚"工具组中的"页码"按钮，打开如图 6.28 所示的对话框，选择"第 N 页，共 M 页"格式，选择"页面底端（页脚）"位置，对齐方式选择"居中"，单击"确定"按钮。

图 6.28　"页码"设置对话框

⑧切换到打印预览视图即可得到如图 6.29 所示的报表。

图 6.29　预览"学生信息表"报表

6.3　编辑报表

在报表的"设计视图"中可以创建报表,也可以对已有的报表进行编辑和修改,如添加日期和时间、添加分页符和页码、添加直线和矩形等,以得到更好的显示效果。

6.3.1　日期和时间

在自动创建"报表"中,系统自动在"报表页眉"处生成显示日期和页码的文本框控件。使用"报表向导"生成的报表,系统自动在"页面页脚"处生成显示日期和页码的文本框控件。而自定义生成的报表,插入日期和时间有两种方式:第一种是使用自动插入的方式;第二种是使用添加控件采用手动方式添加显示日期和时间。

【例 6.5】在"学生信息表"报表中添加日期和时间。自动插入方式操作步骤如下:

① 在"教学管理"数据库中打开"学生信息表"报表,单击"设计"选项卡上"页眉/页脚"选项组中的"日期和时间"按钮,弹出"日期和时间"对话框,如图 6.30 所示。

② 在对话框中,选择是否显示"日期"或"时间"及其显示的格式,单击"确定"按钮。切换到"打印预览"视图,可以看到在"报表页眉"节中显示出了日期和时间,如图 6.31 所示。

【注意】

使用自动插入的方法,默认在报表最上面的节中插入日期和时间。

使用添加控件,采用手动方式添加日期和时间的操作步骤如下:

①在"教学管理"数据库中打开"学生信息表"报表设计视图,在"报表设计工具/设计"选项卡的"控件"组中单击"文本框"控件,如图 6.32 所示。

图 6.30   "日期和时间"对话框

图 6.31   自动插入"日期和时间"的报表

图 6.32   "文本框"控件

②按住鼠标左键在"页面页脚"中拖曳,当大小合适时松开鼠标,这时在"页面页脚"

节中插入一个文本框和一个标签控件，将光标插入标签控件中输入"日期"，选择文本框，打开"属性表"窗口，在"数据"选项卡下选择"控件来源"属性，在对应的文本框中输入"=Date()"。用同样的方法创建一个显示时间的文本框和标签，"控件来源"设置为"=Time()"。切换到打印预览视图，可以看到"页面页脚"中显示的日期和时间，如图 6.33 所示。

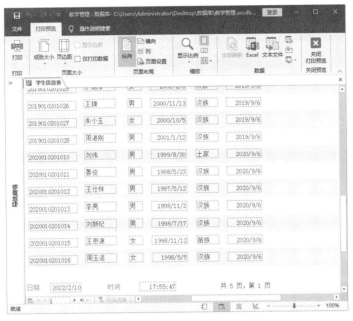

图 6.33 "页面页脚"中添加日期和时间后的报表

6.3.2 页码

在报表中添加页码与添加日期时间一样，也分自动和手动两种方式。自动方式在前面例 6.4 的第⑦步骤已详细介绍。自动插入页码的方式虽然快捷，但是页码格式非常有限，使用手动方式插入页码可以按照要求设置需要的任何格式，因此更加灵活，能满足用户的应用需求。手动插入页码操作步骤如下：

①在"教学管理"数据库中打开"学生信息表"报表设计视图，在"报表设计工具/设计"选项卡的"控件"组中单击"文本框"控件。

②在报表的"页面页脚"节中按住鼠标左键拖曳，当大小合适时松开鼠标，这时在"页面页脚"节中插入一个文本框和一个标签控件，删除标签控件，选择文本框，打开"属性表"窗口，在"数据"选项卡下选择"控件来源"属性，在对应的文本框中输入页码表达式。在 Access 中，Page 和 Pages 是两个内置变量，Page 代表当前页号，Pages 代表总页数，可以用连接运算符 "&" 将各个部分连接成一个字符串。常用页码格式的表达式如表 6.1 所示。

表 6.1 页码常用格式

表达式	显示文本
="第" &[page]& "页"	第 N 页（当前页）
=[page]& "/" &[pages]	N（当前页）/M（总页数）
=第 " & [Page] & " 页 "," 共 " & [Pages] & " 页	第 N 页，共 M 页

6.3.3 分页符

在报表中，可以在某一节使用分页控制符来标志要另起一页的位置，操作步骤如下：

①在"教学管理"数据库中打开"学生信息表"报表设计视图，在"报表设计工具/设计"选项卡的"控件"组中单击"插入分页符"控件，如图6.34所示。

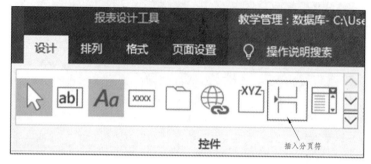

图6.34　"分页符"控件

②选择报表中需要设置分页符的位置，然后单击，分页符会以短虚线标志在报表的左边界上。

【注意】

分页符应设置在某个控件之上或之下，以免拆分了控件中的数据。如果要将报表中的每条记录或记录组都另起一页，则可以通过设置组标头、组注脚或主体节的"强制分页"属性来实现。

6.3.4 绘制直线和矩形

在Access中，为了使报表的外观更加美化，布局更加合理，需要对报表做进一步处理。例如，在报表中增加一些直线、矩形，设置特殊效果来增加报表的可读性等，使报表获得更多的美化效果。

在报表上绘制直线的操作步骤如下：

①在"教学管理"数据库中打开"学生信息表"报表设计视图，在"报表设计工具/设计"选项卡的"控件"组中单击向下箭头，即可打开其他控件，如图6.35所示。

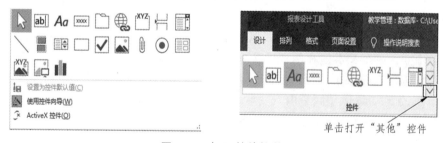

图6.35　打开其他控件

②单击"设计"选项卡上"控件"组中的"直线"按钮，单击设计视图页面页眉节中的某一点位置，并沿水平方向拖拽鼠标到某个位置，松开鼠标就创建了一个水平的直线控件，如图6.36所示。

③在"页面页眉"节中，单击选定该水平的"直线"控件，单击"开始"选项卡上"剪

贴板"组中的"复制"按钮，再单击"剪贴板"中的"粘贴"按钮，在"页面页眉"节中产生了第二个水平的"直线"控件，然后把第二个"直线"控件调整到适当的位置（两条直线的左边距要相同）。

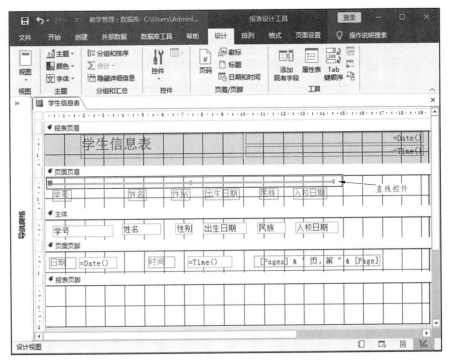

图 6.36　创建水平的"直线"控件

④切换到打印预览视图，可以看到"页面页眉"中显示的直线，如图 6.37 所示。

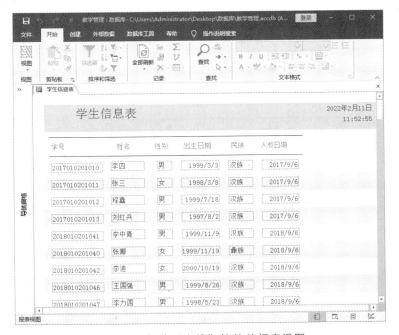

图 6.37　创建"直线"控件的报表视图

打开控件的属性表对话框，用户可以更改线条样式和边框样式，在报表上绘制矩形的操作步骤如下：

①选择"矩形"控件。

②在报表设计视图的任意处可以创建默认大小的矩形，或通过拖动方式创建自定义大小的矩形。

6.4　报表排序与分组

为了使设计出来的报表更能符合用户要求，需要对报表进行进一步设计，如对记录排序、分组计算等。在默认情况下，报表中的记录是按照自然顺序也就是数据输入的先后顺序排列显示的，在实际应用过程中，经常需要按照某个指定的顺序排列记录数据，如按照入校成绩高低等排列称为报表排序操作。此外，报表设计还经常需要就某个字段按照其值的相等与否划分成组来进行一些统计操作，并输出统计信息，也就是分类汇总，这就是报表的分组操作。

6.4.1　报表的排序

在设计报表时，可以让报表中的输出数据按照指定的字段或字段表达式进行升序或降序排序。

【例 6.6】将"学生信息表"报表按照"性别"升序进行排序输出，相同性别的按照"出生日期"降序进行排序输出。操作步骤如下：

①打开"学生信息表"报表设计视图，单击"设计"选项卡上"分组和汇总"组中的"分组和排序"按钮，则在"设计视图"下方显示"分组、排序和汇总"窗格，并在该窗格中显示"添加组"和"添加排序"按钮，如图 6.38 所示。

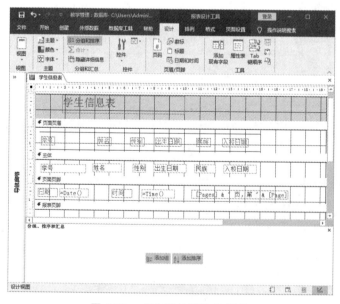

图 6.38　"分组与排序"操作

②单击"添加排序"按钮，在弹出的窗格上部的字段列表中选择排序依据字段，此处选择"性别"字段，如图 6.39 所示。如果是字段表达式，则在弹出的窗格下部选择"表达式"，

打开"表达式生成器",键入以等号"="开头的表达式。Access 默认情况下按"升序"排序,若要改变排序次序,可在"升序"按钮的下拉列表中选择"降序"。屏幕下方的"分组、排序和汇总"区中显示的内容如图 6.40 所示。

图 6.39　字段列表　　　　　　　　图 6.40　指定"性别"为第一排序字段

③再次单击"添加排序"按钮,弹出"字段列表"对话框。选择"出生日期",再选择"降序"排序,屏幕下方的"分组、排序和汇总"区中显示的内容如图 6.41 所示。

图 6.41　指定"出生日期"为第二排序字段

在报表中设置多个排序字段时,第一行的字段或表达式具有最高排序优先级,第二行有次高的优先级,依此类推。

④保存报表,进入"打印预览"视图,效果如图 6.42 所示。

图 6.42　排序后的"报表预览"

6.4.2　报表的分组

分组是指报表设计时按选定的某个或几个字段值是否相等而将相关记录形成一个集合。操作时,要先选定分组字段,将字段值相等的记录归为同一组,字段值不等的记录归为不同组。通过分组可以实现同组数据的汇总和输出,以增强报表的可读性。一个报表中最多可以对十个字段或表达式进行分组。

【例 6.7】在"学生信息表"报表中按照"民族"字段进行分组统计。操作步骤如下：

①打开"学生信息表"报表设计视图，右键单击空白处，在弹出的快捷菜单中选择"排序和分组"，如图 6.43 所示，在"设计视图"下方显示出"分组、排序和汇总"窗格，并在该窗格中显出"添加组"和"添加排序"按钮，如图 6.38 所示。

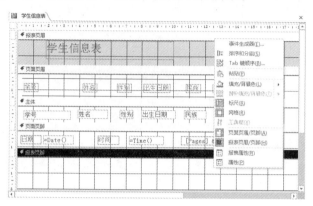

图 6.43　"分组与排序"操作

②单击"添加组"按钮，在弹出的窗格上部的字段列表中选择分组形式字段"民族"，此时出现"民族页眉"节，如图 6.44 所示。如果是字段表达式，则在弹出的窗格下部选择"表达式"，打开"表达式生成器"，键入以等号"="开头的表达式。

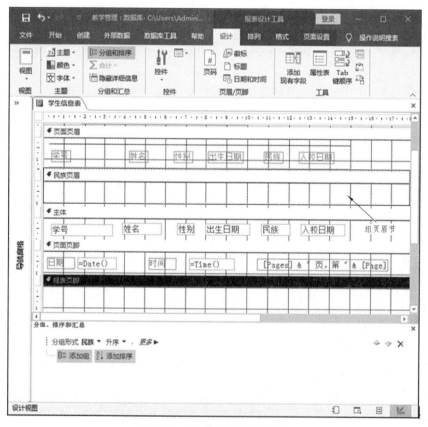

图 6.44　添加"组页眉"节

如果要添加"民族页脚"节，可单击图 6.44 中"更多"按钮，弹出如图 6.45 所示的界面，将"无页脚节"改为"有页脚节"，即可在设计视图中出现"民族"页脚节。

图 6.45　添加"组页脚"节

③将原来"页面页眉"节中的"民族"标签移到"民族页眉"节中，并将标签标题修改为"民族："，将主体节内的"民族"文本框移至"民族页眉"节中，如图 6.46 所示。

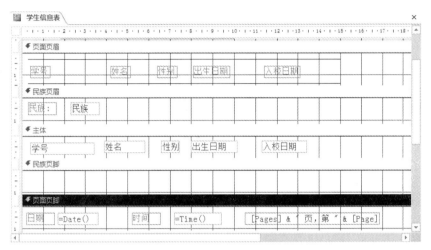

图 6.46　设置"民族页眉"节

④保存报表，切换到打印预览视图，报表显示效果如图 6.47 所示。

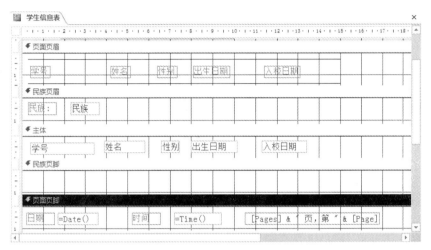

图 6.47　分组后的报表效果（局部）

对已经设置排序或分组的报表，可以在上述排序或分组设置环境里进行以下操作：添加排序、分组字段或表达式、删除排序、分组字段或表达式、更改排序、分组字段或表达式。

6.5 报表的计算

在报表设计过程中，除在设计视图中设置绑定控件直接显示字段数据外，还经常要对报表中的数据进行各种运算以显示计算结果。例如，报表中页码、日期的输出，分组统计数据的输出等均可通过设置绑定控件的"控件来源"为计算表达式实现，这些控件就称为"计算控件"。在打开报表的"打印预览"视图时，在计算控件文本框中显示出其表达式计算结果的值。

6.5.1 计算控件的添加

在报表中添加计算控件并设置该控件来源的表达式，可以实现计算功能。文本框是最常用的计算控件。

【例 6.8】在"学生信息表"报表中根据学生的"出生日期"字段使用计算控件算出学生"年龄"，并替换"出生日期"字段；报表中增加一个"团员否"字段信息，显示内容为"是"或"否"。操作步骤如下：

①打开"学生信息表"报表设计视图，双击"页面页眉"节区的"出生日期"标签控件，打开"属性表"对话框，在"格式"选项卡"标题"栏中将内容更改为"年龄"，如图 6.48所示。

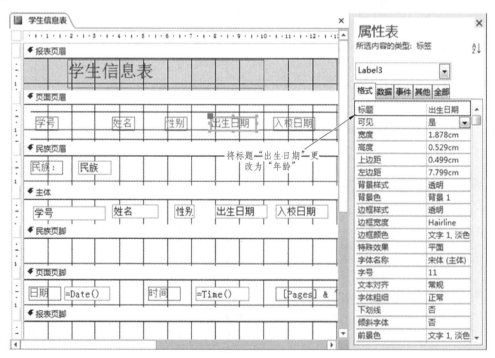

图 6.48 设置"年龄"标签控件

②选中"主体"节内"出生日期"文本框控件，在"属性表"对话框中选择"数据"选项卡，点击"控件来源"属性后面的"..."按钮，打开表达式生成器，设置年龄的表达式

"=Year(Date())-Year([出生日期])",如图 6.49 所示。然后在"属性表"对话框中选择"其他"选项卡,将"名称"属性改为"年龄"。

【注意】

计算控件的控件来源必须是等号"="开头的计算表达式。

图 6.49 计算"年龄"的表达式生成器

③选择在"报表设计工具/设计"选项卡的"工具"组中单击"添加现有字段"按钮,打开"字段列表"对话框,选择"显示所有表",双击"学生"表中"团员否"字段添加到"可用于此视图的字段",如图 6.50 所示。删除"团员否复选框"控件,在"主体"节区空白处创建一个"文本框"控件,双击该控件打开"属性表"对话框,选择"数据"选项卡,点击"控件来源"属性后面的"..."按钮,打开表达式生成器,设置"团员否"的表达式"=IIf([团员否],"是","否")",关闭表达式生成器,如图 6.51 所示。然后在"属性表"对话框中选择"其他"选项卡,设置"名称"属性为"团员否"。

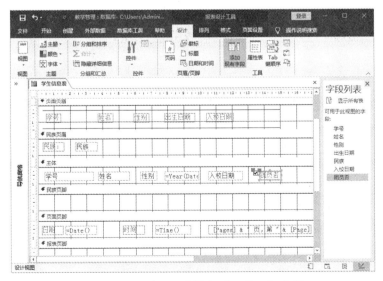

图 6.50 设计视图中添加"团员否"字段

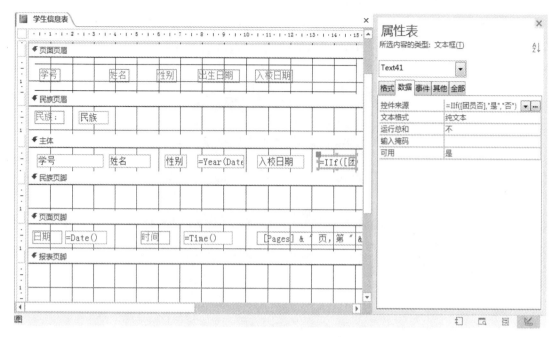

图 6.51　设置"团员否"的表达式

④在"页面页眉"节区创建一个标签控件,与"主体"节区的"团员否"文本框控件垂直对齐,双击该控件打开"属性表"对话框,选择"格式"选项卡,修改"标题"属性为"团员否",如图 6.52 所示。

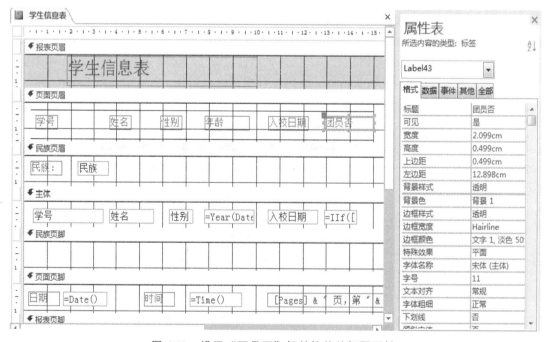

图 6.52　设置"团员否"标签控件的标题属性

⑤保存报表,切换到"打印预览"视图,可预览报表中计算控件显示的结果,如图 6.53 所示。

图 6.53　添加计算控件后的报表预览结果

6.5.2　统计运算

在报表设计中，可根据需要进行各种类型统计计算并输出显示，操作方法就是将计算控件的控件来源设置为需要统计计算表达式。在 Access 中根据计算控件所在位置确定如何计算结果，有以下几种形式：

①"主体"节中的计算控件是对数据源中的每一条记录计算该控件的值。

②"页面页眉/页脚"节中的计算控件主要是设置页码和日期等表达式。

③"组页眉/页脚"节中的计算控件是对当前组数据的计算。

④"报表页眉/页脚"节中的计算控件是对整个报表所有数据统计计算。

1. "主体"节内添加计算控件

在主体节内添加计算控件，可以对一个字段中所有记录的值进行同一种运算，例如【例6.8】中根据学生的"出生日期"计算每个学生的"年龄"，设置"团员否"字段在"打印预览"视图中显示内容为"是"或"否"等都是主体节内添加计算控件。在主体节内的计算控件只能对每一个字段值进行相同的运算，而无法对同一字段中所有的值进行诸如求"平均值"或求"最大值"的统计计算。

2. "组页眉/页脚"或"报表页眉/页脚"节内添加计算控件

在"组页眉/页脚"或"报表页眉/页脚"节内添加计算字段主要是对记录的若干字段求和或进行统计计算，这种形式的统计计算一般是对报表字段列的纵向记录数据进行统计，而且要使用 Access 提供的内置统计函数完成相应的计算操作。

【例 6.9】在"学生信息表"报表中统计各民族学生人数和平均年龄，最后统计出所有学生的人数和平均年龄。操作步骤如下：

①在"教学管理"数据库中打开"学生信息表"报表设计视图，选择"报表设计工具/设计"选项卡的"控件"组中"文本框"控件，在"民族页脚"节区中创建 2 个文本框（自动生成 2 个"标签"控件），编辑第 1 个"标签"控件标题为"该民族人数:"，第 1 个"文本框"

控件的控件来源设置为"=count(*)";编辑第 2 个"标签"控件标题为"该民族平均年龄:",第 2 个"文本框"控件的控件来源设置为"=Avg(Year(Date())-Year([出生日期]))";设置"格式"属性为"标准","小数位"属性为"2",如图 6.54 所示。

②保存报表,切换到"打印预览"视图,预览报表,组页脚部分结果如图 6.55 所示。

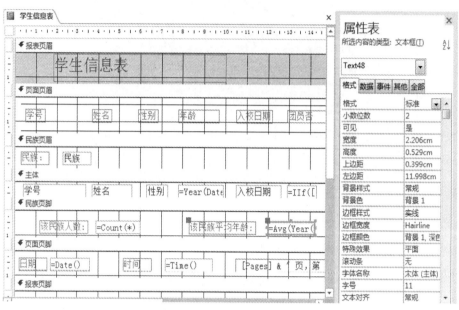

图 6.54 "组页脚"设计

图 6.55 "组页脚"显示结果

③复制"民族页脚"节区中的所有控件，将其粘贴到"报表页脚"节区，将标题"该民族人数:"改为"所有人数:";标题"该民族平均年龄"改为"所有人平均年龄:"，其余控件不变，如图6.56所示。

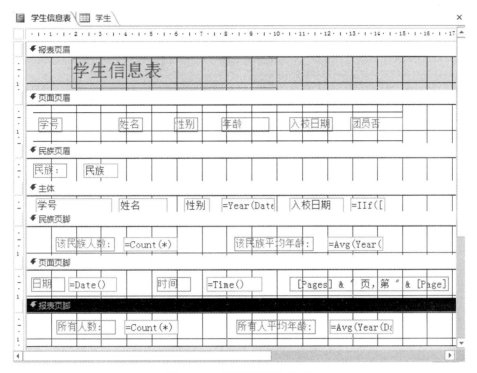

图6.56 "报表页脚"设计

④保存报表，切换到"打印预览"视图，预览报表，报表页脚结果如图6.57所示。

图6.57 "报表页脚"显示效果

3. 报表中的常用函数

表6.2 报表中的常用函数

函　数	功　能
Sum()	计算某一指定字段中所有值的总和
Avg()	计算某一指定字段中所有值的平均值
Count()	计算某一指定字段中所有值的个数

函　数	功　能
Max()	计算某一指定字段中所有值的最大值
Min()	计算某一指定字段中所有值的最小值
First()	返回指定范围内多条记录中的第一条记录指定的字段值
Last()	返回指定范围内多条记录中的最后一条记录指定的字段值
Date()	返回系统当前日期
Time()	返回系统当前时间
Now()	返回系统当前日期和时间
Year()	返回系统当前年

6.6　报表的打印

在打印报表之前，一般先使用"打印预览"与"设计视图"修改报表的格式与内容，对报表的预览结果满意后，再打印该报表。

1. 报表的打印预览

打开报表打印预览视图常用方法如下：

①打开导航窗格中的"报表"组，右键单击需要打开的报表选项，在弹出的快捷菜单中选择"打印预览"命令。

②在"设计"选项卡的"视图"选项组中单击"视图"按钮的下拉箭头，在弹出的菜单中选择"打印预览"命令。

"打印预览"选项卡包括"打印""页面大小""页面布局""缩放""数据""关闭预览"六个组，其中，数据组的作用是将报表导出为其他文件格式，例如 Excel 文件、文本文件、PDF或 XPS、电子邮件、其他等格式。预览报表的目的是在屏幕上模拟打印机的实际效果，也就是"所见即所得"，为了保证打印出来的报表满足要求且外形美观，通过预览显示打印页面，可发现问题进行修改。在"打印预览"中，可以看到报表的打印外观，并且显示了全部记录。Access 2016 提供了多种打印预览模式，在"缩放"组中，有单页预览、双页预览和多页预览，如图 6.58 所示。在"打印预览"中，还可以在"页面大小"组中设置"纸张大小"，默认是"A4"纸张；选择合适的"页边距"，默认是"窄边距"或者"仅打印数据"。在"页面布局"组中设置打印方向是"横向"或是"纵向"打印，默认是"纵向"打印。

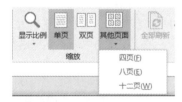

图 6.58　"报表预览"方式

2. 报表的打印

经过预览、修改后，就可以打印报表了。打印报表的操作步骤如下：

①在"打印预览"选项卡中单击"打印"按钮，打开"打印"对话框。如果有多台打印

机，可以在"名称"下拉列表框中选择要工作的打印机，并设置打印页码的范围、打印份数，如图 6.59 所示。

图 6.59 "打印"对话框

②单击"设置"按钮，打开"页码设置"对话框，如图 6.60 所示。在"打印选项"选项卡可以设置打印边界，以及设置"只打印数据"。在"列"选项卡中，可以设置一页报表中的列数、行间距、列间距，以及列的宽度、高度以及列布局，如图 6.61 所示。设置完成后单击"确定"按钮，返回到"打印"对话框，再次单击"确定"按钮，开始打印。

图 6.60 "页面设置"对话框的"打印选项"卡

图 6.61 "页面设置"对话框的"列"选项卡

课后习题

一、单选题

1. 下列关于报表的叙述中，正确的是（　　　）。

215

A. 报表只能输入数据　　　　　　　B. 报表只能输出数据

C. 报表可以输入和输出数据　　　　D. 报表不能输入和输出数据

2. 在报表设计过程中，不适合添加的控件是（　　　　）。

A. 标签控件　　　　　　　　　　　B. 图形控件

C. 文本框控件　　　　　　　　　　D. 直线控件

3. 要实现报表按某字段分组统计输出，需要设置的是（　　　　）。

A. 报表页脚　　　　　　　　　　　B. 该字段的组页脚

C. 主体　　　　　　　　　　　　　D. 页面页脚

4. 在报表中要显示格式为"共 N 页，第 N 页"的页码，正确的页码格式设置是（　　　　）。

A. ="共" + Pages +页，第"+ Page +页"

B. ="共" + [Pages] + "页，第" + [Page] + "页"

C. ="共" &Pages&"页，第" & Page & "页"

D. ="共" & [Pages] & "页，第" & [Page] & "页"

5. 下图所示的是报表设计视图，由此可判断该报表的分组字段是（　　　　）。

A. 课程名称　　　　　　　　　　　B. 学分

C. 成绩　　　　　　　　　　　　　D. 姓名

6. 在报表中，要计算"数学"字段的最低分，应将控件的"控件来源"属性设置为（　　　　）。

A. =Min([数学])　　　　　　　　　B. =Min(数学)

C. =Min[数学]　　　　　　　　　　D. Min(数学)

7. 在设计报表过程中，如果要进行强制分页，应使用的工具图标是（　　　　）。

A. 　　　　　　　　　　　B.

C. 　　　　　　　　　　　D.

8. 报表的作用不包括（　　　　）。

A. 分组数据　　　　　　　　　　　B. 汇总数据

C. 格式化数据　　　　　　　　　　D. 输入数据

9. 报表的数据源不包括（　　　　）。

A. 表　　　　　　　　　　　　　　B. 查询

C. SQL 语句　　　　　　　　　　　D. 窗体

10. 如果要改变报表的标题，需要设置的属性是（　　　）。

    A. Name   B. Caption

    C. BackColor   D. BorderStyle

11. 在一份报表中设计内容只出现一次的区域是（　　　）。

    A. 报表页眉   B. 页面页眉

    C. 主体   D. 页面页脚

12. 如果要显示的记录和字段较多，并且希望可以同时浏览多条记录及方便比较相同字段，则应创建的报表类型是（　　　）。

    A. 纵栏式   B. 标签式

    C. 表格式   D. 图表式

13. 报表的分组统计信息显示的区域是（　　　）。

    A. 报表页眉或报表页脚   B. 页面页眉或页面页脚

    C. 组页眉或组页脚   D. 主体

14. 要指定在报表每一页的底部都输出内容，需要设置（　　　）。

    A. 报表页脚   B. 页面页脚

    C. 组页脚   D. 页面页眉

15. 将大量数据按不同的类型分别集中在一起，称为将数据（　　　）。

    A. 筛选   B. 合计

    C. 分组   D. 排序

二、填空题

1. 报表的分组统计信息显示于＿＿＿＿＿＿＿＿＿＿。

2. 在报表的组页脚区域中要实现计数统计，可以在文本框中使用函数＿＿＿＿＿＿＿。

3. 要在报表的文本框控件中同时显示出当前日期和时间，则应将文本框的控件来源属性设置为＿＿＿＿＿＿＿。

4. 每张报表可以有不同的节，一张报表至少要包含的节是＿＿＿＿＿＿＿。

5. 在报表的视图中，能够预览显示结果，并且又能够对控件进行调整的视图是＿＿＿＿＿＿＿。

参考答案

一、选择题

1. B   2. B   3. B   4. D   5. D   6. A   7. D   8. D   9. D   10. B

11. A   12. C   13. C   14. B   15. C

二、填空题

1. 组页眉或组页脚   2. Count 或 Count(*)   3. Now()

4. 主体节   5. 布局视图

第7章 宏

Access 通过表、查询、窗口和报表向用户提供了基本的数据库支撑，用户已经可以采用这些对象实现简单的应用，但对于比较复杂的应用或系统，仅使用表、查询、窗口和报表这样的对象是无法实现的，因此，就需要通过编程来实现更复杂的业务逻辑或处理。在 Access 中，与编程相关的对象有两个：宏和模块。

在 Access 中，经常需要进行一些重复性的工作，如打开表、查询或窗体，打印报表等，此时用户可将这些重复性的工作创建为一个宏。只要运行宏就可自动完成工作，从而提高工作效率。此外，每次运行宏时，都会按照同样的方式操作，极大地增加了数据库的准确性和有效性。

宏几乎可以完成数据库的大部分操作，灵活运用宏，能使数据库更为强大。宏的主要功能如下：

① 执行重复性的操作，节约用户的时间，如打开或关闭数据表、查询、窗体、报表对象等。
② 使数据库中的各个对象联系得更加紧密。
③ 执行报表的显示、预览和打印功能。
④ 可以查询或筛选数据记录。
⑤ 设置窗体、报表或控件的属性。
⑥ 发出提示或警告信息。

7.1 宏的概述

宏是一个或多个操作的集合，其中每个操作执行特定的功能。如果用户频繁地重复同一系列操作，就可以创建宏来执行这些操作。宏由一些操作和命令组成，这些操作和命令用来完成自动化操作。用户可以通过创建宏来自动执行某一项重复的或者复杂的任务。

宏是 Access 中一种简单、方便的快速实用工具。Access 虽然提供了编程功能，但对一般用户而言，使用宏是一种更便捷的方法，不需要编程，也不需要记住各种语法，只要将所执行的操作，参数和运行的条件输入到宏生成器中即可。Access 提供了几十种宏命令，常见的宏命令请参见附录。

7.1.1 宏的分类

在 Access 中，如果按照打开宏设计视图的方法来分类，可以把宏分为独立宏、嵌入宏和数据宏。

（1）独立宏：独立宏是一个独立的对象，独立于窗体、报表或表之外。它在导航窗格中是可见的。

（2）嵌入宏：与独立宏正好相反，它是嵌入到窗体、报表或控件之中的宏，成为所嵌入对象或控件的一个属性。它在导航窗格中是不可见的。

（3）数据宏：数据宏允许用户在表事件（如添加、更新或删除数据等）中添加逻辑。它有两种触发方式：一种是由表事件触发的数据宏；另一种是为响应按名称调用而运行的数据宏。

宏中包含的每个基本操作都有系统提供的名称，设计宏时可以根据需要选择相应的操作命令。

7.1.2 宏的设计视图

宏的设计是在宏生成器中进行的。创建宏可以通过下拉菜单进行操作，然后根据需要填充相关的操作参数即可。

创建宏的一般操作步骤如下：

（1）"创建"选项卡上的"宏与代码"组中，单击"宏"。

（2）在"添加新操作"列表中选择某个操作，如图 7.1 所示。

（3）修改宏操作的参数，在注释中输入说明文字。

（4）如需添加更多的操作，可以重复上述步骤（2）和（3）。

（5）命名并保存设计好的宏。

图 7.1　宏设计视图

对设计好的宏可以直接运行，也可以按宏名进行调用。命名为 AutoExec 的宏在打开该数据库时会自动运行。要取消自动运行，打开数据库时按住 Shift 键即可。

7.2　独立宏

独立的宏与表、查询、窗体、报表类似，都是 Access 中的数据库对象，会显示在导航窗格中，适用于其他数据库对象的常用操作也适用于独立宏。独立宏也简称宏。建立独立宏的过程主要有指定宏名、添加操作、设置参数及提供注释说明信息等。

7.2.1 创建操作序列宏

创建操作序列宏是最基本的创建宏的方法。操作序列宏是最简单的宏，宏的每一个操作都会被执行，按操作排列的先后顺序执行。

【例 7.1】创建宏，其功能是打开"学生"表和"学生选课成绩"查询，然后先关闭查询，再关闭表，关闭前用消息框提示操作。

操作步骤如下：

①要创建宏，首先要打开一个数据库，然后单击"创建"选项卡，在"宏与代码"命令组中单击"宏"命令按钮，打开宏设计窗口。新建一个宏，进入宏设计窗口。

②在"操作目录"任务窗格中把"程序流程"部分的"Comment"拖到"添加新操作"下拉列表框中，或双击"Comment"，在宏设计器中出现相应的注释行，在其中输入"打开学生表"。然后在"添加新操作"下拉列表框中选择"OpenTable"命令，在"表名称"下拉列表框中选择"学生"表，其他参数取默认值。

单击宏操作命令右侧的"上移""下移"按钮可改变宏操作的顺序，单击右侧的"删除"按钮可以删除宏操作。

③将"Comment"拖到"添加新操作"下拉列表框中，在注释行中输入"打开学生选课成绩查询"。 在"添加新操作"下拉列表框中选择"OpenQuery"命令，在"查询名称"下拉列表框中选择"学生选课成绩"查询，其他参数取默认值。

④将"Comment"拖到"添加新操作"下拉列表框中，在注释行中输入"提示信息"。在"添加新操作"下拉列表框中选择"MessageBox"命令，在"消息"下拉列表框中输入"关闭查询吗?"，在"标题"文本框中输入"提示信息!"，其他参数取默认值。

⑤将"Comment"拖到"添加新操作"下拉列表框中，在注释行中输入"关闭查询"。在"添加新操作"下拉列表框中选择"CloseWindow"命令，在"对象类型"下拉列表框中选择"查询"选项，在"对象名称"下拉列表框中选择"学生选课成绩"查询，其他参数取默认值。

⑥以"操作序列宏"为名保存设计好的宏，如图 7.2 所示。

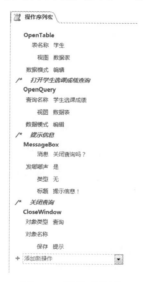

图 7.2 操作序列宏

⑦在"宏工具/设计"上下文选项卡的"工具"命令组中单击"运行"命令按钮，运行设计好的宏，将按顺序执行宏中的操作。

7.2.2 创建条件宏

如果希望当满足指定条件时才执行宏的一个或多个操作，可以使用"操作目录"任务窗格中的"If"流程控制，通过设置条件来控制宏的执行流程，形成条件操作宏。这里的条件是一个逻辑表达式，返回值是"真"（True）或"假"（False）。运行时将根据条件的结果，决定是否执行对应的操作。如果条件结果为 True，则执行此行中的操作；若条件结果为 False，则忽略其后的操作。因此，条件宏中的每个操作并不一定都会被执行。

在输入条件表达式时可能会引用窗体或报表上某个控件的值，其正确引用格式有以下 8 种情形。

①引用窗体：Forms! [窗体名称]。

②引用窗体的属性：Forms! [窗体名称].属性名称。

③引用窗体的控件：Forms! [窗体名称]! [控件名称]。

④引用窗体控件的属性：Forms! [窗体名称]! [控件名称].属性名称。

⑤引用报表：Reports! [报表名称]。

⑥引用报表的属性：Reports! [报表名称].属性名称

⑦引用报表的控件：Reports! [报表名称]! [控件名称]。

⑧引用报表控件的属性：Reports![报表名称]! [控件名称].属性名称。

【例 7.2】创建一个条件宏并在窗体中调用它，用于判断数据的奇偶性，如图 7.3 所示。

图 7.3 "判断数据的奇偶性"窗体

操作步骤如下：

①创建一个名为"判断数据的奇偶性"的窗体，其中包含一个标签和一个文本框（名称为"Text1"），并设置窗体和控件的其他属性。

②打开宏设计窗口，把"程序流程"部分中的"If"操作拖入"添加新操作"下拉列表框中，单击条件表达式文本框右侧的 按钮，打开"表达式生成器"对话框。

图 7.4 在"表达式生成器"对话框中设置宏操作条件

③在"表达式元素"列表框中,展开"教学管理.accdb/ Forms/所有窗体",选中"判断数据的奇偶性"窗体。在"表达式类别"列表框中,双击"Text1",在表达式中输入"Mod 2=0",如图 7.4 所示。单击"确定"按钮,返回到宏设计窗口中。

④在"添加新操作"下拉列表框中选择"MessageBox"命令,在"消息"文本框中输入"该数为偶数!",在"标题"文本框中输入"判断结果",其他参数取默认值。

⑤添加"Else If"操作并设置。在 If 的条件表达式中输入条件"[Forms]! [判断数据的奇偶性]! [Text1] Mod 2=1",在"添加新操作"下拉列表框中选择"MessageBox"命令,在"消息"文本框中输入"该数为奇数!",在"标题"文本框中输入"判断结果",其他参数取默认值。

⑥添加"Else"操作并设置。在"添加新操作"下拉列表框中选择"MessageBox"命令,在"消息"文本框中输入"没有输入内容!",在"标题"文本框中输入"警告",其他参数取默认值。结果如图 7.5 所示。

图 7.5 条件操作宏的设置

⑦将宏保存为"条件操作宏"。

⑧在设计视图中打开"判断数据的奇偶性"窗体，在 Text1 的"属性表"任务窗格的"事件"选项卡中将"更新后"属性设置为"条件操作宏"。也可以单击"更新后"属性右边的 ⋯ 按钮，进入宏设计窗口，完成宏的设计，如图 7.6 所示。

图 7.6　控件 Text1 "事件"属性设置

⑨在窗体视图中打开"判断数据的奇偶性"窗体，在文本框中输入数据并按 Enter 键后，会出现判断结果。

7.2.3　创建宏组

事实上，一个宏对象中可以包含多个宏，从而执行不同的操作，这个宏通常被称为宏组。宏组以单个宏的形式显示在导航窗格中，但它其实包含多个宏，以便于用户管理和操作数据库。宏组下的多个宏又被称为子宏，用户可以为宏组和子宏分别命名。

宏是操作的集合，而宏组是宏的集合。一个宏组中可以包含多个宏，每个宏中又可以包含一个或多个宏操作。

创建宏组通过"操作目录"任务窗格中"程序流程"部分的"Group"来实现。首先将"Group"块添加到宏设计窗口中，在"Group"块顶部的文本框中，输入宏组的名称，然后将宏操作添加到"Group"块中。如果要分组的操作已在宏中，可以选择要分组的宏操作，右击所选的操作，然后选择"生成分组程序块"命令，并在"Group"块顶部的文本框中输入宏组的名称。

【注意】

"Group"块不会影响宏操作的执行方式，组不能单独调用或运行。此外，"Group"块可以包含其他"Group"块，最多可以嵌套 9 级。

宏组示例如图 7.7 所示，宏中包含了两个宏组：Micro1 和 Micro2。

宏组 Micro1 里有 2 个操作：OpenReport 操作用于在打印预览视图中打开"学生名单"报表；Max-mizeWindow 操作使活动窗口最大化。

宏组 Micro2 里有 3 个操作：Beep 操作使计算机扬声器发出嘟嘟声，OpenTable 操作用于在"数据表"视图中打开"教师"表，MessageBox 操作用于弹出一个提示信息窗口。

保存时要指定名字。这个名字也是显示在"数据库"窗体中的宏和组列表中的名字。

图 7.7　宏组示例

7.3　嵌入宏

嵌入的宏位于窗体或报表中，不会显示在导航窗格中。"嵌入"意味着宏不是独立的对象，而是窗体或报表的一部分，因此在移动或复制窗体和报表时，其中的宏会始终跟随。修改某个窗体或报表中嵌入的宏时，不影响其他窗体或报表中嵌入的宏。在将独立的宏同时用于多个窗体或报表时，对这个宏进行修改后的结果会自动作用于所有使用该宏的窗体和报表。创建嵌入宏的方法与创建独立的宏的方法基本相同，唯一的不同之处是宏的存储位置。

嵌入宏是与事件相关的，通过窗体、报表或查询产生的"事件"触发运行。与独立宏的一个明显区别是，嵌入宏在 Access 的导航窗格中是不可见的。

7.3.1　创建嵌入序列宏

与窗体、报表或查询相关的嵌入宏是在设计视图中创建，并需要在设计视图下将宏与相关的事件联系在一起。

【例 7.3】在窗体中设计一个嵌入宏，显示学生报表。

操作步骤如下：

①创建一个空白窗体。在"创建"选项卡的"窗体"组中单击"窗体设计"按钮。

②选择一个按钮控件，在窗体中绘制一个新按钮。在该按钮的属性表中将"格式"选项卡下的"标题"修改为"显示学生名单"。

③在按钮属性表中，选择"事件"选项卡，点击"单击"后面的省略号"……"，弹出一个"选择生成器"对话框，如图 7.8 所示。

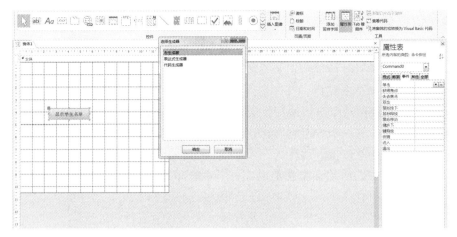

图 7.8 "选择生成器"对话框

④在图 7.8 中选择"宏生成器"项，单击"确定"按钮，进入宏设计器，如图 7.9 所示。

图 7.9 在窗体设计中进入宏设计器

⑤在右边"操作目录"的"操作"下，选择"数据库对象"中的"OpenReport"，然后设置相关参数。保存宏设计，关闭宏生成器，返回窗体设计视图，如图 7.10 所示。

⑥运行窗体，单击窗体中的按钮，会运行"学生名单"报表。

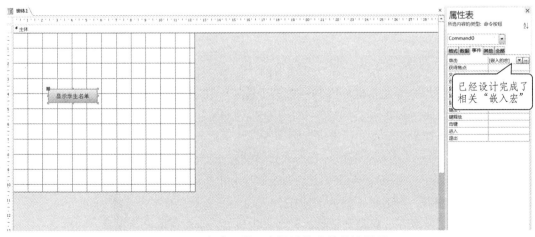

图 7.10 完成了嵌入宏设计的窗体设计视图

7.3.2　创建嵌入条件宏

嵌入宏存储在事件属性中，并且是其所属对象的一部分。事件（Event）是在数据库中执行的一种特殊操作，是对象所能辨识和检测的动作，当此动作发生于某一个对象上时，便会触发对应的事件，例如单击鼠标、打开窗体或者打印报表。可以创建某一特定事件发生时运行的宏，如果事先已经给这个事件编写了宏或事件程序，此时就会执行宏或事件过程。例如，当使用鼠标单击窗体中的一个按钮时，会引起"单击"（Click）事件，此时事先指派给"单击"事件的宏或事件程序也就被投入运行。

事件是预先定义好的活动，也就是说，一个对象拥有哪些事件是由系统本身定义的，至于事件被引发后要执行什么内容，则由用户为此事件编写的宏或事件过程决定。事件过程是为响应由用户或程序代码引发的事件或由系统触发的事件而运行的过程。

Access 支持许多不同的事件。与窗体、报表和查询等相关的主要事件请参见附录。

使用 If 操作可以支持通过"条件"实现流程控制。在数据处理过程中，如果希望只是当满足指定条件时才执行宏的一个或多个操作，可以使用"If"块进行程序流程控制。还可以使用"Else If"或"Else"块对"If"进行扩展，类似于 VBA 等其他高级编程语言。

在嵌入宏中添加"If"块的操作示例如下：

【例 7.4】创建一个窗体，设置命令按钮"com1"的单击事件为一个嵌入的宏，该宏的功能为判断文本框内的数字，当大于 0 时用消息框输出"该数为正数"，当小于 0 时用消息框输出"该数为负数"，当等于 0 时用消息框输出"该数为零"。如图 7.11 所示。

图 7.11　"嵌入条件宏"窗体

操作步骤如下：

①创建一个空白窗体。在"创建"选项卡的"窗体"组中单击"窗体设计"按钮。

②在窗体中添加一个文本框控件和一个命令按钮。在按钮的属性表中将"格式"选项卡下的"标题"修改为"判断"。

③在按钮的属性表中，选择"事件"选项卡，点击"单击"后面的省略号"……"，弹出"宏生成器"项，单击"确定"按钮，进入宏设计器，将右边"操作目录"的"程序流程"部分中的"If"操作拖入"添加新操作"下拉列表框中，单击条件表达式文本框右侧的 按钮，打开"表达式生成器"对话框，输入对应条件。在"添加新操作"下，根据题目要求设置相关的操作，如图 7.12 所示。保存宏设计，关闭宏生成器，返回窗体设计视图，如图 7.13 所示，再运行窗体实现对应功能。

图 7.12 嵌入条件宏相关操作

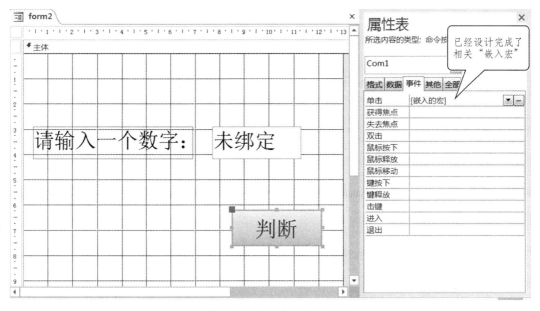

图 7.13 完成了嵌入条件宏设计的窗体设计视图

7.4 数据宏

7.4.1 基本概述

数据宏是附加在表上的逻辑，允许在表的级别实施特定的业务规则。某种意义上讲，数据宏与验证规则类似，只不过验证规则的智能性要差很多。验证规则不能修改数据或者确定

227

所需的更正措施。数据宏可以在表级别管理面向数据的活动。

在多数情况下，数据宏可以用于实施业务规则，例如某个值不能小于特定的阈值，或者在数据输入过程中执行数据转换。数据宏的真正价值在于，它们在任何使用表数据的地方均有效。使用数据宏更易于确保在应用程序中对数据进行一致处理。由于数据宏是在表级别应用的，因此，每次更新数据时发生的操作完全相同。

触发数据宏有两种方法：一种是由表事件触发，另一种是为响应按名称调用而运行。

与数据宏相关联的事件有两组，分别是"前期事件"（"更改前"和"删除前"）和"后期事件"（"插入后""更新后"和"删除后"）。在数据表视图中可以看见这些事件。

前期事件发生在对表进行更新之前，而后期事件表示已经成功完成更改。

7.4.2　前期事件

前期事件（"更改前"和"删除前"）比较简单，仅支持一小部分宏操作。它们支持控制流结构(Comment、Group 和 If)，且仅支持数据块 LookupRecord。数据操作仅包括 ClearMacroError、OnError、RaiseError、SetFiled、SetLocalVar 和 StopMacro。主要数据操作的功能如下：

①SetFiled：更新表中某个字段的值。

②SetLocalVar：使用局部变量，将值从某个宏的一部分中传递到另一部分。

③StopMacro：中断当前正在执行的宏。

"更改前"事件类似于附加到窗体报表和控件的"更改前"事件。顾名思义，"更改前"事件将在用户、查询或 VBA 代码更改某个表中的数据之前触发。

"更改前"事件使用户可在当前记录中查看新值，并根据需要进行更改。在默认情况下，"更改前"或"删除前"数据宏中对某个字段的引用会自动指向当前记录。

"更改前"事件可以使用户在将值提交表之前对输入数据进行验证。

"更改前"事件不能通过显示消息框来中断用户操作，或者停止在基础表中更新记录。对于"更改前"事件来说，它能做的只是在表中添加或更新记录之前设置某个字段的值或者设置某个局部宏变量。

7.4.3　后期事件

"后期事件"（"插入后""更新后"和"删除后"）要比前期事件更加复杂。其中的每个事件都支持全系列的数据宏操作(DeleteRecord、SetFiled 和 SendEmail 等)，因此，可以使用这些事件作为数据宏的基础。

对于后期事件，可以使用 ForEachRecord 数据块对表或查询提供的记录集进行循环处理。这种功能使得这些事件非常适合扫描表的一致性、向日志表中添加记录或者执行其他一些计算密集型更新。

只要向某个表中添加新记录，便会触发"插入后"事件。"插入后"事件与"更改前"事件相关的"数据块"和"数据操作"是不同的。"插入后"事件允许的数据块为 CreateRecord、EditRecord、ForEachRecord 和 LookupRecord。

"插入后"事件典型的数据操作和功能如下：

①DeleteRecord：无须人工确认，即可删除表中的记录。

②ExitForEachRecord：ExitForEachRecord 作为 If 块的一部分，仅当满足特定条件时执行

退出 ForEachRecord 循环。ForEachRecord 会循环遍历从某个表或查询返回的数据集，使数据宏可以对记录集进行数据更改，或扫描数据进行查找。在一些情况下，数据宏可能需要在运行到数据尾之前就从 ForEachRecord 循环中退出。

③RunDataMacro：按指定名称运行另一个数据宏。

7.4.4 数据宏的限制

Access 的数据宏功能比较强，但在使用上有一定限制，使用时要特别注意。

①数据宏完全没有用户界面，无法显示消息框，无法打开窗体或报表。通过数据宏与用户界面进行通信的功能会受到很大限制。因此，不能使用数据宏向用户通知表中数据存在问题或者数据所做的改变。显示用户界面（例如消息框）会对性能产生严重影响，特别是在执行批量更新或插入过程中。当然，数据宏是以一种"不可见"的方式运行，这样可以实现较高的性能。

②数据宏是附加到表上的，而不是字段。如果必须监控多个字段，宏可能会变得非常复杂，要使用 If 块才能处理。

③数据宏不支持针对多值字段或附件字段进行操作。如果要支持比较复杂的逻辑，那么必须使用用户界面宏或 VBA 代码。

7.5 宏的运行和调试

宏设计完成后，可以通过多种方式运行宏，如果宏的运行有错误，则可以调试宏。

7.5.1 运行宏

宏有多种运行方式，可以直接运行某个宏，还可以通过响应窗体、报表及其上控件的事件来运行宏。

1. 直接运行宏

下列操作方法之一即可直接运行宏：

①从"宏"设计窗体中运行宏，单击工具栏上的"运行"按钮 ┃ 。

②在数据库工具中运行宏。

③在导航窗格中执行宏，双击相应的宏名。

④使用"RunMacro"或"OnError"宏操作调用宏并运行宏。

2. 事件触发运行宏

若在对象的某个事件属性中设置了宏调用，则当该事件发生时会触发宏的运行。在 Access 中可以通过设置窗体、报表或控件上发生的事件来响应宏或事件过程。操作步骤如下：

①打开窗体或报表，将视图设置为"设计"视图。

②设置窗体、报表或控件的有关事件属性为宏的名称或事件过程。

③在打开窗体、报表后，如果发生相应事件，则会自动运行设置的宏或事件过程。

3. 编写程序运行宏

在 VBA 程序代码中，可以使用"Docmd.RunMacro 宏名称"来运行指定的宏。

7.5.2 调试宏

在 Access 系统中提供了"单步"执行的宏调试工具。使用单步跟踪执行，可以观察宏的流程和每个操作的结果，从中发现并排除出现的问题或错误的操作。

①打开要调试的宏。

②在工具栏上单击"单步"按钮 ，使其处于凹陷起作用的状态。在工具栏上单击"运行"按钮 ，系统将出现"单步执行宏"对话框。

③单击"单步执行"按钮，执行其中的操作。单击"停止所有宏"按钮，停止宏的执行并关闭对话框。单击"继续"按钮会关闭"单步执行宏"对话框，并执行宏的下一个操作命令。如果宏操作有误，则会出现"操作失败"对话框。如果要在宏执行过程中暂停宏的执行，可按 Ctrl + Break 组合键。

课后习题

一、选择题

1. 要限制宏命令的操作范围，可以在创建宏时定义（　　　）。

    A. 宏操作对象   B. 宏条件表达式

    C. 宏操作目标   D. 窗体或报表的控件属性

2. OpenForm 基本操作的功能是打开（　　　）。

    A. 表   B. 窗体

    C. 报表   D. 查询

3. 在条件宏设计时，对于连续重复的条件，要替代重复条件式可以使用下面（　　　）符号。

    A. …   B. =

    C. ,   D. ;

4. 在宏的表达式中要引用报表 test 上控件 txtName 的值，可以使用的引用是（　　　）。

    A. txtName   B. test! txtName

    C. Reports!test!txtName   D. Report!txtName

5. VBA 的自动运行宏，应当命名为（　　　）。

    A. AutoExec   B. AutoExe

    C. autoKeys   D. AutoExec.bat

6. 为窗体或报表上的控件设属性值的宏命令是（　　　）。

    A. Echo   B. MsgBox

    C. Beep   D. SetValue

7. 在宏的设计窗口中，可以隐藏的列是（　　　）。

    A. 宏名和参数   B. 条件

    C. 宏名和条件   D. 注释

8. 有关宏的叙述中，错误的是（　　　）。

    A. 宏是一种操作代码的组合   B. 宏具有控制转移功能

    C. 建立宏通常需要添加宏操作并设置宏参数   D. 宏操作没有返回值

二、填空题

1. 宏是一个或多个_____的集合。

2. 如果要建立这样一个宏，希望执行该宏后，首先打开一个表，然后打开一个窗体，那么在该宏中应该使用_____和_____两个操作命令。

3. 在宏的表达式中还可能引用到窗体或报表上控件的值。引用窗体控件的值，可以用式子_____；引用报表控件的值，可以用式子_____。

4. 实际上，所有宏操作都可以转换为相应的模块代码。它可以通过来_____完成。

5. 由多个操作构成的宏，执行时是按_____依次执行的。

6. 定义_____有利于数据库中宏对象的管理。

7. VBA 的自动运行宏，必须命名为_____。

参考答案

一、单项选择题

1. B   2. B   3. A   4. C   5. A   6. D   7. C   8. B

二. 填空题

1. 操作

2. OpenTable   OpenForm

3. Forms！窗体名！控件名   Reports！报表名！控件名

4. 另存为模块的方式

5. 排列次序

6. 宏组

7. Autoexec

第8章 VBA 编程基础

通过前面的学习，读者可以快速查询、创建界面漂亮的窗体和报表，利用 SQL 语言检索数据库存储的数据，利用向导和宏可以完成事件的响应处理，例如打开和关闭窗体、报表等。但是，使用宏是有局限性的，一是它只能处理一些简单的操作，对于复杂条件和循环等结构则无能为力；二是宏对数据库对象（例如，表对象或查询对象）的处理能力很弱。

Visual Basic for Applications（简称 VBA）是新一代标准宏语言，是基于 Visual Basic for Windows 发展而来的。它与传统的宏语言不同，传统的宏语言不具有高级语言的特征，没有面向对象的程序设计概念和方法。而 VBA 提供了面向对象的程序设计方法，提供了相当完整的程序设计语言。VBA 易于学习掌握，可以使用宏记录器记录用户的各种操作并将其转换为 VBA 程序代码。这样用户可以容易地将日常工作转换为 VBA 程序代码，使工作自动化。

本章主要介绍 VBA 程序设计的基础、模块类型及创建。

8.1 VBA 的编程环境

Access 利用 Visual Basic 编辑器（VBE）来编写过程代码。VBE 以微软的 Visual Basic 编程环境的布局为基础，实际上是一个集编辑、调试、编译等功能于一体的编程环境。所有的 Office 应用程序都支持 Visual Basic 编程环境，而且其编程接口都是相同的。使用该编辑器可以创建过程，也可以编辑已有的过程。VBE 编程环境如图 8.1 所示。

图 8.1 VBE 编程环境

在初次接触 VBE 时，除了必须了解菜单栏和工具栏外，还需要以下内容。

（1）工程资源管理器窗口：在工程资源管理器中，可以管理数据库中的对象，如窗体、模块和类模块等。

（2）属性窗口：在属性窗口中，显示当前选择对象的一些属性，具体与 Access 的属性表类似。

（3）对象组合框：在对象组合框中，显示的是当前鼠标光标所在位置代码作用的对象，并且可以通过该组合框为指定对象添加事件代码等。

（4）过程组合框：在过程组合框中，显示的是当前鼠标光标所在位置代码作用的对象的时间或者过程，并且可以在选择对象之后，在此组合框中选择相应的过程或者时间，从而创建相应的过程或事件程序。

（5）代码窗口：输入与显示代码的主要场所。

在 Access 中，进入 VBA 编程环境有 3 种方式。

1. 直接进入 VBA

在数据库中，单击"数据库工具"选项卡，然后在"宏"组中单击"Visual Basic"按钮，如图 8.2 所示。

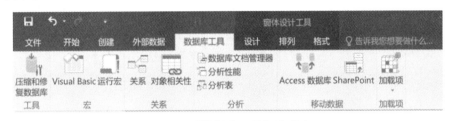

图 8.2　"数据库工具"选项卡

2. 创建模块进入 VBA

在数据库中，单击"创建"选项卡，然后在"宏与代码"组中单击"Visual Baiti"按钮，如图 8.3 所示。

图 8.3　"创建"选项卡

3. 通过窗体和报表等对象的设计进入 VBA

在窗体和报表等对象的设计过程中进入 VBA 有两种方法，一是通过控件的事件响应进入 VBA，二是窗体或报表设计视图的设计工具中单击"查看代码"选项按钮进入 VBA。在控件的"同性表"中，单击对象事件的"...按钮添加事件过程，在窗体、报表或控件的事件过程中进入 VBA，如图 8.4 所示。

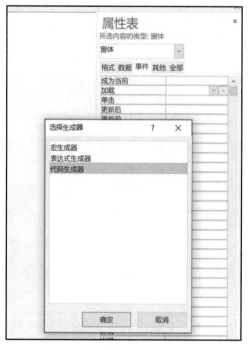

图 8.4　选择生成器

8.2　VBA 模块概述

在 Access 中，模块是将 VBA 声明和过程作为一个单元进行保存的集合体。通过模块的组织和 VBA 代码设计，可以提高 Access 数据库应用的处理能力，可解决复杂问题。同时，Access 编程是通过模块对象实现的，利用模块可以将各种数据库对象连接起来，从而使其构成一个完整的系统。

模块是 Access 数据库系统中的一个重要对象，是由 VBA（Visual Basic for Applications）语言编写的程序所组成的集合，以函数过程（Function）或子过程（Sub）为单元的集合方式存储。

8.2.1　VBA 标准模块

一般用于存放供其他 Access 数据库对象或代码使用的公共过程。在系统中可以通过创建新的模块而进入其代码设计环境。

标准模块中的公共变量和公共过程具有全局特性，其作用范围是在整个应用程序里，生命周期是伴随着应用程序的运行而开始、关闭而结束的。

根据系统规模和设计的需要，可以将这些公共变量和过程组织在多个不同的模块对象内。不同模块对象里允许定义相同的变量名和过程方法名，外部引用时使用"模块对象名：变量"或"模块对象名.过程（或方法）"的形式。例如，两个模块对象 PM1 和 PM2 中都定义了公共常量 PI，则引用形式为：

PM1.PI

PM2.PI

如果直接引用 PI，则会产生二义性错误。

8.2.2　VBA 类模块

类模块是以类的形式封装的模块，它是面向对象编程的基本单位。Access 的类模块按照形式不同可以划分为系统对象类模块和用户定义类模块两大类。

1. 系统对象类模块

窗体模块和报表模块都属于系统对象类模块，它们从属于各自的窗体或报表。但这两个模块都具有局限性，其作用范围局限在所属窗体或报表内部，生命周期则是伴随着窗体或报表的打开而开始、关闭而结束的。

2. 用户定义类模块

在数据库对象"模块"窗口中，单击"新建"按钮，打开 VBA 窗口，单击"插入"菜单，选择"类模块"选项，创建一个类对象模块，如图 8.5 所示。

图 8.5　创建用户定义类模块菜单项

外部引用用户定义类模块时，一般使用 new 操作符创建该类模块的对象实例，然后通过对象间使用公共变量、属性和过程方法等模块内容。例如，类模块对象 CModule 定义了属性 GetColour 和方法 SetValue()，则引用形式为：

```
Dim obj as Objet
Set obj= new CModule             /*创建类模块对象实例*/
Obj.GetColor= RGB(255, 0, 0)     /*引用对象属性 */
GetColor.SetValue( )             /*引用对象方法 */
```

8.3　模块的创建

模块是装载 VBA 代码的容器。在窗体或报表的设计视图中，单击工具栏"代码"按钮或创建窗体或报表的事件过程就可以进入类模块的设计和编辑窗口。单击数据库窗口中的"模块"对象标签，然后单击"新建"按钮就可以进入标准模块的设计和编辑窗口。

8.3.1　将过程加入模块

一个模块包含了声明区域和一个或多个过程。模块的声明区域是指用来声明模块所使用的变量等项目的区域，一般位于模块的最开始部分。过程是模块的基本单元组成，由 VBA 代码编写而成。过程分为 Sub 子过程和 Function 函数过程两种类型。

1. Sub 过程

Sub 过程又称为子过程，用于执行一系列操作，无返回值。定义格式如下：

Sub 过程名

    [程序代码]

End Sub

可以通过引用过程名来调用该子过程，或者使用 VBA 的关键字 Call 来显式调用一个子过程。

2. Function 过程

Function 过程又称为函数过程，用于执行一系列操作，有返回值。定义格式如下：

Function 过程名 As（返回值）数据类型

    [程序代码]

End Function

Function 过程不能使用 Call 来调用执行，而是直接引用函数过程名。Sub 过程和 Function 过程的具体调用方式，在后续章节中将详细介绍。

8.3.2 将宏转换为模块

1. 转换

在 Access 系统中，根据需要可以将设计好的宏对象转换为模块代码形式。如运行宏转换器（Macro Converter）实用工具可将其转换为 VBA 代码，但宏转换器只能将每个宏操作转换为相应的代码，不会转换为合适的 VBA 事件过程，产生的代码效率低下。由于宏转换器的局限性，如果需要将宏转换为模块，应重新编写 VBA 代码来代替原来的宏。

2. 执行

在模块的定义过程中，使用 Docmd 对象的 RunMacro 方法可以执行设计好的宏。其调用格式为：

Docmd. RunMacro MacroName[, RepeatCount][, RepeatExpression]

其中，MacroName 表示当前数据库中宏的有效名称；RepeatCount 为可选项，用于计算宏运行次数的整数值；RepeatExpression 为可选项，数值表达式在每一次运行宏时进行计算，结果为 False 时停止运行宏。

8.4 VBA 程序设计基础

在 Access 程序设计中，当某些操作不能用其他 Access 对象实现，或者实现起来很困难时，就可以利用 VBA 语言编写代码，以完成这些复杂任务。

8.4.1 书写原则

1. VBA 语句结构

VBA 语句的结构如图 8.6 所示。

在 VBA 中，标识符、关键字、常量、运算符、分隔符等基本元素构成了指令；指令不能单独存在，一行一行的指令又构成了过程，一个或多个过程构成了整个模块。

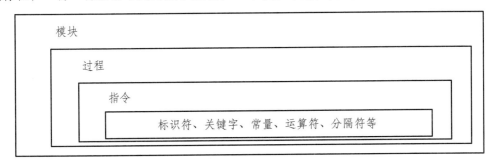

图 8.6　VBA 语句结构

2. VBA 语句书写原则

（1）通常一条指令写一行，一行写不下可以用续行符"_"将语句连续写在下一行。

（2）多条指令写在一行时，中间用"："分隔。

（3）每条语句后可以用"：Rem 注释语句"或者"'注释语句"加上注释；注释语句默认用绿色来显示，注释部分不会被编译器编译。

（4）书写时，尽量采用缩进方式，这样会使程序变得清晰、整齐。

【例 8.1】定义变量并赋值。

【程序代码】

Rem 定义两个变量

Dim Str1, Str2

Strl = "Access"　　　　　　　　　:Rem 注释在语句之后要用冒号隔开。

Str2 = " office"　　　　　　　　　'这也是一条注释。这时，无须使用冒号。

8.4.2　数据类型

VBA 支持多种数据类型，不同的数据类型有着不同的存储方式和数据结构。如果不指定数据类型，VBA 会默认将其作为变体型 Variant，此类型可以根据实际需要自动转换成相应的其他数据类型。但是，让 VBA 自动转换数据类型会使程序的执行效率降低，这是非常不可取的。因此，在编写 VBA 代码时，必须定义好数据类型，选择占用字节最少、又能很好地处理数据的类型，才能保证程序运行更快。

VBA 支持的数据类型主要有字符串型、数值数据型、日期型、货币型等。除了这些内置的数据类型之外，用户还可以自定义数据类型。常用数据类型如表 8.1 所示。

（1）数值数据型。

数值数据型是可以进行数学计算的数据。在 VBA 中，数值数据型分为字节、整型、长整型、单精度浮点型和双精度浮点型。

其中，整型和长整型数据是不带小数点和指数符号的数。例如：

123、-123、123%均表示整型数据。

123&、-123&均表示长整型数据。

单精度浮点型和双精度浮点型数据是带有小数部分的数。例如：

237

123!、−123.34.0.123E+3 均表示单精度浮点型数据。

123#、−123.34#、0.123E+3#、0.123D+3 均表示双精度浮点型数据。

在 VBA 中，定义整型数据变量有两种方法：一种是直接使用 Integer 关键字；另一种是直接在变量的后边添加一个百分比符号（%）。

表 8.1 VBA 的常用数据类型

数据类型	类型标识	符号	字段类型	取值范围
整数	Integer	%	整数、字节、是/否	−32768~32767
长整数	Long	&	长整数、自动编号	−2147483648~2147483647
单精度数	Single	!	单精度数	负数 −3.402823E38~−1.401298E−45；正数 1.401298E−45~3.402823E38
双精度数	Double	#	双精度数	负数 −1.79769313486232E308~−4.94065645841247E−324；正数 4.94065645841247E−324~1.79769313486232E308
货币	Currency	@	货币	−922337203685477.5808~922337203685477.5807
字符串	String	$	文本	0 字符~65500 字符
布尔型	Boolean		逻辑值	True 或 False
日期型	Date		日期/时间	100 年 1 月 1 日~9999 年 12 月 31 日
变体类型	Variant	无	任何	January 1/10000（日期），数字和双精度相同，文本和字符串相同

【例 8.2】利用符号定义变量。

【程序代码】

```
Dim al as Integer
Dim a2%
```

以上定义的 al 和 a2 都是整型数据变量。

定义其他数值数据类型的方法与定义整型数据变量的方法类似，只是后面的类型标识符不一样，这里不再一一介绍。

（2）字符串型。

字符串类型用来存储字符串数据，它是一个字符序列，由字母、数字、符号和文字等组成。在 VBA 中，字符串类型分为定长字符串和变长字符串两类。

用户定义字符串时，需要用双引号把字符串括起来。同时，双引号并不算在字符串中。例如，"abcdefg"、"Access 数据库"、""（空字符串）等均表示字符串型数据。

具体来说，定义字符串型数据的方法如下：

```
Dim str1 as String
```

以上表示声明一个名为 str1 的字符串型变量。

对于定长字符串的定义，可以使用"String*Size"的方式，例如：

```
Dim str2 as String*10
```

（3）日期型。

日期型用来表示日期和时间信息，按 8 字节的浮点数来存储。日期型数据的整数部分被

238

存储为日期值，小数部分被存储为时间值。

用户定义日期型数据时，需要用井号(#)把日期和时间括起来。例如：

#August 1，2015#、#2009/10/10#、#2010-10-1010:30:00PM#等均表示日期型数据。

定义日期型数据的方法如下：

Dim aa as Date

另外，在 Access 中，系统提供了现成的调用系统时间的函数，用户可以使用 Now()函数来提取当前的日期时间，使用 Date()函数提取当前日期，使用 Time()函数提取当前时间。

（4）布尔型。

布尔型用于逻辑判断，其值为逻辑值，用 2 个字节进行存储。此外，布尔型数据只有 True（真）或 False（假）两个值。

定义布尔型数据的方法如下：

Dim c as Boolean

当将布尔型数据转换成整型时，True 转换为-1，False 转换为 0；而当将其他类型数据转换成布尔型数据时，非 0 数据转换为 True，0 转换为 False。

（5）变体型。

当用户在编写 VBA 时，若没有定义某个变量的数据类型，那么系统会自动将这个变量定义为变体型。在以后调用这个变量时，它可以根据需要改变成为不同的数据类型。

变体型是一种特殊的数据类型，除了定长字符串型和用户自定义类型之外，它可以包含任何种类的数据，甚至包含 Empty、Error、Nothing 及 Null 等特殊值。

（6）自定义的数据类型。

除了上述系统提供的基本数据类型外，在 VBA 中，用户还可以自定义数据类型。自定义的数据类型实质上是由基本数据类型构建而成的一种数据类型，用户定义数据类型可以在 Type... End Type 关键字间定义，定义格式如下：

Type |数据类型名|

    <域名> As <数据类型>

    <域名> As <数据类型>

    ……

End Type

【例 8.3】定义一个学生数据类型。

【程序代码】

Type Student

    SNo As String*7   '学号，7 位定长字符串

    SName   As String*8   '姓名，8 位定长字符串

    SAge As Single   '年龄，单精度数

End Type

上述例子定义了一个由 SNo（学号）、SName（姓名）、Sage（年龄）三个分量组成的名为 Student 的类型。

给用户定义数据类型赋值要指明变量名及分量名，两者之间用句点分隔。

【例 8.4】操作上述定义变量的分量。

【程序代码】

```
Dim Stu1 as Student
Stu1. SNo= "2022011"
Stu1. SName = "李强"
Stu1. SAge =18
```

此外，还可以用关键字 With 简化程序中重复的部分。

【例 8.5】利用 with 操作上述定义变量的分量。

【程序代码】

```
Dim Stu1 as Car
With Stu1
    SNo= "2022011"
    SName = "李强"
    SAge =18
End with
```

（7）数据库对象的数据类型。

数据库、表、查询、窗体和报表等也有对应的 VBA 对象数据类型。这些对象数据类型由引用的对象库所定义。常用的 VBA 对象数据类型如表 8.2 所示。

表 8.2　VBA 对象数据类型

对象数据类型	对象库	对应的数据库对象类型
数据库（Database）	DAO 3.6	使用 DAO 时用 Jet 数据库引擎打开的数据库
连接（Connection）	ADO 2.1	ADO 取代了 DAO 的数据连接对象
窗体（Form）	Access 9.0	窗体，包括子窗体
报表（Report）	Access 9.0	报表，包括子报表
控件（Control）	Access 9.0	窗体和报表上的控件
查询（QueryDef）	DAO 3.6	查询
表（TableDef）	DAO 3.6	数据表
命令（Command）	ADO 2.1	ADO 取代 DAO.QueryDef 对象
结果集，DAO. Recordset	DAO 3.6	表的虚拟表示或 DAP 创建的查询结果
结果集，ADO. Recordset	ADO 2.1	ADO 取代 DAO.Recordset 对象

8.4.3　变量和常量

对于基本数据类型，按其取值是否可改变又分为常量和变量两种。在程序执行过程中，值不发生改变的量被称为常量，值可变的量被称为变量。在程序中使用常量和变量前，首先要对它们进行定义。

1. 常量

在 VBA 程序中，时常需要反复使用一些常数，为了方便记忆和维护这些常数，可以为这些常数定义一个名称，然后在程序中使用定义的名称来代替对应的常数。这个为常数定义的名称，就是常量。在 VBA 中，常用的常量有系统内置常量和用户自定义常量两种。

（1）系统内置常量。

在 VBA 中，系统内置的常量有很多（这些常量一般是由支持库定义的），其中 Microsoft Access 相关的库中定义的常量一般以"ac"开头，ADO 相关的库中定义的常量一般以"ad"开头，Visual Basic 相关的库中定义的常量一般以"vb"开头。比如，acForm、adAddNew、vbBlack。

（2）用户自定义常量。

在 VBA 中，使用 Const 关键字来自定义常量，其具体的格式如下：

Const 常量名 [as 数据类型] = 表达式

这里 Const 是定义常量的关键字，等号后面的表达式计算后的结果将被保存在常量名中，保存之后，用户就不能修改常量名中保存的值了。

【例 8.6】利用 Const 定义常量。

【程序代码】

Const PI = 3.1415

Const MSG = "Happy birthday!"

上面分别声明了一个整型常量 PI 和字符串型常量 MSG，使用 Const 也可以一次定义多个常量。

【例 8.7】利用 Const 一次定义多个常量。

【程序代码】

Const NAME = "王刚"，PI AS Double=3.14159；

2. 变量

变量是指在程序执行过程中，其值会发生变化的量。根据变量的作用域不同，可将变量分为局部变量和全局变量。

一个变量有以下 3 个要素：

（1）变量名：通过变量名来指定数据在内存中的存储位置。

（2）变量类型：它决定了数据的存储方式和数据结构。VBA 程序并不要求在使用变量之前必须声明变量类型，但用户最好在允许的情况下，尽可能地声明变量的数据类型。

（3）变量的值：在内存中存储的变量值是可以改变的值，在 VBA 中可通过赋值语句来改变变量的值。

对于变量名，用户在声明时必须遵循以下命名规则：

（1）变量名只能由字母、数字和下划线构成，不能有空格和其他特殊字符。

（2）变量名必须以字母和下划线开头。

（3）VBA 不区分大小写，但在命名变量时最好体现该变量的作用，以增加程序的可读性。

（4）不能使用 VBA 中的关键字作为变量名。关键字是那些在 Visual Basic 中用作语言的一部分词，包括预定义语句（如 If 和 Loop）、函数（如 Len 和 Abs）和运算符（如 Or 和 Mod）。

（5）变量名最多可以包含 254 个字符。

（6）变量名必须唯一，不能与模块中其他名称相同。

在使用变量之前，需要先定义变量。定义变量之后，就可以在程序中给变量赋值和改变变量的值了。

【注意】

在 VBA 中可以不声明变量而直接在程序中使用它，这时系统会自动创建一个变量。但通常情况下，代码编写人员应该养成良好的编程习惯，在使用之前强制声明变量，这样可以提高程序的效率，同时也使程序易于调试。

（1）定义变量。

在 VBA 中，定义变量的方法一般有两种，分别为显式声明和隐式声明。

①显式声明。

使用关键字定义变量。使用 Dim 等关键字定义变量的语法格式为：

Dim [变量名] as [数据类型]

as 关键字后面指定变量的数据类型，这个类型可以是系统提供的基本数据类型，也可以是用户自己定义的数据类型。这里"as [数据类型]"使用中括号括起来，表示在声明变量时可以不指定 as 关键字后面的数据类型，系统会根据指定的值自动为该变量指定数据类型。

比如定义一个单精度型变量"wkAge"，可以使用"Dim wkAge as Single"语句。

使用类型符号定义变量，VBA 允许使用类型声明符来声明变量，类型声明符放在变量的末尾。比如：X%表示是一个整型变量 X，Y#是一个双精度变量 Y，ZS 是个字符串变量 Z。

②隐式声明。

没有直接定义而通过一个值指定给变量名，或 Dim 定义中省略了 as <VarType>短语的变量，或当在变量名称后没有附加类型说明字符来指明隐含变量的数据类型时，默认为 Variant 数据类型。

【例 8.8】隐含变量。

【程序代码】

```
Dim m, n,                    'm、n 为变体 Variant 变量
NewStu = 528                 'NewStu 为 Variant 类型变量，值是 528
```

（2）变量赋值。

在 VBA 中，为变量赋值的方式很简单，只需要使用"="就可以将其右边的值赋予左边的变量，如语句"i=1"就可以将整数 1 赋值给变量 i。

如果需要改变变量的值，重新为变量赋值即可；如果需要在变量原来的值上改变变量的值，可以将一个包含变量表达式的值赋予变量，如"x=x+1"语句，就可以将变量 x 的值增加 1。

3. 数组

数组是一组相关数据的集合。其中，每个变量的排列顺序号被称作变量的下标，而每个带有不同顺序号的同名变量被称作这个数组的一个元素。在定义了数组后，可以引用整个数组，也可以引用数组中的某个元素。

声明数组的方法和声明变量的方法是一致的，下面用最常用的 Dim 语句进行声明，其语法格式如下：

Dim 数组名称（数组范围）as 数据类型

其中，如果在数组范围中不定义数组下标的下限，则默认下限为 0。例如：

Dim Age(10) as Integer

以上语句声明了一个具有 11 个元素的数组，并且每个数组元素均为整型变量，其元素分

别为 Age(0), Age(1), Age(2)…Age(10)。

若需要指定数据下标的范围，可以使用 to 关键字。例如：

Dim Age(3 to 10) as Integer

以上语句声明了一个具有 8 个元素的数组，其元素分别为 Age(3), Ag(4)…Age(10)。

在 VBA 中，还允许用户定义动态数组。例如：

Dim Age() as Integer

以上语句没有指定数组的范围，声明了一个动态数组。

8.4.4 运算符和表达式

表达式是由常量、变量、函数和运算符按一定的规则组成的字符序列。

在 VBA 编程过程中，如果想要判断某个表达式的值，可以通过"视图/立即窗口"命令或者[Ctrl+G]组合键打开立即窗口，在立即窗口中输入"?+表达式"后按[Enter]键即可获取表达式的值，如图 8.7 所示。

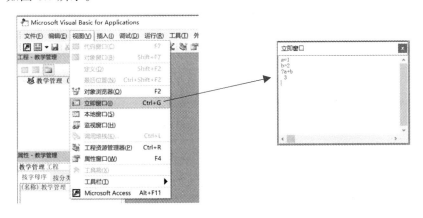

图 8.7　打开立即窗口测试值

1. 运算符

运算符连接表达式中各个操作数，用来指明对操作数所进行的运算。运用运算符可以更加灵活地对数据进行运算，常见的运算符类型有算术运算符、比较运算符、逻辑运算符等。

（1）算数运算符。

算术运算符是最基本的运算符，用于对两个或多个数字进行计算。常见的算术运算符如表 8.3 所示。

表 8.3　算数运算符

运算符	作　用	示　例	结　果
+	加法运算	1+3	4
−	减法运算	2-1	1
*	乘法运算	3*4	12
/	除法运算	12/3	4
^	指数运算	3^2	9
\	整除运算	10\3	3
Mod	求模（取余）运算	10 Mod 3	1

（2）比较运算符。

比较运算符也被称为关系运算符，表示对两个值或表达式进行比较。使用比较运算符构成的表达式总是会返回一个逻辑值（True 或 False）或 Null（空值或未知）。在 VBA 中提供了 8 种比较运算符，如表 8.4 所示。

表 8.4　比较运算符

运 算 符	含 义	示 例	结 果
=	等于	2=3	False
<> 或 ! =	不等于	2<>3	True
>	大于	3>4	False
>=	大于等于	"A">="B"	False
<	小于	3<4	True
<=	小于等于	6<=5	False
Like	比较样式		
is	比较对象变量		

（3）逻辑运算符。

逻辑运算符也被称为布尔运算符，用于在表达式中创建多个条件。用逻辑运算符连接两个或多个表达式，可以组成一个布尔表达式。它与关系运算符类似，通常会返回一个逻辑值（True 或 False）或 Null。常见的逻辑运算符如表 8.5 所示。

表 8.5　逻辑运算符

运 算 符	含 义	示 例	结 果
Not	逻辑非	Not 1<2	False
And	逻辑与	1<2 And 2>3	False
Or	逻辑或	1<2 or 2>3	True
Xor	逻辑异或	1<2 Xor 2>3	True
Eqv	逻辑等于	1<2 Eqv 2>3	False

（4）连接运算符。

字符串连接运算符具有连接字符串的功能。有 "&" 和 "+" 两个运算符。"&" 用来强制两个表达式作字符串连接，例如连接式："2+3" &"=" &(2+3)的运算结果为"2+3=5"。"+" 运算符是当两个表达式均为字符串数据时，才将两个字符串连接成一个新字符串。如果连接式写为："2+3" & "=" + (2+3)，则系统会提示"类型不匹配"错。

2. 运算符的优先级

在计算表达式时，系统会根据运算符的优先级按照先后顺序进行计算，如同最常见的"先乘除，后加减"一样。在 VBA 中，各种运算符的优先顺序如表 8.6 所示。

关于运算符的优先级做如下说明：

（1）优先级：算术运算符>连接运算符>比较运算符>逻辑运算符。

（2）所有比较运算符的优先级相同，也就是说，按从左到右顺序处理。

（3）算术运算符和逻辑运算符必须按表 8.6 所列优先顺序处理。

（4）括号优先级最高。可以用括号改变优先顺序，使表达式的某些部分优先运行。

表 8.6　运算符的优先级

优先级	高 ←			低
高	算术运算符	连接运算符	比较运算符	逻辑运算符
↑	指数运算（＾）		相等（＝）	Not
	负数（－）		不等（<>）	And
	乘法和除法（＊、/）	字符串连接(&)	小于（<）	Or
	整数除法（\）	字符串连接(+)	大于（>）	
	求模运算（Mod）		小于等于（<=）	
低	加法和减法（＋、－）		大于等于（>=）	

8.4.5　常用标准函数

在 VBA 中，系统提供了大量的内置函数，如 Sin()、Max()等。在编写程序时，开发者可以直接引用这些函数。标准函数一般用于表达式中，部分函数能和语句一样使用，其使用形式如图 8.8 所示。

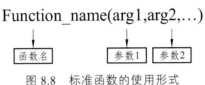

图 8.8　标准函数的使用形式

在引用函数时要注意以下几点：

（1）函数的名称：在每种编程语言中，数学函数都有固定的名称，如用 Sin()函数求正弦、Cos()函数求余弦等。

（2）函数的参数：参数跟在函数名后面，需要用括号"()"括起来。当函数没有参数或参数个数为零时，括号内不写即可。当参数个数为 2 个或 2 个以上时，各参数之间需要用逗号"，"分隔开。函数的参数具有特定的数据类型。

（3）函数的返回值：每个函数均有返回值，并且函数的返回值也具有特定的数据类型。

VBA 常用的标准函数分为五大类，分别是数学函数、字符串函数、日期/时间函数、类型转换函数、其他函数。

1. 数学函数

数学函数又称为算术函数，Access VBA 提供了以下标准的数学函数，如表 8.7 所示。

表 8.7　常见数学函数

函数名	函数功能	例子
绝对值函数： Abs(<表达式>)	返回数值表达式的绝对值	Abs(-1) = 1
向下取整函数： Int(<数值表达式>)	返回数值表达式向下取整的结果，参数为负值时返回小于等于参数值的第一个负数	Int(4.3) = 4 Int(-4.3)=-5
取整函数： Fix(<数值表达式>)	返回数值表达式的整数部分，参数为负值时返回大于等于参数值的第一个负数。 说明：Int 和 Fix 函数参数为正值时，结果相同；当参数为负时，结果可能不同。Int 返回小于等于参数值的第一个负数，而 Fix 返回大于等于参数值的第一个负数	Fix(4.3) = 4 Fix(-4.3) = -4

函数名	函数功能	例子
四舍五入函数：Round(<数值表达式>[，<表达式>])	按照指定的小数位数进行四舍五入运算。[，<表达式>]是进行四舍五入运算小数点右边应保留的位数	Round(4.43, 1) = 4.4 Round(4.6) = 5
开平方函数：Sqr(<数值表达式>)	计算数值表达式的平方根	Sqr(4) =2
产生随机数函数：Rnd（<数值表达式>）	产生一个 0~1 的随机数，为单精度类型	Rnd () = 0.70554752

【例 8.9】Rnd()函数实现复杂的随机数。

【程序代码】

Int (100*Rnd())返回一个 1~99 的整型随机数。

Int (100 *Rnd()+1)返回一个 0~100 的整型随机数。

2.字符串函数

在程序中，经常会遇到处理字符的函数。常用字符串函数的功能如表 8.8 所示。

表 8.8 常见字符串函数

函数名	函数功能	例子
字符串检索函数：InStr（[Start,]<Str1>，<Str2>[，Compare]）	检索子字符串 Str2 在字符串 Str1 中最早出现的位置，返回一整型数。Start 是可选参数，为数值表达式，设置检索的起始位置，如省略，则从第一个字符开始检索；如包含 Null 值，就会发生错误。Compare 为可选参数；指定字符串比较的方法，其值可以为 1、2 和 0（默认）。指定 0，做二进制比较；指定 1，做不区分大小写的文本比较；指定 2，则做基于数据库中包含信息的比较。如值为 null，则会发生错误。如果指定 Compare 参数，则一定要有 Start 参数	lnStr("HELLO", "L") =3
字符串长度检测函数：len（<字符串表达式>或<变量名>）	返回字符串所含字符数。注意：定长字符串，其长度是定义时的长度，和字符串的实际值无关	len("hello") = 5 len("计算机") = 3
字符串截取函数：Left（<字符串表达式>, <N>）	从字符串左边起截取 N 个字符	Left("hello world", 5) ="hello"
字符串截取函数：Right（<字符串表达式>, <N>）	从字符串右边起截取 N 个字符	Right("hello world", 5) ="world"
字符串截取函数：Mid（<字符串表达式>, <N1>, [N2]）	从字符串左边第 N1 个字符起截取 N2 个字符	Mid("hello world", 7, 5) = "world"
生成空格字符函数：Space（<数值表达式>）	返回数值表达式的值指定的空格字符数	
大小写转换函数：Ucase（<字符串表达式>）	将字符串中的小写字母转换成大写字母	Ucase("hello") = "HELLO"
大小写转换函数：Lcasc（<字符串表达式>）	将字符串中的大写字母换成小写字母	Lcase("HELLO") = "hello"

函数名	函数功能	例子
删除空格函数：LTrim （<字符串表达式>）	删除字符串的开始空格	LTrim(" hello ") = "hello "
删除空格函数：RTrim （<字符串表达式〉）	删除字符串的尾部空格	RTrim(" hello ") = " hello"
删除空格函数：Trim （<字符串表达式>）	删除字符串的开始和尾部空格	Trim(" hello ") = "hello"

【例 8.10】判断数据库中"学生"表里"姓名"字段姓"张"的学生。

【程序代码】

Left([姓名], 1) = "张"

Mid([姓名], 1, 1) = "张"

Instr([姓名], "张") = 1

3. 日期/时间函数

在 Access 系列软件中，日期和时间都是一种较为特殊的数据，这些数据使用数学函数或者字符串函数处理都是比较麻烦的，为此，系统提供了一些专门用于处理日期和时间的标准函数。

（1）返回系统时间函数。

表 8.9　返回系统时间函数

函数名	函数功能	例　子
Date()	返回当前系统日期	返回当前日期，如 2022-6-16
Time()	返回当前系统时间	返回系统时间，如 9：20：00
Now()	返回当前系统日期和时间	返回系统日期和时间，如 2022-6-16 9：20：00

（2）日期截取函数。

表 8.10　日期截取函数

函数名	函数功能	例子
Year（表达式）	返回年份	Year(#2022/6/16#) = 2022
Month（表达式）	返回月份	Month (#2022/6/16#) = 6
Day（表达式）	返回日期	Day(#2022/6/16#) = 16
Weekday（表达式）	返回星期几	Weekday(#2022/6/16#) = 5 说明：因为#2022/6/16#是星期四，故返回 5； 星期从"周日到周六"的编号是从"1~7"

（3）时间截取函数。

表 8.11　时间截取函数

函数名	函数功能	例子
Hour（表达式）	返回小时数（0～23）	Hour(#2022/6/16 11:12:30#) = 11
Minute（表达式）	返回分钟数（0～59）	Minute(#2022/6/16 11:12:30#) = 12
Second（表达式）	返回秒数（0-59）	Second(#2022/6/16 11:12:30#) = 30

（4）返回指定日期函数。

表 8.12　返回指定日期函数

函数名	函数功能	例子
DateSerial（表达式 1，表达式 2，表达式 3）	返回表达式 1 值为年、表达式 2 值为月、表达式 3 值为日组成的日期值	DateSerial (2022, 6, 18)　=　#2022/6/18#

【例 8.11】返回当前年、当前月的最后 1 天。

【程序代码】

DateSerial (year(date()), month(date())+1, 1) - 1

（5）其他日期/时间函数。

表 8.13　其他日期/时间函数

函数名	函数功能	例子
DateAdd(<间隔类型>,<间隔值>,<表达式>)	对表达式表示的日期按照间隔类型加上或减去指定的时间间隔值	DateAdd("yyyy", 3, #2022/6/16#) = #2025/6/16# DateAdd("m", 3, #2022/6/16#) = #2022/9/16#
DateDiff(<间隔类型>,<日期 1>,<日期 2>), [W1], [W2])	返回日期 1 和日期 2 之间按照间隔类型所指定的时间间隔数目	DateDiff("yyyy", #2022/6/16#, #2023/8/1#) = 1 DateDiff("m", #2022/6/16#, #2023/8/1#) = 14
DatePart(<间隔类型>,<日期>, [W1], [W2])	返回日期中按照间隔类型所指定的时间部分值	DatePart("yyyy".#2022/6/16#) = 2022 DatePart("m", #2022/6/16#) = 6

参数"间隔类型"表示时间间隔，为一个字符串，其设定值如表 8.14 所示。其值表示时间间隔的数目，数值可以为整数或负数。

表 8.14　"间隔类型"参数设定值

"间隔类型"设置	功能
yyyy	年
q	季
m	月
y	一年的日数
d	日
w	一周的日数
ww	周
h	时
n	分
s	秒

【例 8.12】用"w"和"ww"返回#2022/6/16#和#2022/6/26#日期间隔的周次。

【程序代码】

DateDiff("ww", #2022/6/16#, #2022/6/26#)　　　'答案输出为 2

DateDiff("w", #2022/6/16#, #2022/6/26#)　　　'答案输出为 1

4. 类型转换函数

在 VBA 程序中，虽然有些数据类型在需要的时候可以自动进行转换，但是在另外一些情况下，却要求使用指定类型的数据，这时候就需要将数据转换为该类型的数据再使用。类型转换函数如表 8.15 所示。

表 8.15 类型转换函数

函数名	函数功能	例子
字符串转换成字符代码函数： Asc（<字符串表达式>）	返回字符串首字符的 ASCII 值	Asc("cat") = 99
字符代码转换成字符函数： Chr（<字符代码>）	返回与字符代码相关的字符	Chr(99) = "c"
数字转换字符串函数：Str（<数值表达式>）	将数字转换成字符串	Str(99) ="99"
字符串转换数字函数： Val（<字符串表达式>）	将数字字符串转换成数值型数字	Val("99") = 99
字符串转换日期函数 DateValue （<字符串表达式>）	将字符串转换成日期值	DateValue("February 11, 2022")=#2022-2-ll#

5. 其他函数

在 VBA 程序中，其他函数主要包括了程序流程函数和输入输出函数。这里主要看一下程序流程函数，下节将详细讲解输入输出函数。程序流程函数如表 8.16 所示。

表 8.16 程序流程函数

函数名	函数功能	例子
Choose(<索引式>,<选项 1> [,<选项 2>,...[,< 选项 n>]])	该函数是根据"索引式"的值来返回选项表中的某个值：当"索引式"值为 1，函数返回"选项 1"的值；"索引式"值为 2，函数返回"选项 2"的值；以此类推；当"索引式"的值小于 1 或大于列出的选择项数目时，函数返回无效值（Null）	根据变量 x 的值来为变量 y 赋值： x=2 : m=5 y=Choose(x, 5, m+1, m) 'y 的值将为 6
IIf(<条件式>,<表达式 1>, <表达式 2>）	该函数是根据"条件式"的值来决定函数返回值。"条件式"的值为"真（True）"，函数返回表达式 1"的值;"条件式"的值为"假（False）"，函数返回"表达式 2"的值	将变量 a 和 b 中值大的量存放在变量 Max 中： Max=IIf(a>b, a, b)
Switch(<条件式 1>,<表达式 1> [,<条件式 2>，<表达式 2>…… [,<条件式 n>,<表达式 n>]]）	该函数将返回与条件式列表中最先为 True 的那个条件表达式所对应的表达式的值	根据变量 x 的值来为变量 y 赋值： x=-3 y=Switch(x>0, 1, x=0, 0, x<0, -1) 'y 的值将为-1

8.5 VBA 程序结构

在 VBA 中，当没有使用任何流程控制语句时，程序会按照代码书写的先后顺序从前往后执行。但是在许多程序中，时常都会有要求程序在满足一定的条件才能够执行某些代码，又或者要求某段代码重复执行多次。很显然，这些都是使用顺序结构程序不容易实现的。

如果需要实现程序的选择性执行或者循环执行，需要使用流程控制语句来控制程序执行的方向和先后顺序等。在 VBA 中，提供了选择结构控制和循环结构控制两种常用的流程控制语句。

另外，在程序代码执行出错时，还可以使用错误处理语句进行处理，这样可以有效地避免程序在执行过程中的中断。

8.5.1 输入输出语句

输入/输出语句的作用就是在用户需要时，打开一个对话框供用户输入或者输出数据，使用输入和输出函数可以减轻用户的编程工作量，不用自定义一个输入/输出窗体。

1. 输入函数

InputBox()：输入函数，将弹出一个对话框，等待用户输入内容，并返回所输入的内容。其语法格式为：

InputBox (prompt[, title][, default][, xpos][, yposll, helpfile, context])

各个参数的含义如下：

（1）promp：提示信息。必填参数，用于显示输入对话框中的消息。最大长度大约是 1024 个字符。如包含多个行，则可在各行之间用回车符 Chr(13)、换行符 Chr(10) 或回车换行符组合 Chr(13) & Chr(10) 来分隔。

（2）title：标题。可选参数， 用于定义在对话框标题栏处显示的文本内容。如果不定义，系统会默认把应用程序名"Microsoft Access"放在标题栏。

（3）default：默认值。可选参数，用来定义当用户没有输入内容时返回的值。如果省略，则默认返回为空。

（4）xpos：x 坐标。可选参数，指定对话框左边与屏幕左边的水平距离。如果省略，则对话框会放置在水平方向居中位置。

（5）ypos：y 坐标。可选参数，指定对话框上方与屏幕上方的垂直距离。如果省略，则对话框会放置在垂直方向距屏幕上方约 1/3 的位置。

（6）helpfile：可选参数，字符串表达式，识别向对话框提供上下文相关的帮助文件。如果提供了 helpfile 参数，也必须提供相应的 context 参数。

（7）context：可选参数，数值表达式，由帮助文件的作者指定给适当帮助主题的帮助上下文编号。

【例 8.13】在[立即窗口]中输入以下语句。

print inputbox（"请输入一个数字", "数学练习", 10, , , "帮助", 2）

【结果】

按 Enter 键，就会弹出一个[数学练习]对话框，若在文本框中输入"20"，如图 8.9（a）所示，单击[确定]按钮，可以看到[立即窗口]中将返回输入的值，如图 8.9（b）所示。若不输入值，则默认返回为 10。

需要注意的是，输入框返回的数据为字符型。

(a)"数学练习"对话框

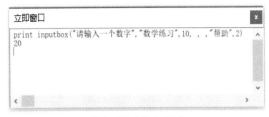

(b) 返回输入的值

图 8.9 "数学练习"对话框和返回输入的值

2. 输出函数

MsgBox()：输出函数，将弹出一个对话框，在框中显示消息，等待用户单击按钮，并返回一个整型值告诉用户单击了哪一个按钮。其语法格式为：

【格式 1】变量=MsgBox(prompt[, buttons][, title][helpfile, context])

说明：用变量记录所选择的按钮。

【格式 2】msgbox prompt[, buttons][, title][helpfile, context]

说明：不记录选择的按钮。

各个参数的含义如下：

（1）prompt：必填参数，用于显示对话框中的消息。

（2）buttons：可选参数，用于定义输出窗口的按钮样式及图标显示类型，默认为"确定"按钮。关于各按钮的常数以及对应的返回值，如表 8.16 所示。

（3）title：可选参数，用于定义在对话框标题栏处显示的文本内容。如果不定义，系统会默认把应用程序名"Microsoft Access"放在标题栏。

（4）helpfile：可选参数，字符串表达式，识别向对话框提供上下文相关的帮助文件。如果提供了 helpfile 参数，也必须提供相应的 context 参数。

（5）context：可选参数，数值表达式，由帮助文件的作者指定给适当帮助主题的帮助上下文编号。

说明：Buttons 中的三个参数如表 8.17、表 8.18 和表 8.19 所示。

表 8.17 Buttons 参数与按钮的对应关系

常量	值	说明
vbokonly	0	只显示 ok 按钮
vbokcancel	1	显示 ok 及 cancel 按钮
vbabortretryignore	2	显示 abort、retry 及 ignore 按钮
Vbyesno	3	显示 yes、no 按钮
Vbyesnocancel	4	显示 yes、no 及 cancel 按钮
Vbretrycancel	5	显示 retry 及 cancel 按钮

表 8.18 Buttons 参数中图标设置的常数

常量	值	说明
vbcritical	16	显示 critical message 图标
vbquestion	32	显示 warning question 图标
vbexclamation	48	显示 warning message 图标
vbinformation	64	显示 informationmessage 图标

251

表 8.19　Buttons 参数中默认按钮设置的常数

常　量	值	说　明
vbdefaultbutton1	0	第一个按钮设为默认值
vbdefaultbutton2	256	第二个按钮设为默认值
vbdefaultbutton3	512	第三个按钮设为默认值

若记录了返回值，则不同的返回值代表的含义如表 8.20 所示。

表 8.20　MsgBox 函数中的返回值

常　量	值	说　明
vbok	1	确定
vbcancle	2	取消
vbabort	3	终止
vbretry	4	重试
vbignore	5	忽略
vbyes	6	是
vbno	7	否

【例 8.14】在[立即窗口]中输入以下语句。

print msgbox（"这是一个例子"，4 + 48 + 0，"显示框"）

【结果】

按 Enter 键，将弹出[显示框]对话框，显示出设定的消息，如图 8.10（a）所示。单击[确定]按钮，此时在[立即窗口]中将返回[确定]按钮对应的整型值 6，如图 8.10（b）所示。

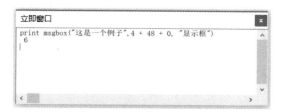

（a）"显示框"对话框　　　　　　　（b）返回"确定"按钮对应值

图 8.10　"显示框"对话框和返回"确定"按钮对应值

8.5.2　顺序结构

顺序结构是最基本的结构，它是在执行完一条语句后，顺序执行下一条语句，即一条一条按顺序执行语句。

【例 8.15】编写运行程序，在输入框中输入一个数字，然后在消息框中将此数字输出。

【程序代码】

具体操作步骤如下：

（1）在 VBE 环境中输入下面的代码：

```
Sub a()
    Dim num As Integer
    num= InputBox（"请输入一个数字"）
    MsgBox "你输入的数字为" & num
```

End Sub

（2）在工具栏中单击"运行"按钮，弹出输入框，如图 8.11 所示。

（3）在输入框的文本框中输入数字"16"，单击"确定"按钮，弹出"消息框"，如图 8.12 所示。

图 8.11　弹出输入框

图 8.12　运行结果

8.5.3　选择结构

选择结构又被称为分支结构，该结构中通常包含一个条件判断语句，根据语句中条件表达式的结果执行不同的操作，从而控制程序的流程。

选择结构主要有两种：If 语句和 Case 语句。If 语句又被称为条件语句，Case 语句又被称为情况语句。两者的本质是一样的，都是在 VBA 中进行条件判断。当进行简单的条件判断时使用 If 语句，如果判断之后的结果较多，可以使用 Case 语句。

1. if 语句

VBA 中最常见的分支语句就是 if 语句，根据实际需要可以分为以下 3 种类型。

（1）If...Then 语句（单分支结构）。

语句结构为：

形式一：

If 条件表达式 Then 语句

形式二：

If 条件表达式 Then
　　语句序列
End If

流程图如图 8.13 所示，其功能是先计算条件表达式，如果条件表达式为真，则执行 Then 之后的语句或语句序列；如果条件为假，则跳过语句或语句序列。

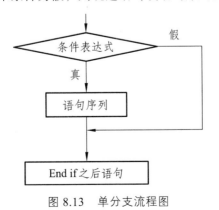

图 8.13　单分支流程图

253

【注意】

在形式一中，Then 之后只能放置一条语句；在形式二中，可以放置一条或者多条语句，且必须以 End If 结束。

【例 8.16】编写一个程序，输入本次等级考试的成绩，如果成绩大于等于 60 分则显示"考试及格了，终于可以好好放松一下了!"。

【程序代码】

```
Private Sub test1()
        Dim x As Integer
        x = InputBox（"请输入考试分数"）
        If x>= 60 Then MsgBox "考试及格了，终于可以好好放松一下了!"
End Sub
```

（2）If... Then... EIse 语句（双分支结构）。

双分支结构的语句结构为：

形式一：

If 条件表达式 Then 语句序列 1 Else 语句序列 2

形式二：

```
If 条件表达式 Then
        语句序列 1
Else
        语句序列 2
End If
```

流程图如图 8.14 所示，其功能是先计算条件表达式，如果条件表达式为真，则执行 Then 之后的语句或语句序列；如果条件为假，则执行 Else 之后的语句或者语句序列。

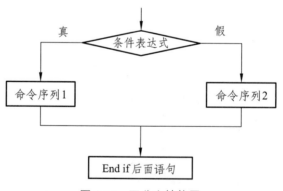

图 8.14　双分支结构图

【例 8.17】编写一个程序，输入本次等级考试的成绩，如果成绩大于等于 60 分则显示"考试及格了，终于可以好好放松一下了!"；如果成绩小于 60 分，则显示"继续努力，争取下次过关"。

【程序代码】

```
Private Sub test1()
        Dim x As Integer
        x=InputBox（"请输入考试分数"）
```

```
If x> 60 Then
        MsgBox "考试及格了，终于可以好好放松一下了!"
Else
        MsgBox "继续努力，争取下次过关"
    End If
End Sub
```

（3）If······Then······ ElseIf 语句（多分支结构）。

语句的结构为：

```
If 条件表达式 1 Then
    语句序列 1
ElseIf 条件表达式 2 Then
    语句序列 2
ElseIf 条件表达式 3 Then
    语句序列 3
    …
[Else
    语句序列 n]
End If
```

流程图如图 8.15 所示，其执行过程为从上到下对 If 后面的条件表达式依次进行判断，如果某个条件表达式为 "true"，则执行该表达式后面的语句组，并且跳过下面其他条件判断而结束 If 语句。

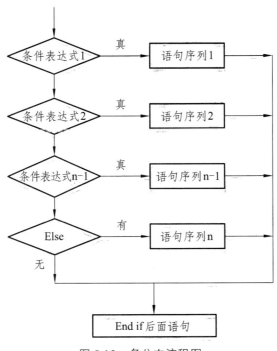

图 8.15　多分支流程图

255

【注意】

无论是单分支、双分支或是多分支结构，最终只能执行一个分支之后的语句或语句序列。

【例 8.18】编写一个程序，根据用户输入的期末考试成绩输出相应的成绩评定信息：

①成绩大于等于 90 分输出"优"；

②成绩大于等于 80 分小于 90 分输出"良"；

③成绩大于等于 60 分小于 80 分输出"中"；

④成绩小于 60 分输出"差"。

【问题分析】

这个问题将成绩分成了好几个区间，显然需要使用多分支结构来完成。

【程序代码】

```
If 考试成绩> = 90 Then
    MsgBox "优"
ElseIf 考试成绩> = 80 Then
    MsgBox"良"
ElseIf 考试成绩> = 60 Then
    MsgBox "中"
Else
    MsgBox"差"
End If
```

2. Select Case... End Select 语句

【例 8.19】要求用户输入一个字符值并检查它是否为元音字母。

【问题分析】

元音字母即英文字母的"a、e、i、o、u"。当输入一个字符时，如果该字符是"a、e、i、o、u"中的任意一个，则输出"您输入的是元音字母"；否则就输出"您输入的不是元音字母"。该问题可以使用多分支结构来解决。

【程序代码】

```
Sub yuanyin()
    Dim char AS String
    char = InputBox（"请输入一个小写字母: "）
    If char = "a" Then
        MsgBox "您输入的是元音字母"
    ElseIf char = "e" Then
        MsgBox "您输入的是元音字母"
    ElseIf char = "i " Then
        MsgBox "您输入的是元音字母
    ElseIf char ="o" Then
        MsgBox "您输入的是元音字母"
    ElseIf char = "u" Then
```

```
            MsgBox "您输入的是元音字母"
        Else
            MsgBox "您输入的不是元音字母"
        End If
End Sub
```

在例 8.19 中，使用多分支结构的程序看上去比较繁杂。此时，可以采用 Select Case……End Select 语句来解决，语句结构为：

```
Select Case 表达式
    Case 表达式 1
        语句序列 1
    Case 表达式 2
        语句序列 2
    Case Else
        语句序列 N
End Select
```

Select Case……End Select 结构运行时，首先计算"表达式"的值，它可以是字符串、数值变量或表达式，然后会依次测试每个 Case 后面"表达式"的值。如果 Select Case 后的表达式和某一个 Case 后的表达式相同，程序就会转入相应的 Case 结构内执行语句，如果条件都不匹配时，则执行关键字 Case Else 之后的语句。Case 表达式可以是下列数据之一：

（1）单一数值或一行并列的数值，数值之间以逗号来隔开。

（2）表示某个范围，范围的初始值和终值由关键字 To 分隔开，例如 Case "a" To "z"。需要注意的是，初始值比终值要小，否则没有符合条件的情况。

（3）关键字 Is 接关系运算符，如<>、<、<= 、= 、>=或>，后面再接变量或精确的值，如 Case Is> 3。

【注意】

Case 语句是依次执行的，该语句会执行第一个符合 Case 条件的相关语句序列，即使再有符合条件的分支也不会再执行。

使用 Select Case... End Select 语句求解[例 8.19]，代码如下：

【程序代码】

```
Sub yuanyin( )
    Dim char As String
    char = InputBox（"请输入一个小写字母: "）
    Select Case char
        case "a"
            MsgBox "您输入的是元音字母 a"
        case "e"
            MsgBox "您输入的是元音字母 e"
        case "i"
```

```
        MsgBox "您输入的是元音字母 i"
    case "o"
        MsgBox "您输入的是元音字母 o"
    case "u"
        MsgBox "您输入的是元音字母 u"
    Case Else
        MsgBox "您输入的不是元音字母"
    End Select
End Sub
```

8.5.4　循环结构

循环语句可以实现重复执行一行或多行程序代码。VBA 支持的循环语句结构有：For……
Next、Do While……Loop 和 While……Wend。

1. For… Next 语句

For…Next 语句能够重复执行程序代码区域特定次数，使用格式如下：
For 循环变量=初值 To 终值　[Step 步长]
　　循环体
　　[条件语句序列
　　　　Exit For
　　结束条件语句序列]
Next [循环变量]
其中 Step 为 1 时可以省略。

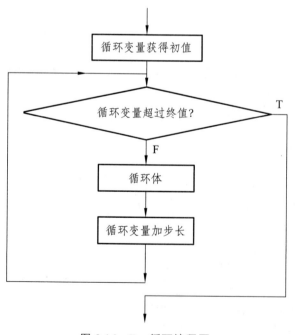

图 8.16　For 循环流程图

For 循环流程图如图 8.16 所示，程序执行步骤如下：

（1）为循环变量赋初值。

（2）循环变量与终值比较，确定循环是否进行：

步长>0 时，若循环变量<=终值，执行循环体一次；若循环变量>终值，循环结束，退出循环。

步长=0 时，若循环变量值<=终值，死循环；若循环变量值>终值，一次循环也不执行。

步长<0 时，若循环变量值>=终值，执行循环体一次；若循环变量值<终值，循环结束，退出循环。

（3）执行循环体。

（4）循环变量值增加步长的值（循环变量=循环变量+步长），程序跳转到步骤（2）。

循环变量的值如果在循环体内不被更改，则计算循环次数可以使用公式：

循环次数=(终值-初值+1)/步长

例如，初值=1，终值=10，步长=2，则循环体重复执行(10-1+1)/2=5 次。但如果循环体的值在循环体内被更改，则不适用该公式。

【例 8.20】计算 1+2+3+…+50 的和。

【程序代码】

```
Sub sum1( )
    Dim result As Integer
    Dim i As Integer
    result = 0
    For i=1To 50
        Result = result + i
    Next i
    MsgBox result
End Sub
```

2. Do While…Loop 语句

使用格式如下：

```
Do While <条件式>
    循环体
    [条件语句序列
        Exit Do
    结束条件语句序列]
Loop
```

Do while 循环流程图如图 8.17 所示，这个循环结构在条件式结果为真时执行循环体，并持续到条件式结果为假或执行到选择性 Exit Do 语句而退出循环，该循环是先判断后执行，所以如果条件为假，则循环体一次也不会被执行。

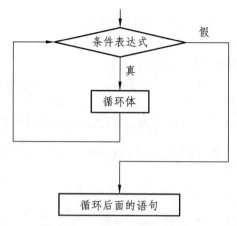

图 8.17　Do while 循环流程图

【例 8.21】通过 Do While…Loop 语句输出从 1 到 10 之间的偶数分别乘以 10 的结果。
【程序代码】

```
Sub test()
    Dim num As Integer
    Dim result As Integer
    num =2
    Do While num <= 10
        Result = num * 10
        Debug. Print num & "x10=" & result
        num = num + 2
    Loop
End Sub
```

【注意】

Debug. Print 将结果显示在"立即窗口", 所以在运行代码前必须将"立即窗口"显示出来。

3. Do…Loop While 结构

其结构与 Do…Loop Until 结构相对应, 当条件式值为真时, 重复执行循环, 直到条件式值为假, 结束循环, 使用格式如下:

```
Do
    循环体
    [条件语句序列
    Exit Do
    结束条件语句序列]
Loop While 条件式
```

4. Do…Loop Until 语句

使用格式如下:

```
Do
    循环体
```

[条件语句序列

    Exit Do

结束条件语句序列]

Loop Until 条件式

Do...Loop Until 语句先执行循环体一次，然后进行判断，如果条件为真则退出循环，如果条件为"假"就继续循环。所以，此种循环结构即使开始条件为假，循环休也至少会被执行一次。

5. Do Until...Loop 语句

其结构与 Do While...Loop 结构相对应，当条件式值为假时，重复执行循环，直到条件式值为真，结束循环。使用格式如下：

Do Until <条件式>

    循环体

    [条件语句序列

        Exit Do

    结束条件语句序列]

Loop

6. While...Wend 结构

与 Do While...Loop 结构相似，主要是为了兼容 QBasic 和 QuickBasic 而提供，一般不常用，读者只需了解即可，使用格式如下：

While <条件式>

    循环体

Wend

8.6 过程调用和参数传递

8.6.1 过程调用

1. 子过程的定义和调用

可以用 Sub 语句声明一个新的子过程。定义格式如下：

[Public|Private][Static] Sub 子过程名([<形参>])

[<子过程语句>]

[Exit Sub]

[<子过程语句>]

End Sub

说明：Public 关键字用来说明该过程是可以用于所有模块中的其他过程，而 Private 关键字用来说明该过程只能够用于同一模块中的其他过程。

子过程的调用形式有两种：

（1）Call 子过程名([<实参>])

（2）子过程名[<实参>]

【例 8.22】分析以下程序段：

【程序代码】

```
Sub ST()
    Static s1 As Integer
    s1 = s1+1
    MsgBox s1
End Sub
Sub useST()
    Call ST
    ST
End Sub
```

【问题分析】

该程序中有一个名为 ST 的过程，在其中定义了一个 Static 类型的变量 s1，然后将该变量加 1 输出；还有一个名为 useST 的过程，在该过程中通过 "Call ST" 和 "ST" 两种方式调用了 ST 过程，也就是 ST 过程被调用了两次。每调用一次 ST 过程，变量 s1 就加 1。又因为 s1 是 static 类型的，所以 s1 的值会累加，输出两次 s1 的值分别为 1 和 2。

2. 函数过程的定义和调用

可以使用 Function 语句定义一个函数过程，定义格式如下：

[Public|Private][Static] Function 函数过程：（[<形参>]）[As 数据类型]

[<函数过程语句>]

[函数过程名=<表达式>]

[Exit Function]

[<函数过程语句>]

[函数过程名=<表达式>]

End Function

说明：Public 关键字用来说明该函数可以适用于所有模块中的其他过程，而 Private 关键字用来说明该函数只能够适用于同一模块中的其他过程。

函数过程的调用形式只有一种：函数过程名（[<实参>]）

函数过程的返回值有两种用途：

（1）作为赋值成分赋予某个变量，格式为：

变量 = 函数过程名（[<实参>]）

（2）函数过程返回值作为某个过程的实参成分使用。

【例 8.23】分析以下程序段：

【程序代码】

```
Public Sub MyFun1()
    Dim Var As Integer
    Var = MyFun2()
    MsgBox var
```

```
End Sub
Function MyFun2() As Integer
    MyFun2 = 3 * 4
End Function
```
【问题分析】

这段代码中包含一个名为 MyFun1 的 Sub 过程和一个名为 MyFun2 的 Function 函数过程。在 MyFun2() 中进行了一个简单的乘法运算（3*4），然后将乘积 12 赋给 MyFun2。在 MyFun1() 中调用 MyFun2()，将 MyFun2() 返回的乘积 12 存储在变量 var 中，最后将 var 的值通过消息框输出。

8.6.2　参数传递

过程定义时可设置一个或者多个参数，这些参数称为形参（形式参数的简称），多个形参之间用逗号分隔。其中，每个形参的完整定义格式为：

[Optional][ByVal | ByRef][ParamArray]Varname[( )][As Type][= defaultvalue]

形参参数含义如表 8.21 所示。

表 8.21　形参参数含义

名称	说明
varname	必需的，形参名称，遵循标准的变量命名约定
type	可选项，传递给该过程的参数的数据类型
Optional	可选项，表示参数不是必需的。如果使用了 ParamArray，则任何参数都不能使用 Optional
ByVal	可选项，表示该参数按值传递
ByRef	可选项，表示该参数按地址传递，ByRef 是 VBA 的缺省选项
ParamArray	可选项，只用于形参的最后一个参数，指明最后这个参数是一个 Variant 元素的 Optional 数组。使用 ParamArray 关键字可以提供任意数目的参数。但 ParamArray 关键字不能与 ByVal、ByRef 或 Optional 一起使用
Defaultvalue	可选项，任何常数或常数表达式，只对 Optional 参数合法，如果类型为 Object，则显示的缺省值只能是 Nothing

含参数的过程或者函数被调用时，主调过程中的调用式必须提供相应的实参（实际参数的简称），并通过实参向形参传递的方式完成过程操作或函数调用。

【例 8.24】形参和实参的使用参照以下代码。

【程序代码】

```
Sub a()
    Dim m As Integer
    Dim n As Integer
    m = 2
    n = 3
    Call b(m, n)                         '调用过程，传递实参 m、n
    MsgBox m
End Sub
```

```
Sub b(ByRef i As Integer, ByRef j As Integer)          'i、j 均为过程 b 的形参
    Dim s As Integer
    i= i + j
End Sub
```

关于实参向形参的数据传递，还需要说明以下几点：

①实参可以是常量、变量或表达式。

②实参数目、类型应该与形参数目、类型相匹配。除非形参定义含 Optional 和 ParamArray 选项，则参数、类型可能不一致。

③传值调用（ByVal 选项）的"单向"作用形式与传址调用（ByRef 选项）的"双向"作用形式。

过程定义时，如果形式参数被说明为传值（ByVal 项），则过程调用只是相应位置实参的值"单向"传递给形参处理，而被调用过程内部对形参的任何操作引起的形参值的变化均不会反馈、影响实参的值。由于这个过程中，数据的传递具有单向性，故称为"传值调用"的"单向"作用形式。反之，如果形式参数被说明为传址（ByRef 项），则过程调用是将相应位置实参的地址传递给形参处理，而被调用过程内部对形参的任何操作引起的形参值的变化又会反向影响实参的值。在这个过程中，数据的传递具有双向性，故称为"传址调用"的"双向"作用形式。

【注意】

实参可以是常量、变量或表达式三种方式之一。如果实参为常量或表达式时，形参即便是传址（ByRef 项）说明，实际传递的也只是常量或表达式的值，在这种情况下，过程参数"传址调用"的"双向"作用形式就不起作用；但实参是变量、形参是传址（ByRef 项）说明时，可以将实参变量的地址传递给形参，这时，过程参数"传址调用"的"双向"作用形式就会产生影响。

【例 8.25】传值调用与传址调用。

【程序代码】

```
Sub a()
    Dim m As Integer
    Dim n As Integer
    m=2
    n=3
    Call b(m, n)                              '调用过程 b
    MsgBox "m="&m&", n="&n
End Sub
Sub b(ByVal i As Integer, ByRef j As Integer)
    Dim s As Integer
    i = i * 2
    j = j * 2
End Sub
```

输出结果为 m=2, n=6

被 ByVal 所修饰的形参 i 表示该参数 "按传值调用" 的方式传递参数，被 ByRef 所修饰的形参 j 表示该参数 "按传址调用" 的方式传递参数。过程 a() 中调用过程 b() 时，实参 m 将值 "单向" 传递给形参 i，m 的值依旧为 2；而实参 n 将值 "双向" 传递给形参 j，调用完毕后 n 的值变化为 6，即被调过程 b() 中形参 j 的值变化为 6(j = j * 2)。

8.7　面向对象程序设计基本概念

在 Access 中，VBA 采用目前主流的面向对象机制和可视化编程环境。简单来说，面向对象是使计算机用对象的方法来解决实际中的问题。在使用 VBA 进行程序设计时，世界上的任何事物都可以被看作对象，如一张桌子、一台计算机、一次考试，包括我们自己都是对象。每一个对象都有自己的属性、方法和事件，用户是通过属性、方法和事件来处理对象的。

8.7.1　集合和对象

在面向对象的概念中，一个对象就是一个实体，如一辆自行车或一个人等。每个对象都具有一些属性以相互区分，如自行车的尺寸、颜色等。即属性可以定义对象的一个实例。例如，一辆 28 的自行车和一辆 26 的自行车就分别定义了自行车对象的两个不同的实例。

对象的属性按其类别会有所不同，而且同一对象的不同实例属性构成也可能有差异。例如，自行车对象的属性与人这个对象的属性显然不同，同属自行车对象的普通自行车和专用自行车的属性构成也不尽相同。

除了属性以外，对象还有方法。对象的方法就是对象的可以执行的行为，如自行车行走、人说话等。一般情况下，对象都包含自己的属性和方法。

Aecess 应用程序由表、查询、窗体、报表、宏和模块对象列表构成，形成不同的类。Aceess 数据库窗体左侧显示的就是数据库的对象类，单击其中的任一对象类，就可以打开相应对象窗口。而且，其中有些对象内部，例如窗体、报表等，还可以包含其他对象。在 Access 中，控件外观和行为可以设置定义。

Access 中使用 "集合" 将类似的对象聚合为一个组。集合由某类对象所包含的实例构成。集合是有名称的，通常用 Forms 表示窗体集合，用 Reports 表示报表集合。

集合可以有属性。例如，与 Access 集合关联的两个最重要的属性是 Count 和 ltem。其中，

（1）Count：集合中包含的项目数。Count 为 0 的集合为空集合。集合几乎可以包含任意数量的项目。

（2）ltem：当将对象存储在某个集合中时，需要通过某种方式引用集合中的各个对象。Item 属性将指向集合中的单个项目。

当在 Access 中创建一个窗体时，实际上会创建一个 Form 对象。当向窗体中添加控件时，实际上是将它们添加在窗体的 Controls 集合汇总。虽然可以向窗体中添加更多的不同类型的控件(例如按钮、文本框等)，但窗体的 Gontrols 集合会包含所有添加到窗体中的全部控件。

在 Access 中，"记录集" 也是对象。

8.7.2　属性和方法

属性：描述对象的性质。例如，一个人的肤色、身高、体重等就是这个人的属性。

方法：描述对象的行为。例如，一个人能跑、能说话等功能就是这个人的行为。

在 VBA 中，用户可以使用对象名. 属性"的方式来引用对象的属性。例如，label1. caption="学生成绩表"，表示给标签对象（label1）的标题（caption）属性赋值为"学生成绩表"。

对象的方法引用方式为"对象名. 方法[参数名表]"。例如，text1.setfocus 表示调用文本框对象(text1)的设置焦点（setfocus）方法。

Access 中提供了一个重要的对象：DoCmd 对象。可以通过调用 DoCmd 对象中的方法来实现很多操作。例如，DoCmd.OpenReport "学生信息"，表示使用 DoCmd 中的 OpenReport 方法打开报表"学生信息"。

8.7.3　事件和事件过程

事件是 Access 窗体或报表及其上的控件等对象可以"辨识"的动作，如单击鼠标、窗体或打开报表等操作。在 Access 数据库系统里，可以通过两种方式来处理窗体、报表或控件的事件响应：一是使用宏对象来设置事件属性；二是为某个事件编写 VBA 代码过程，完成指定动作，即事件过程。

Access 中窗体、报表和控件的事件很多，常用的有"单击"事件、"加载"事件等。

【注意】

虽然窗体的事件比较多，但是窗体在完全展示前，将进行一系列的事件调用，以完成窗体的初始化工作。打开窗体时，触发事件的顺序是：

Open（打开）→ Load（加载）→ Resize（调整大小）→Activate（激活）→ Current（成为当前）→ Enter（进入(控件)）→ GetFocus（获得焦点(控件)）

同样，窗体在关闭的时候，也会进行一系列的事件以完成窗体的关闭。关闭窗体时，触发事件的顺序是：

Exit（退出(控件)）→ LostFocus（失去焦点(控件)）→ Unload（卸载）→ Deactivate（停用）→ Close（关闭）

8.8　VBA 常见操作

在 VBA 编程过程中会经常用到一些操作，例如打开或关闭、输入值、显示提示信息或计时功能等，这些功能都可以使用 VBA 的输入框、消息框及计时事件 Timer 等来实现。

8.8.1　打开与关闭操作

DoCmd 是一个非常有用的对象，该对象有很多经常会使用到的方法，如 OpenForm、OpenQuery、Close 等。由于方法比较多，而且名称较难记忆，因此书写起来不是很方便。针对这种情况，VBE 编辑环境提供了代码提示功能，这样，在编程时，用户重点就可以放在对程序逻辑的编写中，而不需要放在对这些复杂单词的记忆上了。

1. 打开窗体操作

打开窗体的命令格式为：

DoCmd. OpenForm formname[, view][, filtername , wherecondition]
[, datamode][, windowmode]

参数说明如表 8.22 所示。

表 8.22　打开窗体命令参数说明

名称	说　明
formname	字符串表达式，代表窗体的有效名称
view	可选项，窗体打开模式。详细参见表 8.23
filtername	可选项。字符串表达式，代表过滤的数据库查询的有效名称
wherecondition	可选项。字符串表达式，不含 Where 关键字的有效 SQL Where 子句
datamode	可选项，窗体的数据输入模式。为 0 时，可以追加，但不能编辑；为 1 时，可以追加和编辑；为 2 时，只读；-1 为默认值
windowmode	可选项，打开窗体时所采用的窗口模式。默认为 0，正常窗口模式；为 1 时，隐藏窗口模式；为 2 时，最小化窗口模式；为 3 时，对话框模式

view 选项是指窗体的视图模式，如果将该参数留空默认是 acNormal，可用常量如表 8.23 所示。

表 8.23　view 选项参数说明

常量	说明
acDesign	指窗体以设计模式打开
acFormDS	指窗体以数据表模式打开
acFormPivotChart	指窗体以数据透视图模式打开
acFormPivotTable	指窗体以数据透视表模式打开
acNormal	默认。在"窗体"视图中打开窗体
acPreview	以预览模式打开窗体

【例 8.26】打开名为"学生信息"的窗体。

【解答内容】

（1）打开"教学管理"数据库，在"窗体"选项卡中利用"窗体向导"创建"学生"窗体，如图 8.18 所示。

图 8.18　创建"学生"窗体

（2）在"创建"选项卡中，单击"宏与代码"组中的"模块"按钮，打开 VBE 环境，弹出"模块 2"窗口，如图 8.19 所示。

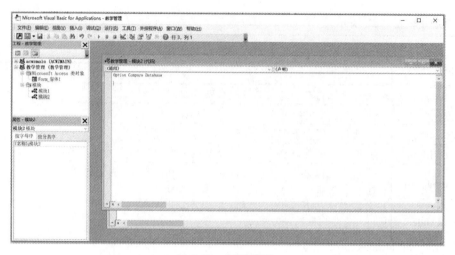

图 8.19　新建模块

（3）输入代码，如图 8.20 所示。由于要执行的方法为"OpenForm"，但是只需要输入"open"后，该环境就会将 DoCmd 以 open 开头的所有方法都显示出来，用户只需要在列表中选择要使用的方法就可以了。

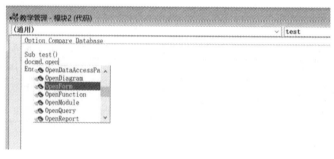

图 8.20　利用代码提示功能

（4）选择后，按 Enter 键，该方法名会自动输入，完整代码如图 8.21 所示。

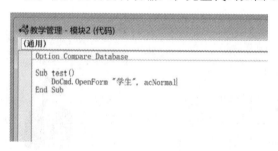

图 8.21　完整代码

（5）在"工具栏"中单击"运行"按钮，即可弹出"学生信息"窗体。

2. 打开报表操作

打开报表命令格式为：

Docmd OpenReport reportname[, view J , filtername JC , wherecondition]

参数说明如表 8.24 所示。

表 8.24　打开报表命令参数说明

名　称	说　明
reportname	字符表达式，代表报表的有效名称
view	可选项，报表打开模式，参见窗体 view 的参数
filtername	可选项，字符串表达式，代表过滤的数据库查询的有效名称
wherecondition	可选项，字符串表达式，不含 Whcrc 关键字的有效 SQL Where 子句

【例 8.27】预览名为"学生信息报表"的报表。

【解答内容】

具体操作类似于"打开窗体操作"，在此只给出程序代码。

```
Sub test1()
    DoCmd. OpenReport "学生报表"，acPreview
End Sub
```

3. 关闭操作

关闭操作命令格式为：

Docmd. Close [objecttype l, objectname lL, save]

参数说明如表 8.25 所示。

表 8.25　关闭操作命令参数说明

名　称	说　明
objecttype	可选项，关闭对象的类型，默认为-1。为 0 时，关闭表；为 1 时，关闭查询；为 2 时，关闭窗体；为 3 时，关闭报表；为 4 时，关闭宏；为 5 时，关闭模块；为 6 时，关闭数据访问页；为 7 时，关闭视图；为 8 时，关闭图表；为 9 时，关闭存储过程；为 10 时，关闭函数
objectname	可选项，字符串表达式，代表有效的对象名称
save	可选项，对象关闭时的保存性质。默认为 0，提示保存；为 1 时，保存；为 2 时，不保存

说明：该命令可以广泛用于关闭 Access 各种对象。省略所有参数时会关闭当前窗体。

8.8.2　计时器事件

在 VBA 中，通过设置窗体的"计时器间隔"属性和添加"计时器触发"事件来完成"定时"功能。其处理过程是"计时器触发"事件每隔"计时器间隔"就会被激发一次，并运行"计时器触发"事件过程来响应。如此不断重复，即可实现"定时"功能。

其处理过程：Timer 事件每隔 TimerInterval 时间间隔就会被激发一次，并运行 Timer 事件过程来响应。这样重复不断即实现"定时"处理功能。

【例 8.28】在窗体中编写一个简单的秒表计时器。

要求：单击按钮时开始计数，小针从 1 开始加，最大值为 10，小针加到 10 后归 0，然后从 0 继续加到 10。小针每加到 10，秒针就加 1。第二次单击按钮则停止计数，再单击一次按钮则继续计数，如此循环。

【解答内容】

具体操作步骤如下：

（1）创建"计时器"窗体，并在其上添加两个标签，"名称"属性分别为"num2"和"num1"；一个按钮，"名称"属性为"bOk"，"标题"属性为"开始计时"，如图 8.22 所示。

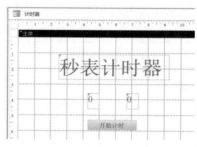

图 8.22　创建计时窗体

（2）打开"窗体"属性对话框，设置"计时器间隔"属性值为 100（即 100 ms），并设置"计时器触发"属性为"[事件过程]"，单击其后的".."按钮，进入 Timer 事件过程编写事件代码，如图 8.23 所示。

图 8.23　"窗体"属性

【注意】

"计时器间隔"属性值以毫秒（ms）为计量单位，故输入 100 表示间隔为 0.1 s。

（3）设计窗体"计时器触发"事件、窗体"打开"事件和按钮的"单击"事件代码，有关变量的类模块定义如下。

```
Option Compare Database
    Dim flag As Boolean
Private Sub bOK_Click()
    flag = Not flag
    End Sub
Private Sub Form_Open(Cancel As Integer)
    Flag=False
End Sub
Private Sub Form timer()
    If flag = True Then
```

        Me. num1. Caption = CLng(Me. num1. Caption) + 1

    End If

    If num1. Caption = 10 Then

        Me. num1. Caption = 0

        Me. num2. Caption = CLng(Me. num2. Caption) + 1

    End If

End Sub

（4）运行结果如图 8.24 所示。

图 8.24　运行结果

8.8.3　鼠标和键盘事件处理

1. 鼠标操作

对于鼠标操作来说，主要有 MouseDown（鼠标按下）、MouseMove（鼠标移动）和 MouseUp（鼠标抬起）三个事件，其事件过程形式分别为（XXX 为控件对象名）：

（1）XXX_MouseDown（Button As Integer , Shift As Integer, X As Single, Y As Single）

（2）XXX_ MouseMove（Button As Integer, Shift As Integer, X As Single, Y As Single）

（3）XXX_MouseUp（Button As Integer, Shift As Integer, X As Single, Y As Single）

以窗体 Form 为例：

Private Sub Form_MouseDown（Button As Integer, Shift As Integer , X As Single, Y As Single）

    …

End Sub

Private Sub Form Mouseup（Button As Integer, Shift As Integer , X As Single, Y As Single）

    …

End Sub

Private Sub Form_MouseMove(Button As Integer, Shift As Integer, X As Single, Y As Single）

    …

End Sub

说明：

①Button 参数，用于判断鼠标操作具体是哪个键，左、中、右三个键可以分别用符号常量 acLeftButton、acMiddleButton 和 acRightButton 来说明。

②Shift 参数，用于判断在操作鼠标的同时，是否也操作了键盘控制键。

271

③X 和 Y 参数，用于返回在操作的时候鼠标所在的坐标位置。

2. 键盘操作

键盘操作主要有 KeyPress、KeyUp 和 KeyDown 三个事件。

KeyPress 事件：用户按下并释放一个能产生 ASCII 码的键时被触发。

KeyUp 事件：用户释放任一键时被触发。

KeyDown 事件：用户按下任一个键时被触发。

引发 KeyPress 事件的按键：数字、大小写字母、Enter、BackSpace、Esc、Tab 等。

如文本框 Text1 的 KeyPress 事件过程：

Private Sub Text1_ KeyPress（Keyascii As Integer）

…

End Sub

"a" 的 ASCII 值为 97；"A" 的 ASCII 值为 65。

当控制焦点在某个对象上时，按下键盘上的任一键便会引发该对象的 KeyDown 事件，释放按键便会触发 KeyUp 事件。

如文本框 Text1 的 KeyDown 事件过程：

Private Sub Text1_ KeyDown（KeyCode As Integer, Shift As Integer）

…

End Sub

如文本框 Text1 的 KeyUp 事件过程：

Private Sub Text1_KeyUp（KeyCode As Integer, Shift As Integer）

……

End Sub

参数说明如下：

KeyCode：为用户所操作键的扫描码，即键的物理位置相同，则 KeyCode 参数值相同（"A" 和 "a"、5 和%等）；但大键盘的数字和小键盘的数字的 KeyCode 不一样。

Shift：根据是否同时按下 Shift 键、Ctrl 键和 Alt 键返回的一个整数，如表 8.26 所示。

表 8.26　按下 Shift 键、Ctrl 键和 Alt 键返回的参数

整数值	符号常量	说　明
1	vbShiftMask	按下 Shift 键
2	vbCtrlMask	按下 Ctrl 键
4	vbAltMask	按下 Alt 键
0	无	没有按下 Shift 键、Ctrl 键、Alt 键
7	无	同时按下 Shift 键、Ctrl 键、Alt 键

8.9　VBA 程序运行错误处理

在编写程序代码的过程中，出现错误是不可避免的，特别是当编写的程序比较复杂、代码量比较大时，更容易出现错误。因此用户应该掌握正确的程序调试方法，以快速地找出问题所在，不断改进、完善程序。

1. 错误类别

通常情况下，错误大概分为以下 3 种类型：编译错误、逻辑错误和运行错误。

（1）编译错误。

编译错误通常是由各种语法引发的，如忘了语句配对（If 语句中忘了 End If、For 语句中忘了 Next、Sub 语句中忘了 End Sub 等）、少一个分隔符或拼写错误等。这些错误非常容易检测并解决，打开 VBA 编辑器后，依次选择[工具]→[选项]菜单命令，如图 8.25 所示，弹出[选项]对话框，在其中可以看到，[代码设置]区域中提供了一系列选项来自动检查语法错误，选中每一个复选框，可帮助用户快速调试 VBA 代码，如图 8.26 所示。

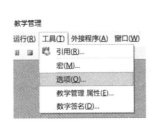

图 8.25　选择"选项"菜单命令

图 8.26　"选项"对话框

当运行 VBA 代码时，系统对于编译错误会弹出以下对话框，如图 8.27 和图 8.28 所示。

图 8.27　编译错误 1

图 8.28　编译错误 2

单击[确定]按钮，此时 Access 会将光标定位在发生错误的过程或语句中，并以黄色突出显示，提示用户进行更正，如图 8.29 所示。

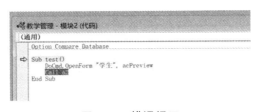

图 8.29　错误提示

（2）逻辑错误。

逻辑错误一般是由程序中错误的逻辑设计引起的，导致应用程序没有按计划执行，或生成无效的结果。此类错误一般不提示任何信息，通常难以检测和消除。当发生此类错误时，可以使用 VBA 提供的调试工具一步步调试来解决问题。

（3）运行错误。

运行错误指程序正常运行后，遇到非法运算从而引发的错误。例如，在除数为 0 的时候，就会发出除数为 0 的错误，如图 8.30 所示。或者声明 x 为整型变量，但试图输入一个字符串型数据，就会发生类型匹配错误，如图 8.31 所示。

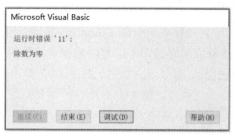

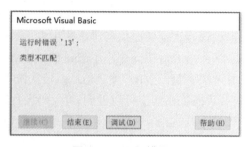

　　图 8.30　运行错误 1　　　　　　　　　　　　　图 8.31　运行错误 2

　　还有一些其他的非法运算，如向不存在的文件中写入数据等，都可能引发运行错误。发生此类错误时，单击对话框中的[调试]按钮，系统会将光标定位在发生错误的语句中，并以黄色突出显示。

　　2.On Error GoTo 语句

　　VBA 中提供 On Error GoTo 语句来控制当有错误发生时程序的处理。

　　On Error GoTo 指令的一般语法有以下三种：

　　（1）On Error GoTo 标号。

　　（2）On Error Resume Next。

　　（3）On Error GoTo 0。

　　"On Error GoTo 标号"语句在遇到错误发生时，程序会转移到标号所指的代码位置执行。一般标号之后都是进行错误处理的程序。

　　【例 8.29】错误处理应用。

　　【解答内容】

On Error GoTo Myerr 　　　　　'发生错误，跳转至 Myerr 位置

…

Myerr：　　　　　　　　　　'标号 Myerr 位置

Call ErrorProc　　　　　　　'调用错误处理过程 ErrorProc

　　分析：在此例中，On Error GoTo 指令会使程序流程转移到 Myerr 标号位置。

　　"On Error Resume Next"语句在遇到错误发生时不会考虑错误，而会继续执行下一条语句。

　　"OnErrorGoTo0"语句用于关闭错误处理。

　　如果没有用 On Error GoTo 语句捕捉错误，或者用 On Error GoTo 0 关闭错误处理，则在错误发生后会弹出一个对话框，显示相应的出错信息。

课后习题

一、选择题

1. 在 VBA 代码调试过程中，能够显示出所有在当前过程中的变量声明及变量值信息的是（　　）。

A. 快速监视窗口　　　　　　　　B. 监视窗口

C. 立即窗口　　　　　　　　　　D. 本地窗口

2. 下列变量名中，合法的是（　　　　）。

A. 4A　　　　　　　　　　　　B. A-1

C. ABC_1　　　　　　　　　　D. private

3. 下列给出的选项中，非法的变量名是（　　　　）。

A. Sum　　　　　　　　　　　B. Integer 2

C. Rem　　　　　　　　　　　D. Form1

4. 下列运算结果中，值最大的是（　　　　）。

A. 3\4　　　　　　　　　　　B. 3/4

C. 4 mod 3　　　　　　　　　D. 3mod4.

5. 对不同类型的运算符，优先级的规定是（　　　　）。

A. 字符运算符>算术运算符>关系运算符>逻辑运算符

B. 算术运算符>字符运算符>关系运算符>逻辑运算符

C. 算术运算符>字符运算符>逻辑运算符>关系运算符

D. 字符运算符>关系运算符>逻辑运算符>算术运算符

6. 将逻辑型数据转换成整型数据，转换规则是（　　　　）。

A. 将 True 转换为-1，将 False 转换为 0

B. 将 True 转换为 1，将 False 转换为-1

C. 将 True 转换为 0，将 False 转换为-1

D. 将 True 转换为 1，将 False 转换为 0

7. 下列数组声明语句中，正确的是（　　　　）。

A. Dim A[3, 4] As Integer

B. Dim A(3, 4) As Integer

C. Dim A[3;4] As Integer

D. Dim A(3;4) As Integer

8. 下列选项中，与 VBA 中语句 Dim NewVar%, sum!等价的是（　　　　）。

A. Dim NewVar As Integer, sum As Single

B. Dim NewVar As Integer, sum As Double

C. Dim NewVar As Single, sum As Single

D. Dim NewVar As Single, sum As Integer

9. InputBox 函数的返回值类型是（　　　　）。

A. 数值　　　　　　　　　　　B. 字符串

C. 变体　　　　　　　　　　　D. 数值或字符串（视输入的数据而定）

10. 在模块的声明部分使用"Option Base 1"语句，然后定义二维数组 A（2 to 5, 5），则该数组的元素个数为（　　　　）。

A. 20　　　　B. 24　　　　C. 25　　　　D. 36

11. 使用 Function 语句定义一个函数过程，其返回值的类型（　　　　）。

A. 只能是符号常量

B. 是除数组之外的简单数据类型

C. 可在调用时由运行过程决定

D. 由函数定义时 As 子句声明

12. 下列四个选项中，不是 VBA 的条件函数的是（　　　）。

　　A. Choose　　　　B. If　　　　C. IIf　　　　　D. Switch

13. 下列事件中，不属于窗体事件的是（　　　）。

　　A. 打开　　　　B. 关闭　　　　C. 加载　　　　D. 取消

14. 打开窗体时，触发事件的顺序是（　　　）。

　　A. 打开，加载，调整大小，激活，成为当前

　　B. 加载，成为当前，打开，调整大小，激活

　　C. 打开，激活，加载，调整大小，成为当前

　　D. 加载，打开，成为当前，调整大小，激活

15. 在窗体中有一个标签 Lb1 和一个命令按钮 Command1，事件代码如下：

Option Compare Database

Dim a As String 10

Private Sub Command1_Click( )

　　　　a= "1234"

　　　　b= Len(a)

　　　　Me. Lb1. Caption = b

End Sub

打开窗体后单击命令按钮，窗体中显示的内容是（　　　）。

　　A. 4　　　　B. 5　　　　C. 10　　　　D. 40

16. 下列表达式中，能正确表示条件"x 和 y 都是奇数"的是（　　　）。

　　A. x Mod 2 = 0 And y Mod 2 = 0

　　B. x Mod 2 = 0 Or y Mod 2 = 0

　　C. x Mod 2 = 1 And y Mod 2 = 1

　　D. x Mod 2 = 1 Or y Mod 2 = 1

17. 如果变量 a 中保存字母"m"，则以下程序段执行后，变量 Str$ 的值是（　　　）。

Select Case a$

Case "A" To "Z"

　　　　Str$ = "Upper Case"

Case "O" To "9"

　　　　Str$ = "Number "

Case "!", "?", ",", ")", ";"

　　　　Str$ = "Punctuaton"

Case ""

　　　　Str$ = "Null String"

Case Is < 32

　　　　Str$ = "Special Character"

Case Else

      Str$ = "Unknown Character"

End Select

A. Unknown Character

B. Special Character

C. Upper Case

D. Punctuaton

18. 运行下列程序段，结果是（   ）。

For m = 10 to 1 step 0

    k=k+3

Next m

  A. 形成死循环

  B. 循环体不执行即结束循环

  C. 出现语法错误

  D. 循环体执行一次后结束循环

19. 运行下列程序，结果是（   ）。

Private Sub Command32_Click( )

      f0=1 : f1=1 : k=1

      Do While k <= 5

         f = f0 + f1

         f0 = f1

         f1 = f

         k = k + 1

      Loop

      MsgBox "f= "&f

      End Sub

  A. f=5   B. f=7.   C. {=8   D. f=13

20. 在窗体上有一个命令按钮 Command1，编写事件代码如下：

Private Sub Command1_Click()

      Dim y As Integer

      y = 0

      Do

         y = InputBox("y= ")

         If (y Mod 10) + Int(y /10) = 10 Then Debug. Print y

      Loop Until y = 0

  End Sub

打开窗体运行后，单击命令按钮，依次输入 10、37. 50, 55. 64. 20. 28. 19. - 19、0，立即窗口中输出的结果是（   ）。

A. 37 55 64 28 19 19

B. 10 50 20

C. 10 50 20 0.

D. 37 55 64 28 19

21. 在 VBA 中要打开名为"学生信息录入"的窗体，应使用的语句是（　　　）。

A. DoCmd. OpenForm "学生信息录入"

B. OpenForm "学生信息录入"

C. DoCmd. OpenWindows "学生信息录入"

D. OpenWindows "学生信息录入"

22. 若窗体 Frml 中有一个命令按钮 Cmdl，则窗体和命令按钮的 Click 事件过程名分别为（　　　）。

A. Form_ Click() Command1_ Click()

B. Frm1_ Click() CommaNd1_ _Click()

C. Form_ Click() Cmd1_ Click()

D. Frml_ Click() Cmd1_ Click()

23. 在已建窗体中有一命令按钮（名为 Commandl），该按钮的单击事件对应的 VBA 代码为：

Private Sub Command1_ Click()

　　　　SubT. Form. RecordSource = "select * from 雇员"

End Sub

单击该按钮实现的功能是（　　　）。

A. 使用 select 命令查找"雇员"表中的所有记录

B. 使用 select 命令查找并显示"雇员"表中的所有记录

C. 将 subT 窗体的数据来源设置为一个字符串

D. 将 subT 窗体的数据来源设置为"雇员"表

24. 已知过程 GetData 的定义如下：

Private Sub GetData(ByRef f As Integer)

　　　f=f+2

End Sub

若在主调过程中采用的调用语句是"Call GetData（J+5）"，则下列选项中正确的是（　　　）。

A. 由于形式参数被说明为 ByRef，则实际参数不能是表达式

B. 由于形式参数被说明为 ByRef，则实际参数应该使用数组名

C. 将表达式 J+5 的值传递给变量 f，并将 f 的计算结果返回变量 J 中

D. 将表达式 J+5 的值传递给变量 f，但不会将 f 的计算结果返回变量 J 中

25. VBA 中用实参 x 和 y 调用有参过程 PPSum(a, b)的正确形式是（　　　）。

A. PPSum a, b　　　　　　　　B. PPSum x, y

C. Call PPSum(a, b)　　　　　D. Call PPSum x, y

二、填空题

1. VBA 中构成对象的三要素是_____、_____、_____。

2. 关闭窗体时，窗体本身触发事件的顺序是_____、_____、_____ 。

3. VBA 表达式 19.5 Mod 2*2 的运算结果是_____。

4. 在 VBA 中，要得到[15，75]的随机整数，可以用表达式_____。

5. 若有语句：str1=inputbox("输入", "练习")；从键盘上输入字符串"示例"后，str1 的值是_____。

6. 若要修改命令按钮 Command 的标题文字，应设置的属性是_____。

7. 表达式 Int(5*Rnd()+ 1)*Int(5*Rnd()-1)值的范围是_____。

8. 执行下列程序段，变量 x 的值是_____。

```
x=2:y=5
Do Until y > 5
    x = x * y
    y = y + 1
Loop
```

9. 如果要求下列程序段中的循环执行 3 次，则程序中括号里的条件应是_____。

```
x=1
Do
    x=x+3
Loop Until _____
```

10. 设有以下窗体单击事件过程：

```
Private Sub Form_Click()
    a=1
    For i=1 To 3
        Select Case i
            Case 1, 3
            a=a+1
            Case 2, 4
            a=a+2
        End Select
    Next i
    MsgBox a
End Sub
```

打开窗体运行后，单击窗体，则消息框的输出内容是_____。

三、编程题

1. 编写程序，要求输入一个 3 位整数，将它反向输出。例如输入 123，输出为 321。

2. 利用 IF 语句求 3 个数 X、Y、Z 中的最大数，并将其放入 MAX 变量中。

3. 使用 Select Case 结构将一年中的 12 个月份，分成 4 个季节输出。

4. 求 100 以内的素数。

参考答案

一、选择题

1. D　　2. C　　3. C　　4. D　　5. B　　6. A　　7. B　　8. A　　9. B　　10. A

11. D　　12. B　　13. D　　14. A　　15. C　　16. C　　17. A　　18. B　　19. D　　20. D

21. C　　22. C　　23. D　　24. D　　25. D

二、填空题

1. 属性、事件、方法

2. 卸载，停用，关闭

3. 0

4. Int(Rnd*61+15)

5. "示例"

6. Caption

7. [-5, 15]

8. 10

9. x>=8

10. 5

三、编程题

1. 答：

在 Access 中设计的窗体中，转换命令按钮的单击事件代码如下：

```
Private Sub cmd_convert_Click()
    Dim v_result As String    '结果变量
    v_result = ""
    If Not IsNumeric(Text0.Value) Then
        MsgBox "输入的不为数值！"
        Exit Sub
    End If
```

```
    If Len(Text0.Value) <> 3 Then
        MsgBox "输入的不为 3 位数！"
    End If
    For i = 1 To 3
        v_result = v_result & Mid(Text0.Value, 3 - i + 1, 1)
    Next i
    MsgBox "结果： " & v_result
End Sub
```

2. 答：

VBA 代码如下：

```
Private Sub Command1_Click()
    x = InputBox（"请输入第一个数 x 的值", "请输入需比较的数"）
    max = x
    y = InputBox（"请输入第二个数 y 的值", "请输入需比较的数"）
    If y > max Then max = y
    z = InputBox（"请输入第三个数 z 的值", "请输入需比较的数"）
    If z > max Then max = z
    Me.Text1.Value = Str(x) & ", " & Str(y) & ", " & Str(z)
    Me.Text3.Value = max
End Sub
```

3. 答：

VBA 代码如下：

```
Private Sub Form_Load()
    Me.Text1.Value = ""
End Sub
Private Sub Command5_Click()
    Me.Text1.Value = ""
    m% = InputBox（"请输入欲判断季节的月份的值", "注意：只可为 1-12 的整数"）
    Select Case m
    Case 2 To 4 ' 春季
    Me.Label2.Caption = Trim(Str(m)) & "月份的季节为"
    Me.Text1.Value = "春季"
    Case 5 To 7 '夏季
    Me.Label2.Caption = Trim(Str(m)) & "月份的季节为"
    Me.Text1.Value = "夏季"
    Case 8 To 10 '秋季
    Me.Label2.Caption = Trim(Str(m)) & "月份的季节为"
    Me.Text1.Value = "秋季"
    Case 11 To 12, 1
```

Me.Label2.Caption = Trim(Str(m)) & "月份的季节为"

Me.Text1.Value = "冬季"

Case Else '无效的月份

Me.Text1.Value = "输入的是无效的月份"

End Select

End Sub

4. 答：

VBA 代码如下：

```
Private Sub Command1_Click()
  Dim m As String
  Me.Text1.Value = ""
  m = "2"
  For i% = 3 To 99 Step 2
  For j% = 2 To i - 1
  Lx% = i Mod j
  If Lx = 0 Then
  Exit For
  End If
  Next
  If j > i - 1 Then
  m = m + " , " + Trim(Str(i))
  End If
  Next
  Me.Text1.Value = m
End Sub
```

第9章 VBA 数据库编程

前面介绍了 Access 的模块编程基础。要开发应用程序,用户还需要学习和掌握 VBA 的一些实用编程技术,主要是数据库编程技术。

9.1 VBA 数据库编程基础

9.1.1 数据库引擎及接口

VBA 一般是通过数据库引擎工具来支持对数据库的访问。所谓数据库引擎实际上是一组动态链接库(Dynamic Link Library,DLL),当程序运行时被连接到 VBA 程序从而实现对数据库的数据访问的功能。数据库引擎是应用程序与物理数据之间的桥梁,它以一种通用接口的方式,使各种类型的物理数据库对用户而言都具有统一的形式和相同的数据访问与处理方法。

Access 2007 及其后的各个版本均改为使用集成和改进的 Microsoft Access 数据库引擎(ACE 引擎),通过拍摄原始 JET 基本代码的代码快照来开始对该引擎进行开发。

Access 2016 数据库应用体系结构如图 9.1 所示。

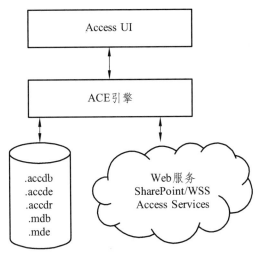

图 9.1 数据库引擎的体系结构

用户界面(User Interface,Access UI)决定着用户界面和用户通过窗体、报表、查询、宏、向导等查看、编辑和使用数据的所有方式。

ACE 引擎提供以下的核心数据库管理服务:

(1)数据存储。将数据存储在文件系统中,

(2)数据定义。创建、编辑或删除用于存储诸如表和字段等数据的结构。

(3)数据完整性。强制防止数据损坏的关系规则。

(4)数据操作。添加、编辑、删除或排序现有数据。

（5）数据检索。使用 SQL 从系统检索数据。

（6）数据加密。保护数据以免遭受未经授权的使用。

（7）数据共享。在多用户网络环境中共享数据。

（8）数据发布。在客户端或服务器 Web 环境中工作。

（9）数据导入、导出和链接。用于处理来自不同源的数据。

9.1.2　数据库引擎

Access VBA 访问数据库的接口技术有 ODBC、DAO 和 ADO 等。其中 ODBC 是面向过程的接口技术，而 DAO 和 ADO 是面向对象的接口技术。尽管 DAO 接口技术在应用中有很多的缺点，但是该接口技术层次清晰，能够较好地反应关系数据库的组织结构和操作。

1. ODBC 接口

ODBC（Open Database Connection，开放式数据互连）是一个面向过程的数据库访问公共编程接口。ODBC 接口实际上是一些预先定义的 ODBC 函数，开发人员基于这些函数就可以访问数据库，既不需要编写源码，也不需要深入理解数据库访问的内部工作机制。开发人员基于 ODBC 编程，实际上就是写出由 ODBC 函数调用组成的 ODBC API。

ODBC 共分为四层：应用程序、驱动程序管理器、驱动程序和数据源。应用程序的主体是 ODBC API，它主要由 ODBC 函数调用组成。ODBC API 访问数据库的过程是：ODBC API 与驱动程序管理器进行通信，将蕴含在 ODBC 函数调用中的 SQL 请求提交给驱动程序管理器；驱动程序管理器分析 ODBC 函数调用并判断数据源的类型，配置正确的驱动器，并把 ODBC 函数调用传递给驱动器；驱动器处理 ODBC 函数调用，并把蕴含在 ODBC 函数调用中的 SQL 请求挖掘出来发送给数据源；数据源基于 SQL 请求执行相应操作后，将操作结果反馈给驱动器；驱动器将执行结果返回驱动程序管理器；驱动程序管理器再把执行结果返回给应用程序。

ODBC 一个最显著的优点是用它生成的应用程序与数据库或数据库引擎无关。这使得应用程序具有良好的互用性和可移植性，并且具备同时访问多种 DBS 的能力，从而克服了传统数据库应用程序的缺陷。但也正是由于 ODBC 的通用性，使得 ODBC 的数据访问效率较低。

2. DAO 接口

DAO（Data Access Object，数据访问对象）是第一个面向对象的数据库接口。DAO 接口实际上是一些预先定义的 DAO 对象，开发人员基于多个 DAO 对象的协同工作就可以直接连接到 Access 数据表，实现对数据库的各种操作。

遗憾的是，DAO 技术不支持远程通信，只是适用于小规模的本地单系统的数据库应用，通用性和可移植性也较差。DAO 的优点是支持面向对象程序设计，而且容易上手，非常适合初学者学习。比 DAO 数据库访问技术更好的是微软的 ADO 数据库访问技术。

3. OLE DB

OLE DB 是用于访问数据的 Microsoft 系统级别编程接口。它是一个规范而不是一组组件或文件。它是 ADO 的基本技术和 ADO.NET 的数据源。

OLE DB 定义了一组 COM 接口规范，它封装了各种数据库管理系统服务，主要内容如下：

（1）数据提供者（Data Provider)。提供数据存储的软件组件，小到普通的文本文件、大到主机上的复杂数据库，或者电子邮件存储，都是数据提供者的例子。有的文档把这些软件组件的开发商称为数据提供者。

（2）数据消费者（Data Consumer）。任何需要访问数据的系统程序或应用程序，除了典型的数据库应用程序之外，还包括需要访问各种数据源的开发工具或语言。

（3）服务组件（Business Component）。专门完成某种特定业务信息处理和数据传输、可以重用的功能组件。

OLE DB 的设计是以消费者和提供者概念为中心。OLE DB 消费者表示传统的客户方，提供者将数据以表格形式传递给消费者。因为有 COM 组件，所以消费者可以用任何支持 COM 组件的编程语言去访问各种数据源。

4. ADO 接口

ADO（Activex Data Object，ActiveX 数据对象）也是一种面向对象的数据库编程接口，用以实现访问关系或非关系数据库中的数据。作为 ActiveX 的一部分，ADO 是一个和编程语言无关的用于存取数据源的 COM 组件，支持面向组件框架模式的程序设计。

ADO 是 DAO 的后继产物，它扩展了 DAO 所使用的层次对象模型，用的对象较少，更多是用属性、方法（和参数）以及事件来处理各种操作，而且简单易用，成为了当前数据库开发的主流技术。

Microsoft Access 同时支持 ADO 和 DAO 两种数据访问接口。综合分析 Access 环境下的数据库编程，大致可划分为以下情况：

（1）利用 VBA+ADO（或 DAO）操作当前数据库。

（2）利用 VBA+ADO（或 DAO）操作本地数据库（Access 数据库或其他）。

（3）利用 VBA+ADO（或 DAO）操作远端数据库（Access 数据库或其他）。

对于这些数据库编程设计，完全可以使用前面叙述的一般 ADO（或 DAO）操作技术进行分析和加以解决。

9.1.3 数据访问对象（DAO）

数据库访问对象(DAO)是 VBA 提供的一种数据访问接口，包括数据库创建、表和查询的定义等工具，借助 VBA 代码可以灵活地控制数据访问的各种操作。

1. DAO 模型结构

DAO 数据模型采用的是层次结构，如图 9.2 所示，它包含了一个复杂的可编程数据关联对象的层次。

其中，DBEngine（数据库引擎）是最高层次的对象，它包含 Error 和 Workspace 两个对象集合。当程序引用 DAO 对象时，只产生一个 DBEngine 对象，同时自动生成一个默认 Workspace（工作区对象）。DAO 对象层次说明如表 9.1 所示。

表 9.1　DAO 对象层次说明

对象名称	说　明
DBEngine 对象	表示 Microsoft Jet 数据库引擎。它是 DAO 模型的最上层对象，而且包含并控制 DAO 模型对象
Workspace 对象	表示工作区
RecordSet 对象	表示数据操作返回的记录集

285

对象名称	说　　明
Database 对象	表示操作的数据库对象
Field 对象	表示记录集中的字段数据信息
Query Def 对象	表示数据库查询信息
Error 对象	表示数据提供程序出错时的扩展信息

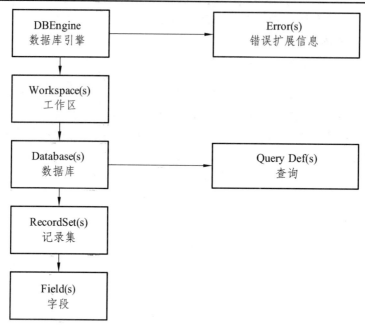

图 9.2　DAO 对象模型

2. 使用 DAO 访问数据库

通过 DAO 编程实现数据库访问的一般语句和步骤如下。

```
Dim ws As Workspace                                    '定义对象变量
Dim db As Database
Dim rs As Recordset                          '通过 Set 语句设置各个对象变量的值
Set ws = DBEngine. Workspace(0)                         '打开默认工作区
Set db= ws. OpenDatabase (<数据库文件名>)                '打开数据库文件
Set rs= db. OpenRecordSet (<表名、查询名或 SQL 语句>)     '打开数据库记录
Do While Not rs.EOF                    '利用循环结构遍历整个记录集直至末尾
    …                                          '安排字段数据的各类操作
        rs. MoveNext                               '记录指针移至下一条
Loop
rs. Close                                              '关闭记录集
db.close                                               '关闭数据库
Set rs=Nothing                             '回收记录集对象变量的内存占有
Set db=Nothing                             '回收数据库对象变量的内存占有
```

9.1.4 Active 数据对象（ADO）

1. ADO 的概念及特点

ADO（ActiveX Data Object）即 ActiveX 数据访问对象，是 Microsoft 公司在 OLE DB 之上提出的一种逻辑接口，以便编程者通过 OLE DB 更简单地以编程方式访问各种各样的数据源。OLE DB 是以 ActiveX 技术为基础的数据访问技术，其目的是提供一种能够访问多种数据源的通用数据访问技术。

ADO 的特点主要包括：

（1）ADO 将访问数据源的过程抽象成几个容易理解的具体操作，并由实际的对象来完成，因而使用起来简单方便。

（2）由于采用了 ActiveX 技术，与具体的编程语言无关，因此可应用在 Visual Basic、C++、Java 等各种程序设计语言中。

（3）ADO 能够访问各种支持 OLE DB 的数据源，包括数据库和其他文件、电子邮件等数据源。

（4）ADO 既可以应用于网络环境，也可以应用于桌面应用程序。

2. 使用 ADO 访问数据库

通过 ADO 编程实现数据库访问时，首先要创建对象变量，然后通过对象方法和属性来进行操作。ADO 访问数据源的具体过程如下：

（1）建立与数据源的连接。

（2）指定访问数据源的命令，并向数据源发出命令。

（3）从数据源以行的形式获取数据，并将数据暂存在内存的缓存中。

（4）如果需要可对获取的数据进行查询、更新、插入、删除等操作。

（5）如果对数据源进行了修改，将更新后的数据发回数据源。

（6）断开与数据源的连接。

3. ADO 对象模型

ActiveX 数据对象（ADO）是基于组件的数据库编程接口，它是一个与编程语言无关的 COM 组件系统，可以对来自多种数据提供者的数据进行读取和写入操作，它提供了一系列对象供使用，并且没有对象的分级结构。ADO 对象模型如图 9.3 所示。

（1）Connection 对象。

主要负责与数据库实际的连接动作，代表与数据源的唯一会话。

（2）Command 对象。

负责对数据库提供请求，传递指定的 SQL 命令。使用该对象可以查询数据库并返回 RecordSet 对象中的记录，以便执行大量操作或修改数据库结构。

（3）RecordSet 对象。

最常用的 ADO 对象。RecordSet 对象表示数据的获取、结果的检验及数据库的更新。可以依照查询条件获取或显示所要的数据列与记录。RecordSet 对象会保留每项查询返回的记录所在的位置，以便逐项查看结果。

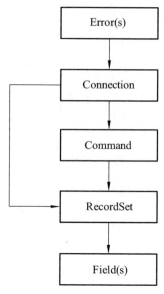

图 9.3　ADO 对象模型

（4）Field 对象。

Field 对象用来访问当前记录中的每一列的数据，可以用 Field 对象创建一条新记录、修改已存在的数据等，也可以用 Field 对象来访问表中每一个字段的属性。

（5）Error 对象。

包含了有关数据访问错误的详细信息，这些错误与操作者的单个操作有关。在数据库应用程序设计中通过 Error 对象可以很方便地捕获错误并对错误进行处理。

4. 主要 ADO 对象的操作

在实际编程过程中，使用 ADO 存取数据的主要对象操作有以下几种：

（1）连接数据源。

创建数据库的连接，主要使用 Connection 对象的 Open 方法。

语法格式：

Dim mycnn As new ADODB. Connection　　　　　　　　　　　'创建 Connection 对象实例

mycnn. Open [ConnectionString] [, UserID] [, PassWord] [, OpenOptions] '打开连接

参数说明如下：

①ConnectionString：可选项，主要为数据库的连接信息。最重要的是显示 OLE DB 等环节数据提供者的信息。不同类型的数据源连接需要用规定的数据提供者。

可以在连接对象操作 Open 之前在其 Provider 属性中设置数据提供者信息。如 mycnn 连接对象的数据提供者可以设置为：

mycnn. Provider = "Microsoft. ACE. OLEDB. 12.0"

②UserID：建立连接的用户名，可选项。

③PassWord：建立连接的用户密码，可选项。

④OpenOptions：可选项，可以通过设置 adConnectAsync 属性来实现异步打开连接。

在使用 Connection 对象打开连接之前，通常还需要使用 CursorLocation 属性来设置记录集游标的位置，其语法格式为：

mycnn. CursorLocation = Location

Location 指明了记录集存放的位置，具体取值如表 9.2 所示。

表 9.2　Location 参数取值

常量	值	说明
adUseServer	2	数据提供者或驱动程序提供的服务器端游标
adUseClient	3	本地游标库提供的客户端游标

（2）打开记录集对象或执行查询。

记录集是一个从数据库取回的查询结果集，执行查询则是对数据库目标表直接实施追加、更新和删除记录操作。一般有三种实现方法：记录集的 Open 方法、Connection 对象的 Execute 方法、Command 对象的 Execute 方法。

①记录集的 Open 方法，语法格式如下：

Dim myrs As new ADODB. RecordSet　　　　　　　　'创建 RecordSet 对象实例

'打开记录集

myrs. Open [Source][, ActiveConnection][, CursorType][, LockType][, Options]

②Connection 对象的 Execute 方法，语法格式如下：

Dim mycnn As new ADODB. Connection　　　　　　　'创建 Connection 对象实例

…　　　　　　　　　　　　　　　　　　　　　　　'打开连接等

Dim rs As new ADODB. RecordSet　　　　　　　　　'创建 RecordSet 对象实例

'对于返回记录集的命令字符串

Set rs = mycnn. Execute (CommandText[, RecordsAffected][, Options])

'对于不返回记录集的命令字符串，执行查询

mycnn. Execute CommandText[, RecordsAffected][, Options]

③Command 对象的 Execute 方法，语法格式如下：

Dim mycnn As new ADODB. Connection

Dim mycmm As new ADODB. Command

…

Dim rs As new ADODB. RecordSet

Set rs = mycmm. Execute([RecordsAffected] [, Parameters] [, Options])

mycmm. Execute [RecordsAffected] [, Parameters] [, Options]

（3）使用记录集。

得到记录集后，可以在此基础上进行记录指针定位，记录的检索、追加、更新和删除等操作。

①定位记录。在 ADO 对象中，Access 提供了多种定位和移动记录指针的方法，主要包括 Move、MoveFirst、MoveLast、MoveNext 和 MovePrevious 等方法。语法格式如下：

myrs. Move NumRecords [, Start]　　　　　　　　　'myrs 为 RecordSet 对象

参数说明如下：

●NumRecords：表示指定当前记录位置移动的记录数。

●Start：为可选项，取 String 值或 Variant，主要用于计算书签。

myrs. {MoveFirst MoveLast MoveNext I MovePrevious}　'myrs 为 RecordSet 对象

参数说明：

●MoveFirst：表示将当前记录位置移动到第一条记录。

●MoveLast：表示将当前记录位置移动到最后一条记录。

●MoveNext：表示将当前记录位置移动到下一条记录。

●MovePrevious：表示将当前记录位置移动到上一条记录。

②检索记录。借助 ADO 对象检索记录时，可以使用 ADO 对象提供的 Find 和 Seek 两种方法。语法格式如下：

myrs. Find Criteria [, SkipRows][, SearchDirection][, Start]

myrs. Seek KeyValues, SeekOption

参数说明如下：

●Criteria：为 String 值，一般为搜索的列名、值或者比较操作符等语句。在使用 Criteria 时，只能指定单列名称，不能多列搜索。

●SkipRows：为可选项，默认值为 0，使用时从指定当前行或书签的行偏移量处开始搜索。

●SearchDirection：为可选项。在使用时，可以指定搜索从当前行开始，还是从搜索方向的下一有效行开始。

③添加新记录。添加新记录时，一般使用 ADO 对象的 AddNew 方法。语法格式如下：

rs. AddNew [FieldList][, Values]

参数说明如下：

●FieldList：为可选项，可以是一个字段数组，也可以是一个字段名。

●Values：为可选项，主要为需要添加信息的字段赋值。

④更新记录。更新记录与记录重新赋值区别不大，使用 SQL 语句将要修改的记录字段数据找出来并重新赋值即可。

⑤删除记录。采用 Delete 方法，相比 DAO 对象方法能力增强了，可以删掉一组记录。语法格式如下：

rs. Delete [AffectRecords]

参数说明如下：

●AffectRecords：负责记录删除的效果。通常的取值如表 9.3 所示。

表 9.3　AffectRecords 参数取值

常数	值	说　明
adAffectCurrent	1	表示删除当前的记录
adAffectGroup	2	删除符合特定条件的记录

在对记录进行操作时，通常访问 Recordset 对象中的字段，可以使用字段编号，一般字段编号是从 0 开始。

（4）关闭连接或记录集。

在应用程序结束之前,应该关闭并释放分配给 ADO 对象的资源,以分配给其他应用程序。使用方法为 Close。语法格式如下：

Object. Close　　　　　　　　　　　　　　　'Object 为 ADO 对象

Set Object = Nothing

9.1.5　特殊域聚合函数

下面介绍一下数据库访问和处理时使用的几个特殊域聚合函数。

（1）Nz 函数。

Nz 函数用于将 Null 值转换为 0、空字符串或者其他的指定值。调用格式为：

Nz（表达式或字段属性值[，规定值]）

（2）DCount 函数、DAvg 函数和 DSum 函数。

DCount 函数用于返回指定记录集中的记录数，DAvg 函数用于返回指定记录集中某个字段列数据的平均值，DSum 函数用于返回指定记录集中某个字段列数据的和。它们均可以直接在 VBA、宏、查询表达式或计算控件中使用。调用格式为：

DCount（表达式，记录集[，条件式]）

DAvg（表达式，记录集[，条件式]）

DSum（表达式，记录集[，条件式]）

（3）DMax 函数和 DMin 函数。

DMax 函数用于返回指定记录集中某个字段列数据的最大值，DMin 函数用于返回指定记录集中某个字段列数据的最小值。它们均可以直接在 VBA、宏、查询表达式或计算控件中使用。调用格式为：

DMax（表达式，记录集[，条件式]）

DMin（表达式，记录集[，条件式]）

（4）DLookup 函数。

DLookup 函数是从指定记录集里检索特定字段的值。调用格式为：

DLookup（表达式，记录集[，条件式]）

【例 9.1】根据窗体上文本框(text1)中输入的"学号"，将"学生信息"表中的"姓名"显示在另一个文本框（text2）中。

【程序代码】

Me! text2 = DLookup（"姓名"，"学生信息"，"学号='"& Me! text1 &"'"）

9.2　VBA 数据库编程技术和应用

对数据记录的常用操作不外乎浏览、添加、删除、修改和查询等，本节将通过实例讲解如何用 VBA 代码完成上述常用功能。

9.2.1　记录的浏览

通过 ADO 中 Recordset 对象的 MoveFirst、MoveLast、MoveNext、MovePrevious 方法可以实现记录的浏览，使用 Move 方法可以实现记录的定位。有了这几个方法，就可以自由地定位到任何一条记录，然后对其进行操作。

【例 9.2】编程实现浏览学生表记录和定位记录的功能。

新建窗体，命名为"学生表"。将其记录源设置成"学生表"，"记录选择器""导航按钮"

"分隔条"属性都设置成"否"。在"主体"节放置若干文本框，将其控件来源对应到表的各个字段，并在窗体上合理布局（操作过程略）。"窗体页脚"节放置 5 个按钮、一个文本框和一个标签控件，其名称属性设置如表 9.4 所示。

表 9.4　窗体控件名称及功能

控件类型	名称	备注
命令按钮	cmdFirst	浏览第一条记录
	cmdNext	浏览下一条记录
	cmdLast	浏览最后一条记录
	cmdPrev	浏览上一条记录
	cmdGo	根据 txtRecordNum 的值定位浏览记录
文本框	txtRecordNum	要定位的记录位置（从 1 开始）
标签	lblIndicator	以"第 X 条，共 Y 条"的形式显示当前记录的位置

完成布局后的窗体运行效果如图 9.4 所示。

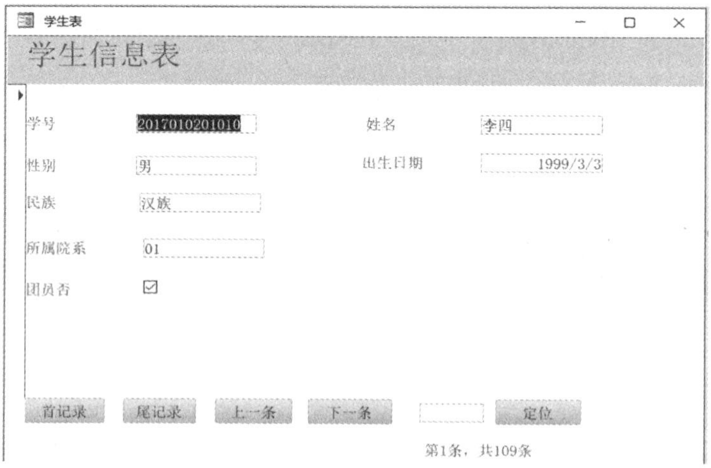

图 9.4　"学生表"窗体布局

在窗体 Load 事件中初始化标签控件的显示：

【程序代码】

```
Private Sub Form_Load( )
    lblIndicator.Caption=" 第 " & Me.Recordset.AbsolutePosition + 1 & " 条，共 "
Me.Recordset. Recordcount & "条"
End Sub
```

按钮 cmdFirst 代码如下：

【程序代码】

```
Private Sub cmdFirst_Click( )
    Me.Recordset.MoveFirst
    lblIndicator.Caption=" 第 " & Me.Recordset.AbsolutePosition + 1 & " 条，共 "
Me.Recordset. Recordcount & "条"
End Sub
```

按钮 cmdLast 代码如下：

【程序代码】

```
Private Sub cmdLast_Click( )
    Me.Recordset.Movelast
    lblIndicator.Caption=" 第 " & Me.Recordset.AbsolutePosition + 1 & " 条，共 "
Me.Recordset. Recordcount & "条"
End Sub
```

按钮 cmdNext 代码如下：

【程序代码】

```
Private Sub cmdNext_Click ( )
    If Not Me.Recordset.EOF Then Me.Recordset.MoveNext
    lblIndicator.Caption=" 第 " & Me.Recordset.AbsolutePosition + 1 & " 条，共 "
Me.Recordset. Recordcount & "条"
End Sub
```

按钮 cmdPrev 代码如下：

【程序代码】

```
Private Sub cmdPrev_Click( )
    If Not Me.Recordset.BOF Then Me.Recordset.MovePrevious
    lblIndicator.Caption=" 第 " & Me.Recordset.AbsolutePosition + 1 & " 条，共 "
Me.Recordset. Recordcount & "条"
End Sub
```

按钮 cmdGo 代码如下：

【程序代码】

```
Private Sub emdGo_Click( )
    If IsNumeric (txtRecordNum) Then
        If Val(Me.txtRecordNum) <= Me.Recordset.RecordCount And Val(Me.txtRecordNum) > 0
    Then
            Me.Recordset.MoveFirst
            Me.Recordset.Move Val(Me.txtRecordNum) – 1 '首记录位置从 0 开始
        Else
            MsgBox "输入的记录号太大，超过记录总数！"
            Me.txtRecordNum.SetFocus
        End If
    Else
        MsgBox "必须输入数字！"
        Me.txtRecordNum.SetFocus
    End If
    lblIndicator.Caption="第" & Me.Recordset.AbsolutePosition + 1 & "条，共" Me.Recordset.
```

Recordcount & "条"

End Sub

9.2.2 记录的查询

实现查询的方法有很多，如修改窗体的 Filter 属性、使用 DoCmd 对象的 RunSOL 方法执行查询等。下面的例子则通过修改窗体的 DataSource 属性来实现记录的查询功能。

【例 9.3】编程实现按"教师职称"查询、筛选记录并显示的功能。

使用窗体向导创建一个基于"教师表"的表格式窗体，在"窗体页脚"节放置一个组合框（cboCompany），将其标签设置为"职称类别"，组合框控件的"行来源类型"设置为"表/查询"，"行来源"设置为"SELECT DISTNCT 职称 FROM 教师;"，即将"教师"中不同的职称名显示在组合框内。再放置两个按钮，一个标题为"查找"（cmdFind），用于按指定的单位名称查找记录；另一个标题为"全部"（cmdAII），用于恢复记录的全部显示。

【程序代码】

```
Private Sub cmAll_Click( )
    Me .Recordsource = "select * from 教师"
End Sub
Private Sub mdFind_Click ()
    Me . Recordsource = "select * from 教师 where 职称=' " & cboCompany & "  ' "
End Sub
```

9.2.3 添加新记录和记录更新

添加新记录时，通常使用 Recordset 对象的 AddNew 方法添加一系空白记录，之后给新记录的各个字段逐一赋值，最后用 Recordset 对象的 Update 方法更新数据库文件。

【例 9.4】编程实现向"教师"添加一条记录并更新数据库文件。

为演示添加记录功能，新建一空白窗体，在其上放 11 个文本框和一个复选框控件，分别对应教师表的 9 个文本型字段、2 个日期型字段和一个是/否型字段。把"参加工作日期"和"出生日期"字段对应的文本框的"显示日期选取器"属性设置为"日期"。为简单起见，在本窗体中没有设置"特长"字段对应的控件。

再在窗体上放置一个"添加记录"按钮（cmdAddNew）。

当窗体加载时，初始化数据库连接与 Recordset 对象，代码如下：

【程序代码】

```
Dim cn As New ADODB. Connection
Dim rs As New ADODB.Recordset, rs2 As New ADODB.Recordset
Private Sub Form_Load( )
    Set cn = CurrentProject.Connection
    Dim SQL As String
    SQL = "select * from 教师"
    rs.Open SQL, cn, adOpenDynamic, adLockOptimistic
```

'可读写，当前数据记录可自由移动

'可看到新增记录

End Sub

单击"添加记录"按钮，代码如下：

【程序代码】

```
Private Sub cmdAddNew_Click( )
    Dim strSql As String
    strSql="select 教师工号 from 教师 where 教师工号 = ' " & txtNo & " '" rs2. Open strSql, cn
    If Not rs2.EOF Then
        MsgBox "已存在此教师工号，不能添加新记录"
        Else
        rs.AddNew
        rs.Fields（"教师工号"）= txtNo
        rs.Fields（"姓名"）= txtName
        rs.Fields（"性别"）= txtsex
        rs.Fields（"民族"）= txtnation
        rs.Fields（"出生日期"）= txtbirth
        rs.Fields（"政治面貌"）= txtstatus
        rs.Fields（"职称"）= txtpro
        rs.Fields（"学位"）= txtdegree
        rs.Fields（"参加工作日期"）= txtwork
        rs.Fields（"院系"）= txtdepart
        rs. Fields（"电话号码"）= txtphone
        rs.Fields（"在职否"）= chkIswork
        rs.Update
        MsgBox "添加成功"
        End If
    rs2.Close
    Set rs2 = Nothing
End Sub
```

窗体退出前卸载窗体，代码如下：

【程序代码】

```
Private Sub Form_Unload（Cancel As Integer）
    rs.Close
    cn.Close
    Set rs = Nothing
    Set cn = Nothing
End Sub
```

9.2.4 删除记录

删除记录的方法也有多种。如果是批量删除，最简单的做法就是写好一个 SQL 删除语句，然后用 DoCmd 对象的 RunSQL 方法运行它，或者用 Recordset 对象的 Execute 方法执行它。对于删除当前记录的情况，可以使用前面提到的 RecordSet 对象的 Delete 方法。

【例 9.5】在纵栏式窗体"教师"中删除当前记录。

在窗体上放置一个"删除记录"按钮（cmdDel），其单击事件过程代码如下：

【程序代码】

```
Private Sub cmdDel_Click( )
    Me.Recordset.Delete
    Me.Recordset.MoveFirst        '删除一条记录后将记录指针移动到第一条记录
End Sub
```

课后习题

一、选择题

1. ADO 对象模型有 5 个主要对象，它们是 Connection、RecordSet、Field、Error 和（　　　）。

    A. Database   B. Workspace

    C. Command   D. DBEngine

2. 能够实现从指定记录集里检索特定字段值的函数是（　　　）。

    A. Nz   B. Find

    C. Lookup   D. DLookup

3. 下列代码实现的功能是：若在窗体中一个名为 tNum 的文本框中输入课程编号，则将"课程表"中对应的"课程名称"显示在另一个名为 tName 文本框中。

```
Private Sub tNum_ AfterUpdate( )
Me!tName= [] （"课程名称","课程表"，"课程编号="" &Me!TNum & ""）
End Sub
```

则程序中[ ]处应该填写的是( )。

    A. DLookup   B. Lookup

    C. DFind   D. IIf

4. 采用 ADO 完成对"教学管理.mdb"文件中"学生表"的学生年龄都加 1 的操作，程序空白处应填写的是（　　　）。

```
Sub SetAgePlus ( )
Dim cn As New ADODB. Connection
Dim rs As New ADODB. Recordset
Dim fd As ADODB. Field
Dim strConnect As String
Dim strSQL As String
Set cn=CurrentProject.Connection
```

```
strSQL="Select 年龄 from 学生表"
rs.Open strSQL, cn, adOpenDynamic, adL ockOptimistic,
Set fd=rs.Fields("年龄")
Do While Not rs.EOF
    fd=fd+1

    _____

    rs.MoveNext
Loop
    rs.Close
cn.Close
Set rs=Nothing
Set cn=Nothing
End Sub
```

A. rs.Edit

B. rs.Update

C. Edit

D. Update

5. 教师管理数据库有数据表"teacher"，包括"编号""姓名""性别"和"职称"四个字段。下面程序的功能是：通过窗体向 teacher 表中添加教师记录。对应"编号""姓名""性别"和"职称"的 4 个文本框的名称分别为：tNo、tName、tSex 和 tTitles。当单击窗体上的"增加"命令按钮（名称为 Command1）时，首先判断编号是否重复，如果不重复，则向"teacher"表中添加教师记录；如果编号重复，则给出提示信息。

有关代码如下：

```
Private ADOcn As New ADODB. Connection
Private Sub Form_Load( ) '打开窗口时，连接 Access 本地数据库
Set ADOcn=[]
End Sub
Private Sub Command0__Click() '追加教师记录
Dim strSQL As String
Dim ADOcmd As New ADODB. Command
Dim ADOrs As New ADODB. Recordset
Set ADOrs. ActiveConnection = ADOcn
ADOrs.Open "Select 编号 From teacher Where 编号+tNo+
If Not ADOrs.EOF Then
    MsgBox"你输入的编号已存在，不能新增加!
 Else
    ADOcmD. ActiveConnection = ADOcn
    strSQL = "Insert Into teacher(编号，姓名，性别，职称)"
    strSQL = strSQL+"Values("+tNo+"，"+tname+"，"ADOcmD. CommandText = strSQL
```

```
    ADOcmD. Execute
    MsgBox "添加成功，请继续!
    End If
ADOrs.Close
Set ADOrs = Nothing
End Sub
```

按照功能要求，在[]处应填写的是（　　　）。

A. CurrentDB

B. CurrentDB. Connention

C. CurrentProject

D. CurrentProject.Connection

6. 已知"教师表"中有岗位津贴（货币类型）、工龄（数字类型）和在职（是/否类型）等字段。现要给在职中工龄超过 10 年的教师每人增加岗位津贴 200 元。窗体中按钮 Command1 对应的事件代码如下：

```
 Private Sub Command1_Click( )
Dim ws As DAO.Workspace
Dim db As DAO.Database
Dim rs As DAO.Recordset
Dim fd1 As DAO.Field, fd2 As DAO.Field, fd3 As
DAO.Field
Set db = CurrentDb()
Set rs = dB. OpenRecordset（"教师表"）
Set fd1 = rs.Fields（"岗位津贴"）
Set fd2 = rs.Fields（"工龄"）
Set fd3 = rs.Fields（"在职"）
Do While Not rs.EOF
    rs.Edit
    If([])Then
        fd1=fd1+200
    End If
    rs.Update
    rs.MoveNext
Loop
rs.Close
db. Close
Set rs = Nothing
Set db = Nothing
End Sub
```

程序[ ]处应该填写的语句是（　　　）。

A. fd2> 10 And fd3

B. fd2> 10 And fd3= Yes

C. fd2> 10 Or fd3 = Yes

D. fd2> 10 Or fd3

7. 子过程 Plus 完成对当前库中"教师表"的年龄字段都加 1 的操作。

Sub Plus( )

Dim cn As New ADODB. Connection

Dim rs As New ADODB. Recordset

Dim fd As ADODB. Field

Dim strConnect As String

Dim strSQL As String

Set cn=CurrentProject.Connection strSQL = "Select 年龄 from 教师表"

rs.Open strSQL, cn, adOpenDynamic, adLockOptimist

Set fd = rs.Fields（"年龄"）

Do While Not rs.EOF

    fd= fd +1

    rs.Update[]

Loop

rs.Close

cn.Close

Set rs = Nothing

Set cn = Nothing

End Sub

程序空白处应该填写的语句是（   ）。

rs.MoveNext

B. rs.MovePrevious

C. rs.MoveFirst

D. rs.MoveLast

参考答案

一、选择题

1. C   2. D   3. A   4. B   5. D   6. A   7. A

参 考 文 献

[1] 教育部考试中心. 二级 Access 数据库程序设计考试大纲（2022 年版）[M]. 2021.

[2] 教育部考试中心. 《全国计算机等级考试二级教程-Access 数据库程序设计（2022 年版）》[M]. 北京：高等教育出版社, 2022.

[3] 教育部考试中心. 《全国计算机等级考试二级教程-公共基础知识（2022 年版）》[M]. 北京：高等教育出版社, 2022.

[4] 未来教育教学与研究中心. 《全国计算机等级考试上机考试题库-二级 Access》[M]. 成都：电子科技大学出版社, 2021.

[5] 刘卫国. Access 数据库基础与应用[M]. 4 版. 北京：北京邮电大学出版社，2021.

[6] 刘卫国. Access 数据库基础与应用实验指导[M]. 4 版. 北京：北京邮电大学出版社，2021.

[7] 蒲东兵，罗娜. Access 2016 数据库技术与应用[M]. 北京：人民邮电出版社，2021.

[8] 吴汝明，辛小霞. Access 2016 数据库系统原理与应用[M]. 北京：人民邮电出版社，2021.

[9] 苏林萍，谢萍. Access 2016 数据库教程[M]. 北京：人民邮电出版社，2021.

[10] 卢山. Access 数据库实用教程习题与实验指导[M]. 3 版. 北京：人民邮电出版社，2021.

[11] 刘卫国. Access 数据库基础与应用[M]. 2 版. 北京：北京邮电大学出版社，2013.

[12] 刘卫国. Access 数据库基础与应用实验指导[M]. 2 版. 北京：北京邮电大学出版社，2013.

[13] 赵丹青，雷虎，涂小琴. Access 数据库技术与应用教程[M]. 成都：电子科技大学出版社，2016.

[14] 雷虎，古发辉. Access 数据库技术与应用教程实验指导[M]. 成都：电子科技大学出版社，2016.

[15] 陈薇薇，冯莹莹，巫张英. Access 2010 数据库基础与应用教程[M]. 2 版. 北京：人民邮电出版社, 2017.

[16] 刘卫国. Access 2010 数据库应用技术[M]. 2 版. 北京：人民邮电出版社, 2018.

[17] 杨绍增，陈道贺. Access 2010 数据库等级考试简明教程[M]. 北京：清华大学出版社, 2015.

[18] 聂玉峰. Access 2010 数据库原理及应用实验指导[M]. 北京：科学出版社, 2016.

附　录

常用宏操作命令

类型	命令	功能描述	参数说明
筛选、查询、搜索	ApplyFilter	在表、窗体或报表应用筛选、查询或 SQL 的 WHERE 子句，可限制或排序来自表、窗体以及报表的记录	筛选名称：筛选或查询的名称； 当条件：有效的 SQL、WHERE 子句或表达式，用以限制表、窗体或报表中的记录； 控件名称：为父窗体输入与要筛选的子窗体或子报表对应的控件的名称或将其保留为空
	FindNextRecord	根据符合最近的 FindRecord 操作，或"查找"对话框中指定条件下的一条记录。使用此操作可反复查找符合条件记录	此操作没有参数
	FindRecord	查找符合指定条件的第一条或下一条	查找内容：要查找的数据，包括文本、数字、日期或表达式； 匹配：要查找的字段范围。包括字段的任何部分、整个字段或字段开头； 区分大小写：选择"是"，搜索时区分大小写，否则不区分； 搜索：搜索的方向，包括向下、向上或全部搜索； 格式化搜索：选择"是"，则按数据在格式化字段中的格式搜索，否则按数据在数据表中保存的形式搜索； 只搜索当前字段：选择"是"，仅搜索每条记录的当前字段； 查找第一个：选择"是"，则从第一条记录搜索，否则从当前记录搜索
	OpenQuery	在"数据表视图""设计视图"或"打印浏览"中打开选择查询或交叉表查询	查询名称：要打开的查询名称； 视图：打开要查询的视图； 数据模式：查询的数据输入方式，包括"增加""编辑"或"只读"
	Refresh	刷新视图中的记录	此操作没有参数
	RefreshRecord	刷新当前记录	此操作没有参数
	Requery	通过查询控件的数据源来更新活动对象中的特定控件数据	控件名称：要更新的控件名称
	ShowAllRecord	从激活的表、查询或窗体中删除所有已应用的筛选。可显示表或结果集中的所有记录，或显示窗体基本表或查询中所有记录	此操作没有参数

类型	命令	功能描述	参数说明
系统命令	CloseDatabase	关闭当前数据库	此操作没有参数
	DisplayHourglass-Pointer	当执行宏时，将正常光标变为沙漏形状（或选择的其他图标）。宏执行完成后恢复正常光标	显示沙漏：是为显示，否为不显示
	QuitAccess	退出 Access 时选择一种保存方式	选项：提示、全部保存、退出
	Beep	使计算机发出"嘟嘟"声。使用此操作可表示错误情况或重要的可视性变化	此操作没有参数
数据库对象	GoToRecord	使指定的记录成为打开的表、窗体或查询结果数据集中的当前记录	对象类型：当前记录的对象类型；对象名称：当前记录的对象名称；记录：当前记录；偏移量：整形数或整形表达式
	GoToControl	将焦点移到被激活的数据表或窗体的指定字段或控件上	控件名称：将要获得焦点的字段或控件名称
	OpenForm	在"窗体视图""设计视图""打印预览"或"数据表视图"中打开一个窗体，并通过选择窗体的数据输入与窗体方式，限制窗体所显示的记录	窗体名称：打开窗体的名称；视图：打开"窗体视图"；筛选名称：限制窗体中记录的筛选；当条件：有效的 SQL WHER 子句或 Access 用来从窗体的基表或基础查询中选择记录的表达式；数据模式：窗体的数据输入方式；窗口模式：打开窗体的窗口模式
	OpenReport	打开报表或立即打印报表，也可以限制需要在报表中打印的记录	报表名称：限制报表记录的筛选，打开报表的名称；视图：打开报表的视图；筛选名称：查询的名称或另存为查询的筛选的名称；当条件：有效的 SQL WHER 子句或 Access 用来从报表的基表或基础查询中选择记录的表达式；窗口模式：打开报表的窗口模式
	OpenTable	在"数据表视图""设计视图"或"打印预览"中打开表，也可以选择表的数据输入方式	表名：打开表的名称；视图：打开表的视图；数据模式：表的数据输入方式
	PrintObject	打印当前对象	此操作没有参数
宏命令	RunMacro	运行宏	宏名称：要运行的宏名称；重复次数：运行宏的次数上限值；重复表达式：重复运行宏的条件
	StopMacro	停止正在运行的宏	此操作没有参数
	StopAllMacros	中止所有宏的运行	此操作没有参数
	RunDateMacro	运行数据宏	宏名称：要运行的数据宏名称

类型	命令	功能描述	参数说明
	SingleStep	暂停宏的执行并打开"单步执行宏"对话框	宏名称：要运行的宏名称
	RunCode	运行 Visual Basic 的函数过程	函数名称：要执行的"Function"过程名
	RunMenuCommand	运行一个 Access 菜单命令	命令：输入或选择要执行的命令
	CancelEvent	中止一个事件	此操作没有参数
	SetLocalVar	将本地变量设置为给定值	名称：本地变量的名称； 表达式：用于设定此本地变量的表达式
窗口管理	MaximizeWindow	活动窗口最大化	此操作没有参数
	MinimizeWindow	活动窗口最小化	此操作没有参数
	RestoreWindow	窗口复原	此操作没有参数
	MoveAndSizeWindow	移动并调整活动窗口	右：窗口左上角新的水平位置； 向下：窗口左上角新的垂直位置； 宽度：窗口的新宽度； 高度：窗口的新高度
	CloseWindow	关闭指定的 Access 窗口。如果没有指定窗口，则关闭活动窗口	对象类型：要关闭的窗口中的对象类型； 对象名称：要关闭的对象名称； 保存：关闭时是否保存对对象的更改
数据输入操作	SaveRecord	保存当前记录	此操作没有参数
	DeleteRecord	删除当前记录	此操作没有参数
	EditListItems	编辑查阅列表中的项	此操作没有参数
用户界面命令	MessageBox	显示包含警告信息或其他信息的消息框	消息：消息框中的文本； 发嘟嘟声：是否在显示信息时发出嘟嘟声； 类型：消息框的类型； 标题：消息框标题栏中显示的文本
	AddMenu	可将自定义菜单、自定义快捷菜单替换窗体或报表的内置菜单或内置的快捷菜单，也可替换所有 Microsoft Access 窗口的内置菜单栏	菜单名称：所建菜单名称； 菜单宏名称：已建菜单宏名称； 状态栏文字：状态栏上显示的文字
	SetMenuItem	为激活窗口设置自定义菜单（包括全局菜单）上菜单项的状态	菜单索引：指定菜单索引； 命令索引：指定命令索引； 子命令索引：指定子命令索引； 标志：菜单项显示方式
	UndoRecord	撤销最近用户的操作	此操作没有参数
	SetDisplayedCategories	用于指定要在导航窗格中显示的类别	显示："是"为可选择一个或多个类别，"否"为可隐藏这些类别； 类别：显示或隐藏类别的名称
	Redo	重复最近用户的操作	此操作没有参数
	SetDisplayedCategorise	用于指定要在导航窗格中显示的类别	显示：选择"是"可显示一个或多个类别，选择"否"可隐藏这些类别； 类别：显示或隐藏的名称类别，或空

303

常用数据宏操作命令

类型	命令	功能描述	参数说明
数据块	CreateRecord	向当前表或另一指定表中添加一条新记录，并使用当前表中传递的数据填充该记录的字段	所选对象：表名
	EditRecord	更改当前表或指定一个表中某条现有记录的内容	无参数
	ForEachRecord	对指定表或查询中记录集的每条记录循环执行一项操作	所选对象：表名；当条件：有效的 SQL WHERE 子句或表达式
	LookUpRecord	返回在指定表中找到的一条记录，并提供一个宏操作区域，对返回的记录进行后续操作	所选对象：筛选表或查询的名称；当条件：有效的 SQL WHERE 子句或表达式
数据操作	DeleteRrecord	删除表中指定的记录	记录别名：用表达式表示的记录
	ExitForEachRrecord	退出当前的 ForEachRecord，一般要作为 IF 块的一部分	无参数
	RunDataMacro	运行一个已命名的宏	宏名称：要运行的宏名称
	SetFiled	更新表中某个字段的值，不可用于"更新前"和"删除前"事件	名称：字段名；值：表达式
	SetLocalVar	创建本地变量并赋值	名称：本地变量的名称；表达式：为变量赋值的表达式
	StopAllMacro	中断所有正在执行的宏	无参数
	StopMacro	中断当前正在执行的宏	无参数